Walther Opitz

Windhunde

16 Farbfotos
29 Zeichnungen und
Schwarzweißfotos

Verlag Eugen Ulmer Stuttgart

CIP-Kurztitelaufnahme der Deutschen Bibliothek

Opitz, Walther:
Windhunde.-Stuttgart: Ulmer, 1979.
ISBN 3-8001-7044-2

Gerokstraße 19, Stuttgart
Einbandgestaltung: A. Krugmann, Stuttgart
Satz: Bauer & Bökeler, Denkendorf
Druck: K. Grammlich, Pliezhausen

Vorwort

Wie bei allen kynologischen Sachbüchern ist die Auswahl des Autors die wichtigste Entscheidung eines Verlegers im Hinblick auf die Gestaltung und die Verbreitung des Buches. Man darf den Verlag Eugen Ulmer, Stuttgart, beglückwünschen, die richtige Wahl getroffen zu haben. Walther Opitz war einer der „Großen" unter den Windhundkennern als Theoretiker wie als Praktiker. Seine Richtertätigkeit hatte ihn in viele Länder der Erde geführt. Seine Persönlichkeit und Autorität wurde sowohl in den USA als auch in der UdSSR, dem Ursprungsland der Barsois, so hochgeschätzt, daß man ihn auch in diesen Ländern in den Ausstellungsring holte. Unsere Wege kreuzten sich zuletzt auf der Welthundeausstellung in Paris. Seine Berichte und Beiträge in den kynologischen Zeitschriften hatten nicht nur Schliff und Stil, sondern bewiesen auch eine profunde Kenntnis von der Welt der Windhundrassen, denen er sich ein ganzes Leben lang gewidmet hatte.
Kurz vor Beendigung des vorliegenden Werkes, gerade als er sich zur Ruhe setzen wollte, verunglückte er tödlich. Mit ihm sank sein unermeßliches Wissen ins Grab. Tröstlich für uns bleibt nur, daß er wenigstens einen Teil davon in seinem Buch hinterlassen, sich selbst aber damit ein bleibendes Denkmal geschaffen hat.

Dr. Robert Bandel
Präsident des VDH

Walther Opitz hat das Erscheinen seines Buches nicht mehr erleben dürfen. Als er im Sommer 1978 sein Manuskript abgeschlossen hatte, galt unser letztes Gespräch Anfang Juli den Details der äußeren Gestaltung, die ihm seiner Natur nach ebenfalls sehr am Herzen lag. Wenige Tage danach erfuhren wir von seinem Tod. So haben wir nun sein Buch in seinem Sinne, aber ohne sein weiteres Mitwirken vollends hergestellt. Dies wäre jedoch nicht ohne die bereitwillige Beratung und sachverständige Hilfe von Herrn Jürgen Opitz, dem Sohn des Verstorbenen, möglich gewesen. Auch aus dem großen Kreis der Windhundfreunde, die sich Walther Opitz verbunden fühlten und die um das im Entstehen befindliche Buch wußten, wurde uns ganz spontan Unterstützung insbesondere auch bei der Bildbeschaffung

angeboten. Den Abschnitt „Vererbung und Zucht", den Walther Opitz selbst noch erweitern wollte, hat dankenswerterweise nach den vorliegenden Aufzeichnungen Herr Dr. Reinhard Jödicke, Fachmann auf dem Gebiet der Genetik und selbst Windhundfreund, ergänzt.
So erscheint nun ein Jahr nach dem Tode von Walther Opitz das Buch; wir danken allen, die dazu beigetragen haben.

Der Verlag

Inhaltsverzeichnis

Geschichte und Geschichten

Herkunft und heutige Bedeutung

Der Deutsche Windhundzucht- und Rennverband (DWZRV), in dem alle Freunde der Windhunde und des Windhundsportes sich zusammengeschlossen haben, gab anläßlich seines 75jährigen Bestehens im Jahre 1967 das Zuchtbuch Band XXII – XXIII heraus und nannte es „10000 und 75 Jahre Hetzhunde/Windhunde". Was meint dieser Titel? Die 75 Jahre sind die Jahre seit der Verbandsgründung, die also genauestens übersehbar und dokumentiert sind. Im Jahre 1892 wurde der deutsche Barsoiclub gegründet und gab sein Zuchtbuch Band I heraus. Er bestand nur aus Leuten, die einen Barsoi hielten. Der Barsoi war zu dieser Zeit auch eigentlich die Verkörperung des Windhundes. Er trat zahlenmäßig so stark auf, daß man alle anderen Rassen als Seltenheiten bezeichnen konnte; wenn man von Windhunden sprach, meinte man einfach den Barsoi. Und bis heute ist es auch noch keiner anderen Windhundrasse gelungen seine Eintragungszahl in den Zuchtbüchern – alle fangen mit Nr. 1 an – in Deutschland auch nur annähernd zu erreichen. Die Barsois stehen jetzt bei rund 13500, während die nächste Rasse, die Afghanen, mit rund 10000 und dann die Whippets mit rund 8 800 folgen.
Dennoch fand man nach der Verbandsgründung schnell heraus, daß neben den Barsois auch alle anderen Windhundrassen erfaßt werden müßten. Im Jahre 1910 war es soweit. Der Verband gab sich den Namen „Verband der Windhundliebhaber", der dann erneut mit einem Zuchtbuch Nr. I, aber für alle Rassen bestimmt, anfing. Von dieser Nr. I zählte nun der DWZRV seine Zuchtbücherfolge bis heute weiter. Im Augenblick ist der Band Nr. XXVIII in Bearbeitung.
Die Zuchtbücher dokumentieren nicht nur die genaue Reihenfolge der Züchtungen, sie geben auch, teils in sehr umfangreichenDarstellungen, Auskunft über alle Windhundfach-, Zucht- und Rennfragen, sowie über die Anatomie, die Geschichte u.ä., kurz über alles, was ein Windhundfreund, Züchter oder Halter wissen muß oder möchte. Herausragende Zuchtbücher sind die Nr. VI, VII – VIII, XXII, XXIII, XXIV, XXVI und XXVII, die heute für jeden Besitzer einen Kapitalwert ausmachen. Auf die zurückliegenden 85 Jahre will nun dieses Buch eingehen und das Wichtigste aus dieser Zeit darstellen.
Zunächst aber noch etwas über die vorausgegangenen „10000" Jahre, denn so weit zurück läßt sich das Vorkommen der Windhunde gesichert nachweisen. Die Windhunde gehören wohl zu den ältesten Hunderassen. Bestimmt aber kann man

Abb. 1. Bereits vor 4500 Jahren jagte man im Alten Ägypten mit Windhunden.

sie als Ausgangsform für viele andere Rassen ansehen. Aus der geschichtlichen, ja vorgeschichtlichen Zeit gibt es viele Funde, die aus Zeiträumen weit über 10000 Jahre zurückstammen und einwandfrei das Vorkommen der Windhunde beweisen. Ganz besonders bemerkenswert ist dabei die Feststellung, daß die Windhunde sich in ihrer äußeren Form inzwischen eigentlich überhaupt nicht verändert haben. Ausgrabungen am Ladogasee, die etwa 15000 Jahre alt sind, lassen jedoch nicht klar erkennen, ob die Windhunde damals noch wild oder schon gezähmt gelebt haben. Auch aus der Umgebung von Frankfurt/Main stammen Funde aus einer Zeit von 11000 v.Chr.

Die grundlegenden Anhaltspunkte dieser Untersuchungen sind vor allem die Schädelformen. Die Windhunde sind an ihren Schädeln sehr leicht zu erkennen, weil der Fang viel länger ist als bei allen anderen Hunderassen. Hinzu kommen viele Darstellungen von Windhunden in der altägyptischen Kultur. Stellvertretend dafür ein Beispiel (Abb. 1). Ein spitzohriger, großer und kurzhaariger Windhund erscheint um 2500 v.Chr. auffallend häufig auf Steinreliefs. Es muß sich

wohl um den Pharaonenhund gehandelt haben, ein Typ, der sich im Laufe der Jahrtausende eigentlich sehr wenig geändert hat. Auch daraus lassen sich bestimmte Schlüsse ziehen. Windspiele züchtete – und damit darf sie wohl als die älteste bekannte Windspielzüchterin angesprochen werden – bereits Kleopatra. Sie hielt die Windspiele in festen Zwingern, und die höchste Auszeichnung aus ihrer Hand war ein Windspiel als Geschenk. Sie gab ihren Dienern genaue Anweisungen über Zucht und Haltung. Verstorbene Hunde wurden einbalsamiert und sind zu typischen Zeitdokumenten geworden. Vermutlich durch ihren engen Kontakt zu Caesar sind Windspiele damit auch nach Italien gekommen. In der Folgezeit taucht das Windspiel fast an allen europäischen Höfen auf, wie viele Gemälde in Schlössern und Burgen beweisen. Eine besondere Förderin der Windspiele war auch die Zarin Katharina II., wie man im Kreml heute noch feststellen kann.
Selbst in der Bibel (Salomo Kap. 30, Vers 31) ist einwandfrei die Rede von Windhunden. Windhunde finden sich ebenfalls auf alten Skulpturen, Gemmen, Münzen, Medaillen, Vasen, Gefäßen, Mosaiken und vor allem auf Gemälden.

Berühmte Namen – berühmte Hunde

All dies zeigt, daß der Windhund häufig eine große Rolle im Leben von Menschen gespielt hat. So war es in der Antike, und so ist es bis heute geblieben. Eines der bekanntesten Beispiele dafür ist die Vorliebe Friedrichs des Großen für seine Windspiele. Seine „Biche" und „Alkmene" sind in die Geschichte eingegangen. Dabei hielt der König stets mindestens 40 bis 60 Windspiele, von denen er jeweils zwei oder drei als besonders Bevorzugte zu sich ins Schloß holte. Viele Gemälde, Skulpturen, Porzellanfiguren und Zeichnungen sind heute Sinnbilder dieses innigen Verhältnisses. In Filmen und Theaterstücken erscheint der Darsteller des Alten Fritz immer wieder mit Windspielen, wobei aber oft fälschlich Whippets verwendet werden. Es sei deshalb besonders darauf hingewiesen, daß der König „Windspiele" hatte, was heute mit Sicherheit feststeht.
Unter den lebenden Persönlichkeiten könnte man Prinz Philipp von England nennen, dessen Hunde regelmäßig und mit guten Erfolgen an englischen Windhundrennen teilnehmen. Bekannt ist auch der Sänger Ivan Rebroff mit seinen Barsois oder die Vorliebe des Schauspielers Friedrich Schönfelder zu seinen Salukis. Der Eisschnellauf-Olympiasieger Erhard Keller suchte sich als besten Trainingspartner einen Whippet aus. Diese Aufzählung könnte man noch lange fortsetzen.
Und schließlich soll hier stellvertretend noch von einem ganz überragenden Rennhund aus England die Rede sein. England gilt immer noch als das Land oder die Heimat der Windhunde und der Windhundrennen. Die Einzahlungen für Wetten

bei englischen Windhundrennen liegen weitaus höher als bei uns im Lotto oder Toto. So gehören in England auch die bekanntesten großen Stadien nicht etwa den Fußballvereinen, sondern den Windhundverbänden. Doch zurück zu einem Greyhound, der lange Zeit ganz England in Atem hielt. Gemeint ist der in Irland geborene „Mick the Miller". Ein irischer Priester, Father Trophy, zog ihn auf. Schon sehr jung zeigte der Hund sein Talent und errang auch bald die ersten Rennsiege. Ein Kenner erwarb ihn dann für 25 engl. Pfund. Schon im ersten halben Jahr gewann der neue Besitzer mit diesem Hund in London 3350 Pfund. Warum er ihn dann 1928 verkaufte, weiß man nicht mehr. Der Käufer war Mr. Arundel Kempton, der ihn für 2000 Pfund erwerben konnte, damals eine unverständlich hohe Summe. Doch Mick the Miller war in die richtigen Hände gekommen und wurde jetzt berühmt. In einer Serie von 19 Rennen wurde er nicht einmal geschlagen und dadurch ein wirklicher Sportstar. Wenn im White-City-Stadion angekündigt wurde, daß Mick the Miller am Start sei, füllte sich das Stadion mit bis zu 60 000 Besuchern. Diesem Windhund schrieb man übrigens einen besonderen Renn-Instinkt zu. Egal, ob der Startplatz günstig oder ungünstig für ihn ausgelost wurde, Mick the Miller gewann immer. Statt in der ersten Kurve die ungünstige Außenbahn zu nehmen, hielt er sich lieber etwas zurück, um dann im Zwischenspurt auf der folgenden Geraden innen nach vorn zu stoßen. Kam er aber beim Auslosen gleich auf die Innenbahn, hielt er unangefochten die Spitzenposition, die er immer weiter ausbaute. Man sprach deshalb dem Hund eine regelrechte Renntaktik und Verstand zu. Hatte man damit so unrecht, wenn man z. B. sein Verhalten nach jedem Rennen betrachtete? Wenn er die Ziellinie passiert hatte, verlangsamte er seinen Lauf, während die anderen Hunde dem Hasen weiter nachliefen. Es war, als wenn er wüßte, daß er sich dem klatschenden Volk zeigen müßte und blieb so in entsprechender Pose stehen, um langsam aber stolzerfüllt zu seinem Besitzer zu gehen.
Seine große Rennfähigkeit bestand auch darin, daß er alle von ihm verlangten Strecken siegreich durchlief (die normale Länge von 525 Yards (480 m) wurde später verlängert auf 600 und 700 Yards). Es war daher natürlich, daß man solch wertvolles Blut durch Nachzucht erhalten wollte. An den Vaterfreuden dieses Hundes hat sein Besitzer ebenfalls ein Vermögen verdient. Die Welpen kosteten 1928 und später mehr als 1000 DM nach heutigem Wert. Mick the Miller war so berühmt, daß er vor großen Veranstaltungen, wie Boxkämpfen oder Wohltätigkeitsfesten, dem Publikum gezeigt wurde. Kurz, er war ein Liebling der Engländer.
Was ist aus Mick the Miller später geworden? Er wurde 13 Jahre alt. Als er starb, hat man ihn genau untersucht. Die Obduktion ergab ein Herzgewicht von 463 g, das sind 53 g mehr als ein durchschnittliches Greyhoundherz. Mick selbst steht heute präpariert in der großen Mittelhalle des Naturwissenschaftlichen Museums in Kensington. Er war bisher der beste Rennhund aller Zeiten.

Der Windhund in der Kunst

Darstellungen von Windhunden in der Kunst wurden bereits erwähnt. Man könnte mehrere Bücher zusammenstellen, so zahlreich sind sie. Als Windhundfreund kann man darauf stolz sein. Hier einige Beispiele.
Allem voran müssen die Darstellungen aus dem alten Ägypten (Abb. 1). Auf vielen Kunstwerken, Zeichnungen und Reliefs ist der Windhund damals abgebildet worden, und immer wieder sieht man ihn auf Jagdbildern, bis zurück in die graue Vorzeit, in der die Jagd fast ausschließlich mit Hunden (Windhunden) erfolgte. 30 000 Jahre alte Höhlenzeichnungen beweisen dies.
Wenn man Schlösser, Museen, Kirchen, Rathäuser usw. besucht, stößt man überall auf Gobelins, Gemälde, Wandmalereien, Plastiken, Wappen usw. auf denen

Abb. 2. Friedrich der Große wird auf vielen Darstellungen von seinen Windspielen begleitet.

Abb. 3. Albrecht Dürer zeichnete diesen Whippet.

Windhunde abgebildet sind. So z.B. in Moskau im Kreml und in der Tretjakow-Galerie mit ihren so außerordentlich zahlreichen Gemälden mit glatthaarigen Windhunden und natürlich Barsois. Oder in Belgien im Rathaus von Kortryk, in dessen großem Sitzungssaal auf riesigen Wandmalereien Greys und Salukis lebensgroß dargestellt sind. Sie sollen vor Augen führen, daß die Ritter als Besitzer der Hunde auf ihren Kreuzzügen bis in die Heimat dieser Hunde gelangt waren. In Schloß Sanssouci ist die lebensgroße Bronzefigur des Alten Fritz mit seinen Windspielen berühmt. Von dieser Figur gibt es Nachbildungen in aller Welt (Abb. 2). Auch im Schloß in Stockholm gibt es riesige Gobelins mit Windhunden und am Eingang zum Schloß Hellbrunn in Salzburg begrüßen uns große Greyhounds. Vor allem auch die englischen Schlösser sind wahre Fundgruben für Windhunddarstellungen. Als Beispiel sei hier van Dycks Gemälde „James Stuart mit seinem Grey" genannt.

Von Albrecht Dürer stammt eine vorzügliche Zeichnung eines Whippet (Abb. 3), und noch bekannter ist sein Bild „Der Hl. Eustachius", auf dem fünf Whippets zu sehen sind. Doch auch Paolo Uccello (1397–1475) mit seiner Jagdszene im Walde

muß hier genannt werden, weil er die Whippets so auffallend in den Mittelpunkt seines Bildes gestellt hat.
Man sieht also, daß die Windhunde die Kunst vielfach bereichert haben. Ihre eleganten Bewegungen festzuhalten, versuchen heute wie früher die Künstler.

Wesen und Eigenschaften der Windhunde

Das Wesen

Es ist ein häufiger und grundlegender Fehler, statt vom Wesen eines Hundes von seinem Charakter zu sprechen. Man verwendet dann Werturteile wie z. B. tapfer oder feige, gut oder böse, treu oder untreu, offen oder hinterhältig usw. Der Mensch lebt in seiner Vorstellungswelt und überträgt deren Begriffe auf die Hunde. Von Jugend auf werden uns die Hunde vermenschlicht dargestellt und wir gewöhnen uns an solche Vergleiche.
Jedem Hund – wie übrigens jedem Tier – ist es angeboren, auf die aus seiner Umwelt auf ihn zukommenden Eindrücke mit bestimmten Verhaltensweisen zu reagieren. Das Verhalten gegenüber den eigenen Artgenossen und sein gesamtes geselliges Verhalten wird dadurch bestimmt. Hinzu kommt die Fähigkeit, daß Hunde aus Erfahrungen zu lernen vermögen und bei sich wiederholenden gleichen oder auch ähnlichen Ereignissen sofort von sich aus zweckmäßig reagieren. Diese Fähigkeit nutzt der Mensch aus, um den Hund zu erziehen oder gar abzurichten.
Jeder Hundehalter, der sich dieser Erkenntnisse der Verhaltensforschung bewußt bedient, wird sehr bald einen Hund besitzen, den der Nachbar als gut erzogen bewundert. Allerdings muß man die Grenzen beachten, die bei jeder Hunderasse als veranlagungsmäßige Eigenart bestehen. Jedes Tier und jede Hunderasse reagiert anders, doch innerhalb einer Rasse sind die Reaktionen im wesentlichen gleich.
Seit der Mensch die Zuchtwahl bei Hunden anwendet, sind auch die vielen verschiedenen Rassen entstanden, die wiederum ihre unterschiedlichen Wesensarten haben. Man darf nun nicht daraus folgern, daß die Reaktionsfähigkeit auf bestimmte Eindrücke den Grad der Intelligenz darstellt. Jeder Hund und jede Rasse haben besondere Fähigkeiten und natürlich auch Nachteile oder gar Unarten. Durch diese Eigenarten sind jeder Hunderasse auch natürliche Grenzen gesetzt, die man bei der Erziehung des Hundes beachten sollte.
Wenn wir uns mit diesen Tatsachen vertraut gemacht haben, können wir uns jetzt dem Wesen der Windhunde zuwenden. Fangen wir einmal an, den Gesamtein-

druck des Windhundes auf uns wirken zu lassen, vor allem den Kopf. Die Haltung, die Kopfform, die Stellung der Augen, die farbliche Zeichnung ergeben zusammen einen bestimmten Eindruck, der fast dazu verführt, danach die Charakterzüge festzulegen (im Abschnitt über die Standards der einzelnen Windhundrassen finden sich bei der Beschreibung des Kopfes dazu die besten Beispiele). Tatsächlich sind es aber nur Beschreibungen des Aussehens. Wenn man diese Ausdrücke wörtlich nehmen würde, müßte man dem Hund Fähigkeiten und Charakterwerte zuerkennen, die er in Wirklichkeit nicht hat. Solche Fähigkeiten sind auf der Intelligenzstufe der Hunde noch nicht vorhanden. Dazu ist zu bedenken, daß die Windhunde heute fast ohne Ausnahme unter Umweltverhältnissen leben müssen, die ihrer Wesensart nicht entsprechen. Auch bei der Beurteilung ihres Verhaltens muß man dies berücksichtigen.

Ursprünglich züchtete der Mensch die Windhunde nur auf eine einseitige Verwendung hin, für die Jagd. In verschiedenen Mittelmeerländern, im Orient und in Nordafrika ist dies heute noch so. Stets ging es dabei um die Hetzjagd, daher auch die Bezeichnung „Hetzhunde". So entstanden Hunderassen mit einer unübertroffen nützlichen Fähigkeit für die Jagd. Gegenüber dieser besonderen Eigenschaft, das Wild zu erhetzen, treten andere Fähigkeiten wie Fährtensuche, Verbellen, Vorstehen, Wachen und Schützen, Blindenführen oder überhaupt Gehorsam beim Windhund fast ganz in den Hintergrund. Der Windhund ist ein Spezialist geworden wie auch andere Hunderassen auf bestimmten Gebieten. Bei der Zuchtwahl der Windhunde legte man kaum Wert auf allgemeine Dressurfähigkeiten gegenüber dem Wunsch durch entsprechenden Körperbau ihre Schnelligkeit und Beweglichkeit zu steigern, also den Hetztrieb zu fördern. Das ist auch heute noch in gewissem Maße so. Man darf den Windhund deshalb nicht als dumm oder stolz bezeichnen. Richtig ist nur, daß Windhunde ganz anders geartete Hunderassen sind als die übrigen Rassehunde.

Nur der Besitzer, der auf diese Eigenart einzugehen weiß, wird einen Hund haben, an dem er unendlich viel Freude hat. Es kommt sehr häufig vor, daß jemand nachdem er andere Rassen gehalten hat, sich schließlich einen Windhund zulegt. Ich habe wiederholt festgestellt: wer einmal beim Windhund gelandet ist, der wechselt nie mehr zu anderen Rassen weiter, den hat es gepackt!

Wer nicht bedenkt, welche Eigenschaften das Wesen seines Windhundes bestimmen, könnte ihn vielleicht als starrköpfig ansehen, weil er eben tut, was ihm gefällt: und vielleicht empfindet man ihn darum sogar als schlecht erzogen. Wenn der Besitzer dann versucht, den vermeintlichen Starrsinn mit Gewalt durch eine eiserne Erziehungsmethode brechen zu wollen, hat er sich den Mißerfolg ursächlich selbst zuzuschreiben. Denn gerade mit Härte und Strafen läßt sich beim Windhund nichts erzwingen. Solche Unvernunft seines Herrn vergißt der Windhund nie, er ist eben doch nicht dumm. Was der Besitzer erreicht, ist Verängstigung, und damit gerät der Windhund in einen bedauernswerten Zustand. Ein Besitzerwechsel bleibt dann vielleicht als einziger Ausweg.

Wenn man jedoch nichts verlangt, was über die Fähigkeiten des Windhundes hinausgeht, wenn man seine Befehle im Ton der freundlichen Einladung gibt, also den Kommandoton vermeidet, und dennoch auf die Durchführung beharrt, dann wird bei jedem Windhund ein Grad des Gehorsams und eine Erziehung erreicht, die jeden ungeschickten Windhundbesitzer staunen läßt. Viele Menschen denen das Kommandieren nicht liegt, und die darum andere Rassen vorher nicht bewältigten, finden im Windhund den ihnen entsprechenden Hund, bei dem sie dann auch bleiben.

Das Wichtigste, was man einem Windhund geben muß, ist die Möglichkeit, sich zu seinem Wohlbefinden ausrennen zu können. Man muß also in freies Gelände gehen und den Hund von der Leine lösen. Wenn der Hund sich ausläuft, muß man das Rufen oder Pfeifen unterlassen. Hat er sich ausgetobt, kommt er ganz von selbst wieder, auch in völlig fremdem Gelände; man muß nur dort bleiben, wo der Hund freigelassen wurde. Im freien Austollen empfindet der Hund seine eigentliche Fähigkeit und große Freude, alles andere tritt dabei zunächst zurück. Rufen und Pfeifen bewirken jetzt nichts. Man erreicht höchstens das Gegenteil, daß der Hund künftig überhaupt nicht mehr auf Rufen und Pfeifen reagiert, und er damit als schlecht erzogen gelten wird.

Es ist völlig falsch, den Windhund als schwer erziehbar hinzustellen, wenn man gelegentlich beobachtet, daß er schlecht an der Leine geht. Oft sieht man auch wie der Windhund seinen Besitzer spazieren führt. Das sei ein Zeichen von erfreulichem Temperament, heißt es. Nein, das ist ein Beweis, daß der Besitzer mit seinem Hund nicht richtig umzugehen weiß.

Häufig wird die Ansicht vertreten, daß ein Hund – besonders ein Windhund – mit etwa 10 bis 12 Wochen in die Hand des endgültigen Besitzers gelangt sein soll. Sicher ist das von Vorteil, wenn der Besitzer mit Windhunden vertraut ist. Aber wie viele Fälle konnte ich erleben, wo Hunde viel später, ja sogar als ältere Windhunde, durch äußere Umstände bedingt, in andere und meist in bessere Hände kamen. Sehr schwierig wird es jedoch, wenn der Hund, bereits vollkommen verschüchtert, dann noch umgewöhnt werden soll. Dennoch sind auch solche Hunde oft noch gute Renner geworden. Man sollte mit dem Hund dann nicht zu einem Rennen gehen, bei dem viele Zuschauer sind, sondern zu einem Training ohne Publikum. Wenn er die vorbeirasende Hundemeute sieht, wird man erleben, wie es ihn erregt, selbst mitzurennen. Das versucht man drei- bis viermal und läßt ihn dann hinterherrasen. Der Erfolg wird nicht ausbleiben. Der Instinkt zu rennen, steckt in jedem Windhund. Später wird sogar der Startkasten in Kauf genommen und Bahnsicher-

heit erreicht, selbst von älteren Tieren, die mit dem Sieger nicht mehr mithalten können.
Das ist allerdings nicht immer so, diese Methode kann sich auch als erfolglos erweisen. Dennoch sollte man in jedem Fall das Verhalten des Hundes genau beobachten, wenn man dessen eigentliche Veranlagung fördern möchte. Nur dadurch lernt man verstehen, warum der Hund so oder so reagiert. Das Eingehen auf sein Verhalten wird den erwünschten Erziehungserfolg bringen. Selbstverständlich lassen sich einzeln gehaltene Hunde leichter erziehen als Tiere in einer Gruppe. Der einzelne Hund hat nur den Herrn und steht nicht unter dem Einfluß schlechter Beispiele anderer Artgenossen und wird nicht durch Rivalitätskämpfe abgelenkt. So stellt er sich auch schneller und besser auf seinen Herrn ein.
Bis jetzt habe ich nur von Windhunden allgemein gesprochen. Es taucht die Frage auf, ob auch die einzelnen Rassen der Windhunde verschiedene Wesensarten besitzen? In ihren Grundeigenschaften sind sich eigentlich alle Windhundrassen gleich, doch gibt es tatsächlich von Rasse zu Rasse gradweise Unterschiede. Man kann das lebhafte Temperament des Windspiels nicht etwa mit der Ruhe eines Barsois vergleichen. In der Folgsamkeit steht der Afghane an letzter Stelle. Solche kleinen Unterschiede werden schon in der Beschreibung der Rasse angedeutet. Im allgemeinen ist der Windhund, wie gesagt, kein Hund der Dressur. Er will mit gutem Wort angesprochen und mit weicher Hand geführt werden, Schläge sind immer falsch. Wer sich aber in dieser Weise auf den Windhund einstellen kann, wird viel Freude an diesem edlen Hund haben.

Abb. 4. Eine zeitgenössische Darstellung, aus der die Zuneigung des Künstlers zu seinen Windhunden spürbar wird.

Abschließend möchte ich aber dennoch etwas grundsätzliches zum „Charakter“ der Windhunde sagen. Alle Windhunde sind gutartig und lieb. Das zeigt sich besonders daran, daß Kinder sehr leicht zu ihnen finden, und die Windhunde immer zu Kindern einen festen Anschluß halten. Wie leicht kann ein Kind den Windhund an sich gewöhnen, selbst wenn es sich um eine große Rasse handelt, und mit ihm spazieren gehen! Es wird wohl an der weichen Hand eines Kindes liegen, daß der Windhund so anschmiegsam bei ihm ist. Windhund und Kind sind immer eins!
Und noch etwas wäre zu unterstreichen. Der Windhund ist ein besonders angenehmer Hausgenosse, der nie Unruhe schafft, wenn er in die Hausgemeinschaft aufgenommen wird. Man kann beobachten, wie der Windhund sich zuhause sehr behaglich fühlen kann (Abb. 4).

Der Hetztrieb

Der Windhund ist ein Hetzhund und als solcher eigentlich ein Jagdhund. So wie ein Greifvogel das Wild selbst jagt, so hetzt der Windhund mit seiner enormen Schnelligkeit das Wild als sein Opfer. Darum ist er auch kein Aasfresser wie alle anderen Hunde, er bevorzugt Frischfleisch. Der heute auf der Jagd verwendete Jagdhund in seinen vielen Arten hat mit dem Windhund jedoch nichts gemein, er ist im Grunde genommen ein Jagdgebrauchshund. Jagdhunde arbeiten mit ihrem enormen Geruchssinn und der Apportierfreudigkeit und sind dem Jäger ein gehorsamer Helfer. Wenn ein Windhund jagt, ist jeder Gehorsam dahin; dann unterliegt er nur dem Trieb zum Hetzen.
Der Windhund erreicht auch das gehetzte Tier, weil er eben schneller ist (eine Ausnahme ist der noch schnellere Gepard). Zur Schnelligkeit kommt die Ausdauer. Die sehr große Lunge im umfangreichen Brustkorb ermöglicht sie ihm. Und auch das Herz, das den Kreislauf bei größter Beanspruchung in Gang hält, ist entsprechend groß ausgebildet. Das Herz eines Windhundes ist im Verhältnis etwa zehnmal so groß wie das eines Pferdes, bezogen auf das Körpergewicht oder die Körpergröße. Diese körperlichen Voraussetzungen wären aber allein nicht ausreichend, wenn nicht auch seine Sinnesorgane den Windhund zu besonderen Leistungen befähigen würden. Hier zeigt sich der große Unterschied zu allen anderen Hunderassen. Jeder Hund – das ist eine bekannte Tatsache – hat einen enorm guten Geruchssinn und kann damit Spuren aufnehmen. Der Jagdhund nimmt die Wildspur auf, der Gebrauchshund verfolgt die Spur des Täters, der Zollhund erschnüffelt z. B. bestens verstecktes Rauschgift, und so gibt es noch viele Beispiele. Schon äußerlich erkennt man dies daran, daß diese Hunde fast immer mit der Nase am Boden sind, um sich

zu orientieren. Ein Windhund macht das eigentlich kaum. Sein Geruchssinn ist im Vergleich zu allen anderen Hunden schwächer entwickelt. Der Windhund vermag noch nicht einmal eine ganz frische Wildspur aufzunehmen.

Dafür hat der Windhund jedoch ganz vorzügliche Augen und Ohren, die weitaus leistungsfähiger als diejenigen anderer Hunderassen sind. Während andere Hunde nur bis auf etwa 50–60 Meter noch klar erkennen und hören können, ist ihnen der Windhund hier wesentlich überlegen. Seine Augen erkennen einen Hasen noch auf über 200 Meter Entfernung. Sein Ohr arbeitet so gut, daß selbst ein schlafender Windhund noch Geräusche aufnimmt, die andere Hunde – oder gar der Mensch – nicht mehr wahrnehmen. Gegenüber starken Geräuschen, wie Donner oder Flintenknall, reagiert der Windhund höchst empfindlich – sie bereiten ihm sogar Schmerz –, was man ihm fälschlicherweise als Angst ankreidet. Ein Gebrauchshund reagiert auf das Abfeuern einer Schußwaffe überhaupt nicht, weil sein Gehör eben lange nicht so empfindlich ist.

Aber auch im Äußeren zeigen sich die besonderen Fähigkeiten des Windhundes im Hören und Sehen. Der hoch erhobene Kopf auf schlankem Hals ist ein Zeichen stets angespannter Beobachtung. Das Ohr, in seiner Form als Rosenohr zum Schalltrichter gestaltet, ergänzt das Auge. Alle Windhundrassen lieben es, beim Ruhen sich erhöht, z. B. auf einem Sessel, hinzulegen. Wenn man im freien Gelände einen Tisch oder ein Podest aufstellt, wird der Windhund einen solchen erhöhten Ruheplatz gegenüber anderen bequemeren Möglichkeiten vorziehen; er wählt sich stets einen Platz, von dem aus er alles hören und sehen kann.

All diese Fähigkeiten kommen auch bei den Rennen zur Geltung, die dem Windhund einen vollen Ersatz für die freie Hetzjagd bieten. Ein künstlicher Hase, den der Hund zu erreichen sucht, wird in etwa 15–20 Meter Abstand vor dem Hund über eine feste Bahn oder beim Coursing durch das Gelände gezogen. Man erkennt auch hier den besten Hund daran, daß er fest mit dem Auge am Hasen bleibt und sich durch nichts vom Hetztrieb abbringen läßt.

Die Windhundrassen und ihre Standards

Wir haben nun von der Geschichte der Windhunde gehört und kennen das Wesen dieser edlen Hunde. Alle Windhundrassen haben überall in der Welt zahlreiche Freunde gefunden, die ihre Schönheit bewundern, die ihre eleganten Bewegungen auf sich wirken lassen, ihr zärtliches Wesen lieben und ihre besonderen Eigenschaften sehr wohl einzuschätzen wissen. Nun werden wir näher mit ihnen bekannt gemacht.

Die hauptsächlich in Europa gehaltenen Windhundrassen stellen sich anschließend vor. Sie sind groß oder klein, sie haben kurze Haare oder ein langes Fell. Windhunde gibt es für jeden Hundeliebhaber. Sehen wir uns die einzelnen Rassen einmal genauer an.

Wie die einzelnen Rassen aussehen sollen und welche bestimmten Wesensmerkmale sie unbedingt haben müssen, ist verbindlich in den einzelnen Standards festgelegt.

Die Standards werden jeweils von den Ländern herausgegeben, aus denen sich der Ursprung einer Rasse mit Sicherheit herleiten läßt. So gilt England als Land für den Greyhound, Irland für den Wolfhound, Russland für den Barsoi. Italien für das Windspiel usw. Gleichzeitig sind diese Standards bei der FCI (Fédération Internationale Cynologique), mit Sitz in Brüssel, hinterlegt und damit anerkannt und verbindlich für alle Länder, die diesem internationalen Verband angehören. Nun gibt es auch Länder, die nicht zur FCI gehören, aber dennoch als Herkunftsland einer Rasse angesprochen werden müssen, z. B. Afghanistan. Für solche Fälle besteht bei der FCI eine Standardkommission, die nun unmittelbar für die FCI die Rassenmerkmale (den Standard) festlegt und für verbindlich erklärt.

Die Standards werden außerdem von den einzelnen Mitgliedsländern in Übereinstimmung mit der FCI übersetzt, dort ebenfalls hinterlegt und haben dann in der entsprechenden Landessprache die gleiche Verbindlichkeit wie die Urschriften.

Nach den Standards werden die Hunde auf den Zuchtschauen von den Richtern beurteilt und bewertet, es wird ihr Zuchtwert festgelegt (s. Abschn. Zuchtschau).

Die einzelnen Verbände, in unserem Fall der DWZRV (Deutscher Windhundzucht- und Rennverband), dürfen an den Standards grundlegend nichts ändern, jedoch kann ein einzelner Verband ergänzende Bestimmungen festlegen oder Auslegungen festschreiben. Das geschieht auf regelmäßigen Tagungen der Richter, der

Zuchtkommission und durch die Zuchtleitung. Jeder Besitzer sollte den Standard seines Hundes genau kennen und notfalls auch von einem Richter, evtl. nach einer Zuchtschau, sich erläutern lassen.

Barsoi (Bild Seite 29)

Der Barsoi ist ein sehr großer langhaariger Windhund, dessen Ursprungsland Rußland mit seinen unendlichen Weiten ist. Der Name der Rasse wird nicht etwa französisch (*Barsoa*) sondern russisch (*Barseu*) ausgesprochen, was übersetzt etwa bedeutet: windschnell, leicht und flüchtig. In seiner Gesamterscheinung ist der Barsoi ein Aristokrat vom Fang bis zur Rutenspitze. Dabei ist dieser Hund ein sehr kräftiger und wertvoller Jagdgefährte bei der Hetzjagd, besonders in Rußland bei der Wolfsjagd. Ein sehr schmaler, aber langer Kopf ohne Stirnabsatz (Stop) mit feinen nach vorn überkippenden Ohren wird vom langen Hals getragen. Der Körper ist im Verhältnis zur Größe des Hundes sehr schmal, der Rücken bogenförmig, die Brust ist sehr tief, während der Bauch aufgezogen ist. Die langen gut gewinkelten und gut bemuskelten Läufe (Schenkel) vollenden die sehr ansprechende Gesamterscheinung. Die nach unten getragene Rute muß sehr lang und gut behaart sein.
Zum Charakter des Hundes muß hier gesagt werden, daß er ein sehr verträglicher und kinderlieber Hund ist, keineswegs ist er falsch oder gar dumm, wie leider oft behauptet wird. Seinem Herrn ist er treu ergeben, nicht bissig, jedoch auch nicht unterwürfig. Anderen Hunderassen gegenüber verhält er sich zurückhaltend bis abweisend, er ist aber ein guter Wächter.
Es ist ein ganz bestimmter Kreis von Liebhabern, der sich diesen edlen Hund zum Gefährten nimmt, weil der Barsoi ein so ästhetisch schönes Geschöpf ist. In Rußland war er schon im 15. Jahrhundert so bekannt, daß es ein Gesetz gab, das Strafen wegen des Diebstahls eines Barsois festlegte. Der Verkaufswert lag so hoch, daß bis zu 200 Hektar Land für einen guten Rüden gezahlt worden sind. So fand man die Barsois eigentlich auch nur auf den russischen Gutshöfen. Alle Zaren und deren Großfürsten haben sich um die Zucht der Barsois verdient gemacht. Die bekanntesten Zwinger waren die des Zaren in Gatschina bei Petersburg und des Großfürsten Nikolajewitsch in Perchino, wo je etwa 500 Barsois gehalten wurden. Die Zwingeranlagen waren, wie vorhandene Fotos noch zeigen, sehr luxuriös eingerichtet, forderten aber von den Hunden doch Härte und gute Gesundheit. Die Ställe waren z. B. auch im strengsten Winter nicht geheizt, im Gegenteil: die Außentür blieb immer offen. Das hohe Pritschenlager bestand aus einfachem Stroh.
Im Laufe der vielen Jahre ist die Erscheinung natürlich etwas geformt worden. Auch ist Rußland nicht mehr das alleinige Züchterland. Hochburgen der Zucht

sind nunmehr Deutschland, die Schweiz, Belgien und Holland. Wichtig ist heute die reiche und seidenweiche Fülle der schmeichelnden Behaarung mit der schönen Halskrause. Die Farbe erscheint in verschiedenen Schattierungen, selten rein weiß, mit häufig roten oder dunklen Abzeichen (s. Standard). Stets fällt ein Barsoi auf, wenn er im Straßenbild oder sonstwo erscheint. Dann heißt es immer wieder: ein schönes Tier, das ist ein Windhund! Im Barsoi sieht man eben immer noch die typische Verkörperung des Windhundes. Wenn der Barsoi bei uns heute nicht mehr im üblichen Sinne ein Gebrauchshund ist, so ist er doch kein Luxushund. Wer auf der Rennbahn oder im Schnee einmal eine Meute Barsoi hat laufen oder spielen sehen, wird den Anblick dieser edlen Hunde lange in Erinnerung behalten. Sicher ist er in der Aufzucht etwas anspruchsvoller, aber nur weil er wegen seiner Größe etwas mehr Futter benötigt, ausreichende Bewegung braucht und natürlich im Haar gepflegt sein muß. Wer aber einen selten feinfühligen, anhänglichen Kameraden sucht, der findet im Barsoi den idealen Begleiter. Er ist willig, sich anzupassen, jedoch nicht kriechend ergeben. Wenn der Barsoi mit Verständnis und Liebe gehalten wird, ist er der Hund, der eigentlich alle Vorzüge bis zur Vollendung in sich trägt, bis hin zu seiner edlen Gesamterscheinung. Kurz, der Barsoi ist wirklich ein königlicher Hund.

Standard des Barsoi

Allgemeine Erscheinung
Die Gesamterscheinung des Barsoi ist vor allem durch seine imponierende Größe, sein reiches Haarkleid, die Schönheit der Farben, die Ausgeglichenheit der Proportionen, die Eleganz und die Harmonie seiner Konturen und Bewegungen gekennzeichnet, was seinem Exterieur einen unverkennbaren Adel verleiht.
Abstammungsmäßig soll der Barsoi auf dem alten russischen Windhund mit einem leichten Zuschuß von Krim- und Bergwindhundblut basieren.
Sein Wesen zeichnet sich im allgemeinen durch vornehme Ruhe und Zurückhaltung sowie durch Sicherheit und Unerschrockenheit aus. Als Hetzhund ist der Barsoi schnell und ausdauernd. Im Kampfe kann er zum gefährlichen Gegner werden, denn trotz der Eleganz seines Äußeren handelt es sich um einen kräftigen, ursprünglich kampffreudigen Hund, welcher in der UdSSR als Jagdhund eingesetzt wird.
Als Jagdhund soll sich der Barsoi durch scharfe Sicht, große Schnelligkeit – vorab auf kurzen Strecken – und Raubzeugschärfe auszeichnen.
Maßgebend für die Beurteilung ist stets die Gesamterscheinung sowie die Wesensverfassung. Die Gesamterscheinung, die der maßgebendste Beweis der Ras-

senreinheit ist, soll bei der Beurteilung gegenüber anderen Punkten, so wichtig diese auch sein mögen, nie nachgestellt werden.

Größe

Die Schulterhöhe beträgt beim Rüden 70 bis 82 cm und mehr; die Hündin ist um ca. 5 cm niedriger. Besondere Höhe wird im allgemeinen solange geschätzt, als sie nicht auf Kosten der Harmonie des Gesamtbildes geht und die Geschwindigkeit nicht beeinträchtigt. Die Widerristhöhe übertrifft die Kreuzbeinhöhe nur um weniges oder ist ihr gleich.

Format

Leicht gestrecktes Rechteckformat, d.h., die Rumpflänge übertrifft die Schulterhöhe um 1 bis 2 cm.

Typus

Ausgesprochen linearer oder leptosomer Konstitutionstyp (langschädelig, langgliedrig, schmal und flach-, aber tiefbrüstig).

Verwendungsart

Hetzhund, insbesondere zur Jagd auf Hase, Fuchs und Wolf. Heute im Westen vielfach als Rennhund tätig.

Kopf

Gesamtform. Sowohl im Profil wie von oben gesehen soll der Kopf lang, schmal, trocken und fein gemeißelt wirken und sich nasenwärts ganz allmählich zuspitzen. Seine Länge und Breite sollten proportional etwa der Länge und Breite des Rumpfes und der Länge und Schlankheit der Gliedmaßen entsprechen. Die Länge des Fanges ist etwas größer als diejenige des Hirnschädels. Besonders charakteristisch ist das Stirn-Nasen-Profil, das infolge Fehlens eines Stirnabsatzes einen beinahe gestreckten Winkel mit dem Scheitel auf Höhe der flachen Stirnhöcker (über den Augen) bildet.

Oberkopf. Flach, nach hinten leicht abfallend und infolge geringer Jochbogenausladung schmal. Hinterhauptstachel gut ausgeprägt.

Fang. Kräftig, lang, schmal, trocken und von geringer Tiefe. Der leicht aufgeworfene Nasenrücken und der gerade Kehlrand des Unterkiefers bilden die Schenkel eines sich nach hinten öffnenden spitzen Winkels. Die dünnhäutigen, trockenen Lippen sind dem Zahnbogen straff angeschmiegt und besitzen schwarz pigmentierte Ränder. Der relativ große Nasenspiegel überragt den Schneidezahnrand beträchtlich und ist ohne Rücksicht auf die Haarfarbe schwarz pigmentiert.

Gebißverhältnisse. Erwünscht ist ein vollständiges, gut schließendes kräftiges Scheren- oder Zangengebiß. Vor- und Unterbiß sind große Fehler. Infolge der Länge des Fanges ist die Lückenzahnreihe aufgelockert.

Augen. Groß, mandelförmig, mit möglichst dunkler (kastanienbrauner) Irisfarbe. Liegen relativ nahe beisammen und etwas hinter der Kopflängenmitte. Ausdruck sanftmütig aber lebhaft. Die Lidspalten sind leicht schräg gestellt und die Lidränder schwarz pigmentiert.
Ohren. Hoch und weit hinten angesetzt, relativ klein, feinledrig, schmal und in einer Spitze auslaufend. In Ruhe liegen sie halswärts zurückgeschlagen (Rosenohr), wobei die Spitzen dicht nebeneinander zu liegen kommen. Im Affekt werden sie aufgerichtet, wobei die Spitzen oft nach vorn kippen.

Hals

Lang, gut bemuskelt, seitlich abgeflacht, obere Kontur leicht gewölbt, reich behaart, ohne Wamme.

Rumpf

Rücken. Bildet, namentlich beim Rüden, einen flachen Bogen, dessen höchster Punkt am Übergang von Brust zum Lendenteil liegt. Bei der Hündin kann die obere Kontur flacher verlaufen. Brust und Lendenteil des Rückens verhalten sich etwa wie 1 : 1. Der ganze Rücken, insbesondere aber die Lendenpartie, ist relativ breit und sehr muskulös.
Widerrist. Nicht betont.
Brust. Relativ lang und sehr tief (bis zum Ellbogenhöcker reichend), aber verhältnismäßig schmal und flach (wenig Rippenwölbung). Die Vorderbrust ist wenig betont. Die Unterbrust bildet einen nach unten konvexen Bogen.
Bauch. Sehr stark aufgezogen und wenig entwickelt.
Kruppe. Lang, breit und stark bemuskelt, in Fortsetzung der Rückenwölbung harmonisch nach hinten abfallend. Die oberen Ränder der beiden Hüftknochen sollen mindestens Handbreite (ca. 8 cm) Abstand voneinander haben.

Rute

Tief angesetzt, säbel- oder sichelförmig, kräftig behaart und so lang wie möglich, d. h. zwischen den Hinterschenkeln durchgezogen, soll sie bis zum oberen Hüftbeinrand reichen. In der Ruhe wird die Rute hängend, im Affekt erhoben getragen. Dabei soll sie aber die Rückenlinie nicht überragen. Eingerollte, seitlich abgebogene oder zu hoch getragene Rute gilt als Schönheitsfehler.

Vordergliedmaßen

Die Gesamtgliedmaßen sind lang, trocken bemuskelt und der Lauf von vorn wie von der Seite gesehen gerade.
Winkelung. Die Winkelung ist im ganzen relativ steil. Schulter- und Ellbogenwinkel sind stark geöffnet. Zu steile Winkelung (sog. Säulengliedmaßen) gilt jedoch als

fehlerhaft. Alle Gliedmaßenabschnitte, vor allem der Unterarm, zeichnen sich durch beträchtliche Länge aus. Die Länge der Vorderläufe entspricht etwa der Hälfte der Schulterhöhe.

Schultern. Lang, schmal und flach, aber drahtig bemuskelt und gut mit dem Rumpf verbunden. Die oberen Schulterblattränder überragen im allgemeinen die Brustwirbeldornen nicht.

Oberarm. Ebenfalls lang, relativ steil gestellt und sehr trocken bemuskelt. Der Ellbogenhöcker soll nach hinten gerichtet sein, weder vom Rumpf abstehen noch ihm dicht anliegen.

Unterarm. Ist besonders lang und steht senkrecht. Von vorn schmal, von der Seite infolge der trockenen Bemuskelung breit. Hinterseite befedert.

Vorderfußwurzelgelenk. Kräftig und nur leicht durchgedrückt.

Vordermittelfuß. Ist relativ kurz und soll nicht vollkommen senkrecht stehen.

Pfoten. Parallel gestellt, schmal, von ovalem Grundriß, besitzen schön gewölbte und geschlossene Zehen sowie derbe, gut pigmentierte Ballen und Krallen.

Hintergliedmaßen

Die Gesamtgliedmaßen sind ebenfalls lang, aber viel stärker bemuskelt und weniger steil gewinkelt als die Vordergliedmaßen. Zwar sind Hüft-, Knie- und Sprunggelenkwinkel auch stark geöffnet, aber die Öffnung der Winkel ist kleiner als an den entsprechenden Gelenken der Vorderhand. Von hinten gesehen sind die Läufe gerade und parallel, aber breiter gestellt als vorn; von der Seite gesehen etwas nach hinten gestellt.

Oberschenkel. Lang, breit und sehr stark, aber trocken bemuskelt. Die Hinterbakken sind reich behost. Das Kniegelenk ist gut markiert.

Unterschenkel. Lang und drahtig bemuskelt.

Sprunggelenk. Tiefgestellt, kräftig, breit und trocken; von der Seite gesehen ist die vordere Kontur leicht konkav.

Hintermittelfuß. Kurz, aber länger als vorn und senkrecht gestellt.

Pfoten. Wie an den Vordergliedmaßen.

Gangwerk

Im Schritt und im Trab federnd und weit ausgreifend. Beim Hetzen von Wild bis zum Aufscheuchen ein nicht sehr schneller Trab, während des Hetzens ein rascher Galopp in großen, fließenden Sprüngen.

Haut

Dünn und im allgemeinen straff aufsitzend, gut pigmentiert (auch bei rein weißen Tieren), keine losen Falten bildend.

Haarkleid
Lang, seidig, gewellt oder gelockt. Besonders reiches und dichtes Schmuckhaar am Hals, an der Unterbrust, an der Hinterseite der Vorderläufe, an den Hinterbacken und an der Rute. Kurz nur am Kopf, an den Ohren und an der Vorderseite der Läufe. Kurzhaar, kleine Löckchen oder Kraushaar gelten als Schönheitsfehler.

Farbe
Weiß, gold in allen Schattierungen, gold mit silbernem Anflug, gold, dunkel gewolkt, rot, schwarz gewolkt bei dunklem Fang und Läufen, grau, von aschgrau bis gelblich-grau; gestromt: Gold, rot oder grau mit ausgedehnten dunkleren Streifen, rot, schwarz und alle Abstufungen dieser Farben. Brandzeichnung ist erlaubt, doch nicht wünschenswert.
Bei dunkel gefärbten Hunden sind sowohl eine schwarze Maske wie breite, dunkle Abzeichen auf dem Körper typisch.
Alle diese Farben können einfarbig oder als Scheckung auf weißem Grund vorkommen.
Bei den einfarbigen Hunden ist die Farbe an der Oberseite dunkler und hellt sich bauchwärts und an der Hinterseite der Läufe auf.

Fehler und Mängel: Allgemeine Erscheinung, Wuchs, Konstitutionstyp
Zu hoch gestellt, zu lang, zu tief gestellt, Höhe 5 cm unter der angegebenen Norm.
Farbe. Zu greller Brand, kaffeefarbig und getüpfelt.
Fell. Matt, kurz, zerzaust, spärliche, ungenügende Entwicklung der „Hosen“ und der Fransen.
Hartes Haar, dichtes, über den ganzen Körper gleichmäßig verteiltes Fell.
Kopf. Markierter Übergang von der Stirn zum Fang; grob; hervorstehende Bakkenknochen; zu spitzer Fang; helle Nase.
Ohren. Tief angesetzt, zu weit auseinanderliegend, ungenügend dem Hals angelegt, groß, grob, abgerundete Enden.
Augen. Klein, runder Schnitt der Lider, helles Auge, helle Lider.
Hals. Rund, grob.
Brust. Zu eng, zu breit.
Rücken. Schmal, eingesunken, buckelig; ein Sattelrücken ist ein großer Fehler. Ein gerader Rücken ist ein Fehler beim Rüden, ein Mangel bei der Hündin.
Kruppe. Schmal, ungenügend.
Bauch. Schwach aufgezogen, von übertriebener Länge.
Vordergliedmaßen. Weiche Fesseln; enge oder ausgedrehte Ellbogen; ausgedrehte Pfoten, tolpatschiger Gang, Schwerfälligkeit; Spuren von Rachitis.
Hintergliedmaßen. Kuhhessig, säbelbeinig, schwach ausgeprägtes Sprunggelenk, zu steil nach hinten, zu dicke Zehen.

Pfoten. Gespreizte Zehen, runde, fleischige Pfoten.
Rute. Kurz, eingerollt, hoch getragen, seitlich abgebogen, ungenügend entwickelte Fransen.
Sämtliche Defekte sind als Fehler oder Mängel zu bewerten, je nach dem Grad ihrer Ausgesprochenheit.

Afghane (Bild Seite 33)

Apartes Aussehen und ein bezaubernd federnder Gang sind das, was beim afghanischen Windhund so sehr ins Auge sticht. Er ist dadurch auch sehr schnell zu einem besonders beliebten Windhund geworden, obwohl erst 1931 der erste dieser Rasse über Holland nach Deutschland kam. Dennoch handelt es sich hier um eine uralte Rasse, die in Afghanistan hoch im Wert stand. Die Afghanen wollen wissen, daß dieser Hund in der Arche Noah das Hundegeschlecht vertreten hat. Eigentlich haben diese Hunde sich seit Menschengedenken nicht verändert, wenngleich man sie in bestimmte Familientypen einordnete. Bei den ersten in Deutschland auftretenden Afghanen machte man noch den Unterschied zwischen dem Berg- oder „Ghazni"-Afghanen und dem Ebenen- oder „Bell-Murry"-Afghanen. Heute kann man davon nicht mehr sprechen, denn es gibt nur einen Standard und alle stehen bei Wettbewerben nebeneinander im Ring oder auf der Rennbahn. Eigentlich hat es den manchmal noch erwähnten Rasseunterschied nie gegeben, wenigstens wurde er nie anerkannt, die Bezeichnung bezieht sich auf die Namen der beiden Engländer, die die beiden Typen aus Afghanistan mitbrachten. Die Unterschiede in Größe und Haarkleid stellte man dann als Berg- bzw. Ebenen-Typ heraus, je nachdem woher der eingeführte Hund gekommen war. Den Jägern- und Hirtenvölkern des innerasiatischen Hochlandes bedeuten ihre Hunde viel oder gar alles. Oft hing bei der Jagd die Existenz der Familie sogar von ihnen ab.
Auf ebenem Boden enwickeln die Hunde eine sehr schnelle und ausdauernde Geschwindigkeit, so daß sie Gazellen einholen können. Sie jagen gelegentlich paarweise, und zwar so, daß ein Hund – meist der Rüde – dem Wild an die Kehle geht, während der andere Hund – oft die Hündin – die Hinterläufe packt. Im Gebirge werden Bergziegen gehetzt, aber es wird auch der Bär und der Wolf als Feind der Herde angegangen. Wenn berichtet wird, daß die Hunde sogar einen Leoparden töten können, so ist das durchaus glaubhaft. Der Afghane ist ein sehr aufmerksamer und wachsamer Hund, der in seiner Heimat als der beste Wächter der Herde und der Zelte gilt. Ein solcher Hund war seinem Besitzer meist auch sehr teuer; sein Wert überstieg oft den eines guten Reitpferdes und nicht selten den „einiger Frauen". Früher war es deshalb auch streng verboten, Hunde außerhalb des Landes zu

bringen. Doch den hundenärrischen Engländern gelang es dennoch um die Jahrhundertwende, afghanische Windhunde nach England zu bringen. Von dort aus traten sie dann ihren Siegeszug in die ganze Welt an, obgleich man erst seit 1925 von systematischer Zucht sprechen kann.
Der Afghane hat in seiner Heimat den großen Vorteil erworben, daß er gegen Temperaturunterschiede unempfindlich ist. Ihm machen weder Kälte noch Hitze etwas aus.Doch etwas anderes ist noch erwähnenswert. Durch die Abgeschiedenheit, in der die Afghanen immer gehalten worden sind, hat sich bei ihnen ein Wesenszug entwickelt, den man vielleicht als scheu bezeichnen könnte, was aber nicht zutrifft. Der Afghane ist kein Allerweltsfreund; er mag weder fremde Menschen noch fremde Hunde. Doch seinen Besitzern gegenüber ist er in inniger Liebe anhänglich, wenn auch mit gewisser Zurückhaltung verbunden. Der Afghane kann in überschäumender Lebensfreude viel Zärtlichkeit fordern und in übermütiger Wildheit beim Toben sein ausdrucksvolles Gesicht zeigen und dann im nächsten Moment wieder zurückhaltend sein. Einen zweiten Besitzer erkennt er nach dem Welpenalter selten voll an, er vergißt seinen ersten Besitzer kaum jemals.
Der Afghane ist außerdem auch kein anspruchsloser Hund. Neben gutem Futter ist tägliche ausreichende Bewegung für ihn eine Lebensnotwendigkeit. Dabei muß er jeden Tag mindestens einige Minuten gebürstet werden.
Als typischer Windhund hat auch der Afghane einen langen schmalen Kopf ohne eigentlichem Stirnabsatz. Die tiefe Brust und der aufgezogene Leib, die stark bemuskelten Hinterläufe mit guten Winkeln runden das Windhundbild ab. Große breite Pfoten zeigen die Anpassung an das Heimatgelände. Im Gesicht ist er kurzhaarig, auf der Stirn dagegen trägt er langes und seidiges Haar. Die lang befransten Ohren geben dem Afghanen sein so ansprechendes Gesicht. Der Körper ist auf dem Rücken kurz, sonst aber lang und gut behaart. Die Rute soll besonders in der Bewegung fröhlich nach oben getragen werden.

Standard des Afghanen

Charakteristisches
Der Afghane soll würdevoll und unnahbar sein, und sein Blick soll sich durch eine wache Aufmerksamkeit auszeichnen. Der östliche oder orientalische Ausdruck ist typisch für diese Rasse. Der Afghane blickt den Menschen frei an und trotzdem durch ihn hindurch.

Allgemeine Erscheinung
Die Gangart des Afghanen soll fließend und federnd und besonders selbstbewußt sein. Die gesamte Erscheinung des Hundes soll den Eindruck von Macht und Wür-

de, kombiniert mit Schnelligkeit und Kraft erwecken. Der Kopf muß stolz getragen werden.

Kopf und Schädel
Langer Schädel, nicht zu schmal, mit hervorragendem Hinterhauptknochen, langer Fang mit sehr kräftigen Kiefern und schwachem Stop. Der Schädel soll ausgewogen und mit einem top-knot (langer Haarbüschel) bedeckt sein, Nase vorzugsweise schwarz, jedoch ist leberfarben bei hellerfarbigen Hunden kein Fehler.

Augen
Sollen vorzugsweise dunkel sein, goldfarben wird jedoch nicht disqualifiziert. Sie sind fast dreieckig, leicht nach hinten schräggestellt vom inneren zum äußeren Augenwinkel.

Ohren
Tief angesetzt und gut zurückgesetzt, eng am Kopf anliegend getragen. Bedeckt mit langem seidigem Haar.

Gebiß
Nicht Über- oder Unterbeißer.

Hals
Lang, stark, mit stolzer Haltung des Kopfes.

Vorderhand
Schulterblatt lang und schräg nach vorn abfallend, gut zurückgesetzt, gut bemuskelt und kräftig, ohne überladen zu wirken. Vorderläufe gerade und kräftig, unter der Schulter stehend, Ellbogen anliegend.

Rumpf
Rücken gerade, mäßig lang, gut bemuskelt, zum Hinterteil schwach abfallend, Lenden gerade, breit und eher kurz. Hüftknochen hervorragend und weit auseinanderstehend, gute Wölbung der Rippen und gute Brusttiefe.

Hinterhand
Kraftvoll, stark gewinkelt, sowohl im Knie als auch im Fußgelenk. Große Länge zwischen Hüfte und Sprunggelenk, mit einem verhältnismäßig kurzen Abstand zwischen Sprunggelenk und Zehen. Die Afterzehen können nach Ermessen der Züchter entfernt werden oder verbleiben.

Pfoten
Vorderpfoten kräftig und sehr groß, sowohl in der Länge als auch in der Breite, und mit langem, dichtem Haar bedeckt, Zehen gewölbt. Fesseln lang und federnd, spe-

ziell vorne, und Zehen fest auf den Boden greifend. Hinterpfoten lang, aber nicht so breit wie vorne, bedeckt mit langem, dichtem Haar.

Rute
Nicht zu kurz, tief angesetzt, mit einem Ringel am Ende. In der Aktion hoch erhoben. Schwach befedert.

Behaarung
Lang und seidenartig fein an den Rippen, Vorder- und Hinterbeinen sowie an den Flanken. Hinter dem Vorderkopf nach rückwärts langes Haar mit einem deutlich sichtbaren seidigen top-knot auf dem Schädel. Auf dem Vorderkopf ist das Haar kurz, so wie auf dem Rücken. Ohren und Beine sind mit langem Haar gut bedeckt. Fesseln können kahl sein. Das Haar soll sich naturgemäß entwickeln.

Farbe
Alle Farben werden akzeptiert.

Höhe
Ideale Schulterhöhe für Rüden 68,5 bis 73,5 cm. Hündinnen 5 bis 7,5 cm kleiner.

Fehler
Alle Erscheinungen von adelvermissender Grobheit. Schädel zu breit und Vorderkopf zu kurz, schwache Unterkiefer, große runde oder vorstehende Augen. Der Nacken soll nie zu kurz oder zu dick sein. Der Rücken zu lang oder zu kurz.

Saluki (Bild Seite 37)

Der Saluki wird auch persischer Windhund genannt. Seine ursprüngliche Heimat und sein Verbreitungsgebiet umfaßt aber auch Äthiopien, ganz Arabien, und reicht bis nach Indien und vom Libanon bis in die sibirischen Steppen hinein. Durch Skelettfunde in Höhlen ist das Vorkommen sicher bis in die Zeit um 5000 v. Chr. nachgewiesen, und auch aus der Zeit Alexanders d. Gr. sind Aufzeichnungen über wochenlange Windhundtreibjagden bekannt. Der Saluki galt in diesem Gebiet als eines der wertvollsten und wichtigsten Besitztümer eines jeden Stammes. Durch sorgfältige Zucht wurde er so erhalten, wie er heute noch ist. Es gibt zwei Arten: den rein glatthaarigen und den mit Fransen an den Läufen und mit behaarter Rute und behaarten Ohren. Im Grunde aber ist auch die zweite Rasse als kurzhaarig einzustufen. Gerade diese knappe Behaarung zeigt deutlich die Grazie und Ausgeglichenheit dieses eleganten und ausdauernd schnellen Windhundes mit seinem langen und schmalen Kopf. So wirkt er stets äußerst apart und ist durch die kurze,

knappe Behaarung im Hause sehr gut zu halten. Er ist sehr anhänglich, ja anschmiegsam und ruhig. Gegen Fremde verhält er sich sehr zurückhaltend, bewacht das Haus aber gut und bellt eigentlich sehr wenig. Er bleibt immer schlank und braucht jedoch auch regelmäßige Bewegung. In Deutschland erschien 1963 zum erstenmal der Saluki im Besitz des Prinzen Karl von Preussen. Heute haben wir in Deutschland einen recht ansprechenden Bestand von guten Salukis, die in den Internationalen Wettbewerben sehr weit vorne stehen.
Das Erscheinungsbild des Saluki ist graziös, geschmeidig, dabei aber doch sehr kraftvoll. Der edle Kopf mit dem Gesichtsausdruck des Orientalen und den feurigen Augen sind der Stolz des Besitzers. Ein schöner langer und schmaler Hals geht in einen leicht gebogenen Rücken über. Die Brust ist sehr tief und schmal, aber doch gut entwickelt. Man könnte den Saluki als einen Langstreckenläufer ansprechen, besonders weil die Hinterläufe sehr gut bemuskelt sind. Die Pfoten werden fest und bestimmt auf den Boden gesetzt und sind zwischen den Zehen leicht befedert.
Das Gangwerk ist federnd bei einem schwebenden Laufstil. Man sieht dabei die vorhandene Kraft eigentlich nicht. Dennoch ist die Bewegung sehr raumgreifend und ausdauernd und dabei vollendet in der Eleganz. Der Saluki gewöhnt sich auch leicht an Kinder und ist ihnen immer ein treuer und sicherer Beschützer.

Standard des Saluki

Gesamterscheinung

Die ganze Erscheinung dieser Rasse sollte einen Eindruck von Anmut und Ebenmaß vermitteln. Große Geschwindigkeit und Ausdauer, verbunden mit Kraft und Aktivität, ermöglichen es ihr, Gazellen und anderes Wild über tiefen Sand und felsigen Boden hinweg zu hetzen und zu töten. Der Ausdruck sollte würdig und ruhig sein, mit treuen, gleichsam weit in die Ferne blickenden Augen.

Kopf

Langer, schmaler Kopf, flacher Schädel, mäßig breit zwischen den Ohren, Stop nur angedeutet, insgesamt ein Eindruck von großer Qualität. Nase schwarz oder leberfarben.

Augen

Von dunkler bis hellbrauner Farbe, aber nicht hervortretend.

Ohren

Lang und beweglich, mit langem seidigem Haar bedeckt, lang anliegend herunterhängend.

Gebiß
Starke und gleichmäßige Zähne.

Hals
Lang, biegsam und gut bemuskelt.

Vorderhand
Schultern schräg abfallend und gut zurückgesetzt, gut, aber nicht stark bemuskelt. Tiefe und mäßig schmale Brust. Die Vorderläufe gerade und lang, vom Ellbogen bis zum Fußgelenk.

Rumpf
Rücken ziemlich breit mit leicht über die Lende hinausgewölbten Muskeln.

Hinterhand
Mäßig gewinkelte Kniegelenke und kurze Sprunggelenke lassen die Kraft zum Galoppieren und Springen erkennbar werden.

Pfoten
Mäßig lang mit langen, gut gebogenen, nicht gespreizten, aber auch nicht katzenfüßigen Zehen. Die ganze Pfote ist stark und geschmeidig und gut und lang behaart zwischen den Zehen.

Rute
Lang, tief angesetzt und von Natur aus in einer schönen Biegung hängend getragen, an der Unterseite mit langem seidigen Haar befedert, jedoch nicht buschig.

Haarkleid
Glatt und von weicher, seidiger Struktur. Leichte Befederung an den Läufen; die Hinterseite der Keulen ist ebenfalls befedert. Manchmal auch dünnes wolliges Oberhaar auf den Oberschenkeln und den Schultern.
Außerdem gibt es völlig glatthaarige Salukis, denen jede Befederung oder wollige Behaarung fehlt. Für sie gilt im übrigen der gleiche Standard.

Farbe
Weiß, creme, rehbraun, golden, rot, grau mit gelb oder braun, dreifarbig (weiß, schwarz und gelb oder brand) sowie schwarz mit gelb oder brand oder Variationen von diesen Farben.

Größe
Die Höhe sollte durchschnittlich 58,5 bis 71 cm betragen. Hündinnen sind verhältnismäßig kleiner.

Greyhound (Bild Seite 40)

Der Greyhound zeigt in seinem Aussehen am auffälligsten den Typ des Windhundes überhaupt. Alle Voraussetzungen für eine hohe Laufgeschwindigkeit sind durch den Körperbau des Greyhound gegeben. Auch das kurze Haarkleid trägt dazu bei und hebt den kraftvollen Körper noch besonders hervor. Dieser große englische Windhund gehört zu den ältesten Hunderassen der Welt, hat jedoch erst spät in England seine Heimat gefunden. Sein Ursprungsland ist Nordafrika, wo er z.B. den Ägyptern schon vor 8000 Jahren bekannt war, also noch vor dem Bau der Pyramiden. Aber auch in England ist er schon seit über 2000 Jahren heimisch, so daß die Römer ihn schon vorfanden. Wie alle Windhunde ist der Greyhound ein Hetzhund, also ein Jagdhund, der sein Wild mit dem Auge erkennt und dann hetzt. Das Auge ist so gut – viel besser als bei allen anderen Hunderassen –, daß er in der Steppe z.B. das Wild schon von weitem erkennt. Dazu kommt ein unendlich feines Gehör. Das Bellen hat der Greyhound sich eigentlich abgewöhnt, auch im Hause.
Der Windhund – und hier gerade der Grey – ist für das Rennen auf einer Bahn geradezu geschaffen. So werden in England Grey nicht wie bei uns nur von Züchtern gehalten, dort gibt es Zwinger, in denen über 100 Greyhounds für die Rennen „fit" gemacht werden. Von den Wärtern und Trainern werden Spitzenhunde wie große Athleten behandelt. Mit erlesenem Fleisch gefüttert, haben solche Hunde enorme Energien in sich, und der gut aufgezogene Leib wird immer schlank bleiben. Erst abends nach der täglichen Arbeit wird das Futter gereicht, damit der Organismus und die Verdauung nicht behindert sind. Bewegung ist für einen Greyhound das Wesentliche.
Alles am Greyhound ist elegant, trocken, ja modelliert. Die Vorderläufe sind ganz gerade, sowohl von vorn als von der Seite. Die Hinterläufe sind breit auseinandergezogen, gut gewinkelt und außerdem weit nach hinten gestellt; so bedeckt der Hund viel Boden. Sehr gut bemuskelt und mit guter Lunge und kräftigem Herz – beide füllen den sehr geräumigen Brustkorb voll aus – ist der Greyhound zu höchsten Leistungen befähigt. Die Pfoten haben harte Sohlen, die beim Rennen so kräftig auf den Boden aufgesetzt werden, daß man wie beim Pferderennen deutlich das Geläuf hört. Um Verletzungen zu vermeiden, wird den neugeborenen Hunden an den Vorderläufen die höherstehende fünfte Kralle (Wolfskralle) entfernt, denn mit ihr tritt der Hund ja nie auf.
Der Greyhound ist ein idealer Hausgenosse, schon weil er kurzhaarig ist. Es gibt keinen saubereren Hund, ja man kann sagen, daß er sogar geruchlos ist. Das kurze, dichte und feine Haar nimmt keinerlei Schmutz an. Gepflegt wird das Haar am besten, indem man es mit einem Wildlederhandschuh leicht massiert. Dann bekommt es sogar einen besonderen Glanz. Im Hause ist der Greyhound sehr ruhig, aber in

der Natur entwickelt sich sein Temperament. Fremden gegenüber ist er zurückhaltend bis unnahbar. Mit großer Liebe hängt er an seinem Herrn.

Standard des Greyhound

Charakteristisches
Der Greyhound besitzt eine bemerkenswerte Konstitution und Ausdauer. Mit größter Schnelligkeit kann er lange Strecken mit weit ausholenden Sprüngen überwinden.

Gesamterscheinung
Die Gesamterscheinung des typischen Greyhound ist die eines kräftig und stolz gebauten Hundes mit großzügigen Proportionen, Muskelkraft und harmonischem Aufbau, mit langem Kopf und Hals, gut liegenden Schultern, tiefer Brust und kräftigem Körper, gewölbten Lenden, kraftvoller Hinterhand, guten Beinen und Füßen und einer Geschmeidigkeit der Gliedmaßen, welche in hohem Maße seinen besonderen Typ und seine besondere Qualität unterstreicht.

Kopf und Schädel
Lang, mäßig breit, flacher Schädel, schwacher Stop. Kiefer kräftig und wohlgeformt.

Augen
Aufmerksam und intelligent, dunkel in der Farbe.

Ohren
Kleine, trockene Rosenohren.

Gebiß
Zähne weiß und stark, Scherengebiß.

Hals
Lang und muskulös, elegant gebogen, gut über die Schulter in den Rücken verlaufend.

Vorderhand
Schultern schräg, gut zurückgesetzt, gut bemuskelt, ohne jedoch überladen zu sein; die Lage der Schulter ist gut sichtbar. Vorderbeine lang und gerade mit kräftigen, guten Knochen. Ellbogen gelenkig und gut senkrecht unter der Schulter sitzend. Fesseln von mächtiger Länge, leicht federnd. Ellbogen, Fesseln und Zehen sollen weder einwärts noch auswärts gedreht sein.

Rumpf
Brust tief und weit, ausgestattet mit großem Raum für Herz und Lunge. Rippen gut gewölbt nach hinten verlaufend. Nierenpartie gut aufgezogen, Rücken ziemlich lang und breit, so daß das Gesamtbild des Hundes quadratisch wirkt. Lenden mit kräftigen Muskeln versehen, leicht gebogen.

Hinterhand
Ober- und Unterschenkel breit und muskulös, eine große Antriebskraft anzeigend. Kniegelenke gut gewinkelt, Fesselgelenke tief, weder einwärts noch auswärts gedreht. Körper und Hinterteil sollen weitläufige Proportionen haben und gut miteinander verbunden sein, im Stand viel Boden bedeckend.

Pfoten
Mäßige Länge, mit festen knochigen Zehen und starken Ballen.

Rute
Lang, tief angesetzt, dicker am Ansatz, zum Ende hin sich verjüngend, tief getragen, leicht gebogen.

Haarkleid
Fein und dicht.

Farben
Schwarz, weiß, rot, blau, rehbraun, gelbbraun, gestromt oder alle Farben mit weißen Abzeichen.

Höhe
Ideale Höhe: Rüden 71 bis 76 cm. Hündinnen 68,5 bis 71 cm.

Whippet (Bild Seite 43)

Der Whippet ist ein kleiner englischer Windhund, der zu der sogenannten nördlichen Windhundgruppe gehört. Es handelt sich hier um einen Windhund, der eine sehr große Verbreitung gefunden hat. Er ist der ideale Hund für die Wohnung und für die Stadt, weil er sehr sauber ist und nicht den geringsten Schmutz in die Wohnung bringt. Das kurze, feine und dichte Haar verlangt eigentlich keine Pflege, es sei denn im Haarwechsel. Auch dann ist die Pflege noch sehr leicht, weil das abgestorbene Haar schon durch gleichmäßiges festes Streichen mit einem Wildlederhandschuh sich sehr leicht entfernen läßt. Das Haar erhält dabei einen besonderen Glanz. Hier sollte auch etwas über die Pflege des Ohres gesagt werden. Es steht,

wenn es nicht nach hinten anliegend getragen wird, bei Aufmerksamkeit aufgerichtet, wobei die Ohrspitzen nach vorn überkippen. Sind die Ohren zeitweise ganz aufgerichtet, so ist dies kein Fehler! Wenn nun der Whippet vielem Staub ausgesetzt ist, sollte man etwa alle 14 Tage das Ohr innen reinigen, soweit wie man hineinsehen kann. Dazu sind Wattestäbchen am geeignetsten. Man sieht also, die Pflege eines Whippet ist denkbar einfach. Stattdessen sollte man die gewonnene Zeit verwenden, und das auch zum eigenen Vorteil, um mit dem Whippet viel spazieren zu gehen. Bei richtiger Haltung, das heißt also viel Bewegung bei jedem Wetter, wird man erstaunt sein, daß der Whippet keineswegs kälteempfindlich ist, trotz des feinen Felles. Wenn er dagegen längere Zeit z. B. außen vor einem Geschäft angebunden warten muß, dann friert er natürlich genau so wie jeder andere kurzhaarige Hund. Ein Mäntelchen oder Deckchen braucht der Whippet deshalb trotzdem nicht. Allenfalls nach einem Rennen in kaltem oder regnerischem Wetter wird man dem Whippet, wie es auch bei Rassepferden geschieht, eine Decke überlegen, denn der Hund hat sich ja voll ausgegeben. Wenn man einen Whippet anheben will, sollte man auf keinen Fall am Nackenfell zufassen – wie das etwa beim Dackel geschieht – dazu liegt die Haut zu eng an, es wäre eine Quälerei. Einen Whippet faßt man unter die Brust und hebt ihn dann an.

Der Whippet benötigt etwa 250–300 g Fleisch täglich und zwar abends gefüttert. Hundekuchen sollte immer offen dastehen, um evtl. Hungergefühle zu befriedigen, außerdem ersetzt er am besten die Zahnbürste. Der Whippet hat auch eine Vorliebe für Obst und Gemüse; man sollte diesem Verlangen gern nachgeben. Ganz geringe Mengen geriebener roher Kartoffel fördern, besonders in der Jugend, die Pigmentbildung. Etwas Petersilie in jedem Fressen deckt fast schon den Vitaminbedarf, Salz und Zucker sollte man verbannen. Was er sonst noch benötigt oder gerne möchte, findet er selbst.

Der Whippet läßt sich nicht mit Gewalt erziehen, nur mit Liebe. Es ist ein Genuß, seine eleganten Bewegungen zu beobachten. Bellen tut er so gut wie nicht.

Bei der Aufzucht sollte man darauf achten, daß das Jungtier zwar gut und ausreichend ernährt wird, aber nicht zuviel Kalk- und Aufbaustoffe bekommt, damit er nicht über das Limit hinaus wächst. Der Brustkorb darf außerdem nicht tonnenförmig werden, er soll flach bleiben. Am besten füttert man bis zum fünften Monat drei Haupt- und zwei Nebenmahlzeiten, von denen man ab dem sechsten Monat monatlich je eine wegfallen läßt, bis schließlich eine Hauptmahlzeit (abends) und bereitstehender Hundekuchen übrigbleibt.

Der Whippet ist der kleine Bruder des englischen Greyhound, dem er in vielem gleicht. Eine Einkreuzung von Terrierblut hat sicher sein Temperament beeinflußt. Man kann den Whippet als Rennhund des kleinen Mannes bezeichnen, da die englischen Bergarbeiterfamilien mit ihm ihre Sport- und Wettlust befriedigten. Durch Einkreuzung von rauhhaarigen Terriern ist auch ein rauhhaariger Whippet entstanden, den man jedoch in Europa sehr selten findet.

Um gute Rennhunde zu sein, müssen Whippets qualitativ gut aber quantitativ mäßig ernährt werden, um die gewünschte Größe und Form zu halten. Heute ist der Whippet neben dem Greyhound der für Windhundrennen am meisten gehaltene Hund, obgleich sich seine Geschichte nicht mit der anderer uralter Rassen vergleichen läßt. Seine guten Eigenschaften ließen ihn jedoch erstaunlich schnell die ganze Welt erobern. Man findet ihn heute überall, obgleich England als sein Mutterland den Whippet erst im Jahre 1891 durch den englischen Kennelklub für die Ausstellung anerkennen ließ. Man unterscheidet heute noch in England den Ausstellungs-

und den Rennwhippet. Erst Deutschland hat den Idealtyp „Schönheit und Leistung" als erträumtes Vorbild gezüchtet. Möge dieser Typ nie verloren gehen.

Standard des Whippet

Gesamterscheinung

Soll den Eindruck von schön ausgewogener Muskelkraft und Stärke vermitteln, kombiniert mit großer Grazie und Eleganz der Linie. Harmonie der Umrisse, muskulöse Beschaffenheit und kraftvolle Gangart sind die Hauptmerkmale.
Der Hund soll gebaut sein für Geschwindigkeit und Leistung, jedoch sollen alle Übertreibungen vermieden werden. Der Hund soll große Freiheit in der Bewegung haben, die Vorhand soll raumgreifend nach vorn nah an den Boden geworfen werden, wie von einem Vollblutpferd und nicht wie ein Hackney. Die Hinterhand soll in der Bewegung weit unter den Körper greifen und auf diese Weise eine große Schubkraft ermöglichen. Die allgemeine Bewegung soll niemals steif aussehen, und die Schritte sollten nicht zu kurz und trippelnd sein.

Kopf und Schädel

Lang und trocken, mit flacher Schädeldecke, zur Schnauze auslaufend, ziemlich breit zwischen den Augen, Kiefer kräftig und auch trocken. Nase schwarz, bei blau ist eine blaufarbige Nase erlaubt. Bei leberfarben ist eine Nase in derselben Farbe und bei weiß oder gefleckt ist eine „Schmetterlingsnase" (gefleckt) zulässig.

Augen

Aufmerksam, interessierter Ausdruck.

Ohren

Feines, dünnes Rosenohr.

Gebiß

Scherengebiß.

Hals

Lang und muskulös, elegant gebogen.

Vorderhand

Schulter schräg und muskulös, gut am Brustkorb angeschlossen und oben nicht zu weit auseinander. Vorderhand gerade, und senkrecht, Front nicht zu breit, mit starken Fesseln und einer federnden Fußwurzel, Ellbogen gut am Körper anliegend.

Rumpf

Großer Brustkasten mit viel Platz für Herz und Lunge; tiefe Brust mit schöner klarer Abgrenzungslinie; der breite Rücken ist fest, ein wenig lang und zeigt einen eindeutigen Bogen über der Lende, jedoch nicht bucklig, so daß die Lende einen Eindruck von Kraft und Stärke vermittelt. Die Rippen sind gewölbt und am Rücken gut bemuskelt.

Hinterhand

Starke und breite Oberschenkel, gut gebogene Kniegelenke, die Sprunggelenke ziemlich tief am Boden, kräftige Unterschenkel, so daß der Hund im Stand viel Boden deckt und den Eindruck macht, daß er über große Antriebskräfte verfügt.

Pfoten

Adrett und zwischen den Zehen gut gespalten, mit hochgewölbten Knöcheln und festen, dicken Ballen.

Rute

Nicht befedert, lang, sich zum Ende hin verjüngend, in der Bewegung in schwacher Biegung erhoben, jedoch nicht über dem Rücken getragen.

Haarkleid

Fein, kurz und so dicht wie möglich.

Farbe

Jede Farbe oder Farbmischung.

Höhe

Das Idealschultermaß für Rüden beträgt 47 cm, für Hündinnen 44,5 cm. Die Richter sollen in eigener Verantwortung urteilen und ein sonst gutes Tier nicht übertrieben abwerten.

Fehler

Front und Schultern

Weiche, abfallende oder gerade Fesseln, Taubenzehen, unbewegliche Ellbogen, zu stark beladene oder sich herauswölbende Schultern, die oben weit auseinanderstehen, steile Schulterblätter sowie flache Seiten. Eine übertriebene Enge in der Front sollte nicht gefördert werden.

Kopf und Schädel

Apfelschädel, kurzer Fang oder zuviel Stop.

Ohren

Steh- oder Tulpenohren.

Gebiß
Über- oder Unterbeißer.

Hals
Wammig hängende Haut an der Stelle, wo Hals und Kiefer ineinander übergehen, bzw. am Halsansatz.

Rumpf und Hinterhand
Krampfhafte oder steife Haltung, übertriebene Lendenwölbung, Kamel- oder Höckerrücken (wenn die Wölbung bereits hinter den Schulterblättern beginnt). Eine zu kurze oder überlange Lende.
Gerade Kniegelenke oder ungenügende Bemuskelung der Ober- und Unterschenkel.

Pfoten
Gespreizt,flach oder offen.

Rute
Fröhlich geringelt oder gedreht, kurz oder stummelig.

Haarkleid
Drahtig oder zerrissen, grobes oder wolliges Haar, derbe und dicke Haut.

Italienisches Windspiel (Bild Seite 51)

Auch das italienische Windspiel ist ein kleiner kurzhaariger Windhund, aber keineswegs nur eine verkleinerte Ausgabe des Greyhound oder des Whippet. Es gehört überhaupt nicht wie die beiden zuvor genannten Rassen zur nördlichen Windhundgruppe; es zählt mit den langhaarigen asiatischen Rassen zur südlichen Gruppe. Auch die heutige Zusatzbezeichnung „italienisch“ bedeutet nur, daß es eine charakterische Durchgangsstation in Italien gefunden hat, die ursprüngliche Heimat ist dort nicht. Windspiele gab es schon vor Jahrtausenden im alten Ägypten. Als Begleiterin der Göttin Iris galt das Windspiel sogar als heilig. Eine bekannte Züchterin war Kleopatra, die ihre Sklavinnen in der Versorgung der Hunde selbst unterwies. Erst die Kriege mit Rom brachten das Windspiel dann nach Italien und ins Abendland. Windspiele waren Mitbringsel der römischen Heerführer für ihre Damen. Begeistert wurde das Windspiel überall aufgenommen. Es durfte auf Kissen liegen und wurde verwöhnt. Dennoch hat das Windspiel seinen Hetztrieb nicht verloren. Noch heute wird es bei Rennen – auch auf deutschen Bahnen – eingesetzt. In den vergangenen Jahrhunderten gab es eigentlich keinen Königshof, an dem nicht Windspiele gehalten wurden. Die bekanntesten Züchter von Windspielen waren, wie schon erwähnt, Katharina II von Russland und Friedrich II von Preußen. Es gibt wohl keine Hunderasse, die graziöser ist als das elegante Windspiel, das außerdem noch so temperamentvoll ist. Auch eine gewisse Schärfe ist vorhanden. Hält man ein Windspiel mit mehreren großen Windhunden zusammen, wird man erstaunt sein, wie das kleine Windspiel sich durchsetzt. Es bestimmt den Ablauf des Geschehens, und alle großen Hunde behandeln das Windspiel wie eine kleine Dame.

Das Windspiel liebt es, bei jedem Wetter draußen herumzutollen, ganz besonders wenn es nicht allein gehalten wird. Obwohl die Haut sehr fein und dünn ist, kommt es bei seinem kurzen Haar auch im Winter ohne Mäntelchen aus, wenn es genügend Bewegung hat. Wenn ein Windspiel manchmal zittert, so friert es nicht etwa oder hat Angst. Solches Zittern kommt vielmehr aus der nervösen Spannung auf immer neues Erleben heraus. Die Beweglichkeit eines Windspiels bleibt bis ins hohe Alter erhalten. Es bleibt bei richtiger Fütterung auch schlank und graziös. Weil das Windspiel auch kaum krankheitsanfällig ist, wird es im allgemeinen sehr alt.

Was ein Windspiel braucht, ist Güte und Zärtlichkeit. Es eignet sich nicht zur Dressur und es ist kein Spielzeug für Kinder. Man darf es auch nur unter die Brust fassend aufheben. Es ist sehr sauber und kann daher in der kleinsten und gepflegtesten Wohnung gehalten werden. Dazu bellt es kaum, ist unaufdringlich und stets bereit als Begleiter auf allen Spaziergängen. Im Auto kann man ein Windspiel sehr leicht mitnehmen, und im Flugzeug ist es im allgemeinen sogar gestattet, das Windspiel auf dem Schoß bei sich zu haben.

Wie ist es mit der Pflege? Sie ist sehr einfach. Das Haar braucht eigentlich überhaupt keine Pflege. Nur die Krallen müssen von Zeit zu Zeit beschnitten werden, weil die kleinen, trockenen Pfoten sich kaum von selbst genügend abnutzen. Wenn man damit schon zeitig beim Junghund beginnt und regelmäßig schneidet, gewöhnt sich der Hund leicht daran, so daß nie Schwierigkeiten entstehen werden. An den Vorderläufen ist die fünfte Kralle, die den Boden nicht berührt (Daumen), meist schon vom Züchter unmittelbar nach der Geburt entfernt worden.

Als Halsband soll man das typische Windhundhalsband, das vorne breiter ausläuft, benutzen. Ein Geschirr wäre falsch, weil es ungünstigen Einfluß auf die Schultergegend hat und auch die edle Körperlinie unterbricht. Weitere Angaben s. Standard.

Standard des Italienischen Windspiels

Einordnung in die wissenschaftliche Klassifizierung: Ein der Gruppe der Grajoden zugehöriger Hund (nach der Klassifizierung von Pierre Meguin).

Ursprung der Rasse
Italienisch.

Allgemeine Merkmale
Langgliedig, der Rumpf ist quadratisch. Seine Formen erinnern an die eines verkleinerten Greyhounds, insbesondere an die des Sloughis, wobei Feinheit und Eleganz der Linien übertrieben werden. Diese Eleganz wird im anmutigen Stand und in der Bewegung noch verstärkt. Es kann als ein Modell von Anmut und Vornehmheit bezeichnet werden, es ist flink, intelligent und anhänglich.

Kopf
Langschädelig, die Gesamtlänge kann 4/10 der Widerristhöhe betragen. Schädel und Fang haben die gleiche Länge. Die oberen Längsachsen von Schädel und Fang velaufen parallel zueinander. Ganz wenig Stop, flacher Schädel; die Haut muß glatt und gespannt sein. Der Bereich unter den Augenhöhlen muß gut ausgeprägt sein.

Nasenspitze
Dunkle, vorzugsweise schwarze Färbung.

Gebiß
Gesundes, vollständiges Scherengebiß.

Fang
Spitz, mit dunkel pigmentierten Lefzenrändern. Schleimhäute an der Verbindungsstelle der Lefzen nicht sichtbar. Die Lefzen sind dünn und liegen fest am Kiefer an.

Auge
Groß, ausdrucksvoll, der Augapfel ist weder tiefliegend noch hervortretend, weder Extropium noch Entropium. Die Iris soll dunkel sein, die Lidränder dunkel pigmentiert.

Ohr
Es soll schön hoch angesetzt, klein und dünnknorpelig sein. Das Ohr ist in sich gefaltet und wird nach hinten auf den Nacken und auf den oberen Teil des Halses getragen, so daß das Innere des Ohres sichtbar ist.
Bei Aufmerksamkeit wird der vordere Teil des Ohres aufgerichtet, der obere Teil waagerecht getragen, eine Stellung, die allgemein als »dachartig« bezeichnet wird.

Hals
Genau so lang wie der Kopf, mit leicht gewölbtem, oberen Profil und unvermitteltem Übergang in den Widerrist. Trocken, ohne Wamme, in Höhe des Schildknorpels ist das Profil leicht vorgewölbt.

Vorhand

Schulter, wenig schräg, bedeckt mit trockenen und vorstehenden Muskeln.

Oberarm. Der Winkel Schulter – Oberarm ist sehr stumpf und verläuft parallel zur Mittellinie des Körpers.

Unterarm. Sehr feiner Knochenbau, senkrecht gerade stehend von vorn und von der Seite. Ellenbogen weder nach außen noch nach innen gekehrt.

Die Höhe des Ellenbogens vom Boden ist nur wenig größer als die Höhe vom Ellenbogen bis zum Widerrist.

Mittelhand. In der Profilansicht müssen die Mittelhandknochen sich gut biegen; sie folgen der senkrechten Linie des Unterarmes mit einem Minimum an Gewebe unter der Haut, trocken.

Pfoten. Vorne klein, trocken, fast oval, Zehen gut gebogen und dicht zusammenstehend. Sie sind bedeckt mit sehr kuzem und dichtem Fell.

Ballen und Zehenpolster sind dunkel pigmentiert, besser schwarz. Die Krallen sollen im Verhältnis zur Farbe des Felles schwarz oder dunkel und mit dem Weiß an den Füßen, das zulässig ist, vereinbar sein.

Die Hinterpfoten sind weniger oval als die Vorderpfoten, mit den gleichen Eigenschaften.

Rumpf. Die Länge des Rumpfes ist geringer als die Widerristhöhe oder höchstens gleichlang. Das obere Profil des Rückens verläuft gerade, der Rücken-Lendenbereich ist gebogen. Der hintere Teil des Lendenbogens verläuft harmonisch in die Kruppe. Die Brust ist schmal, die Rippen sollen bis zu den Ellenbogen hinabreichen. Das untere Profil des Bauches ist sehr aufgezogen; die Kruppe ist stark abfallend.

Rute. Tief angesetzt und schon an der Wurzel fein, verjüngt sie sich bis zur Spitze. Sie ist von kurzem Haar bedeckt.

Die Rute wird in ihrer ersten Hälfte senkrecht und in der zweiten Hälfte gebogen getragen. Um die Länge zu messen, zieht man die Rute zwischen den Hinterläufen bis zur Hüfte hoch. Die Rute soll die Hüfte dann um weniges überragen.

Geschlechtsteile. Beide Hoden voll entwickelt und im Hodensack.

Hinterhand

Oberschenkel. Lang, trocken, mit deutlich voneinander getrennten, aber nicht umfangreichen Muskeln.

Unterschenkel. Feinknochig, Auskehlung am Sprunggelenk gut sichtbar, stark gewinkelt.

Fell und Haarkleid. Fell dünn, an allen Stellen des Körpers gut anliegend mit Ausnahme an den Ellenbogen, wo es locker ist. Fell kurz und fein.

Farben des Felles: Einfarbig, schwarz, schiefergrau und isabellfarben in allen Schattierungen. Weiß an Brust und Füßen ist zulässig.

Gangwerk. Tänzelnd, elegant.

Widerristhöhe. Mindestens 32 cm, höchstens 38 cm.

Gewicht. Höchstens 5 kg.

Fehler in Typ und Gebäude

Stark, gewöhnlicher Gesamteindruck, Abweichungen von der Symmetrie.
Kopf. Obere Gesichts-Schädel-Achsen auseinander- oder zusammenlaufend.
Nasenspitze. Fehlendes Pigment.
Lefzen und Fang. Fang kurz und fehlerhaft ausgebildet, zu stark entwickelte Lefzen, die den Kiefer bedecken, Hautfalte des Bindegewebes betont, volle Wangen, Lid- und Lefzenränder nur teilweise pigmentiert.
Kiefer. Kräftig, fehlerhafte oder fehlende Zähne, Vor- oder Rückbiß.
Schädel. Kuppelförmig, rund, mit betontem Stop.
Auge. Klein (Mikrophtalmie) oder vorstehend (Exophtalmie), helle Iris, mandelförmig und schräg, eng unter der Stirn liegend, Extropium, Entropium.
Ohren. Aufrecht getragen, sehr schwerer Fehler.
Hals. Wamme, kurz, im oberen Teil nicht gebogen.
Schultern. Schwer, gepolstert mit umfangreichen Muskeln, in der Bewegung gehemmt.
Oberarm. Schräg, kurz, schwerfällig.
Unterarm. Starkknochig (sehr schwerer Fehler), auswärts oder einwärts gedreht, Abweichung von der Senkrechten.
Handwurzel. Schwach, überentwickelte Handwurzelknochen.
Mittelhand. Abweichend von der senkrechten Stellung, zu kurz, zu lang oder zu ausgestreckt.
Füße. Rund, nicht senkrecht, mangelhafte Pigmentierung der Krallen und Sohlen im Verhältnis zum Fell, Zehen gespreizt.
Körper. Längendurchmesser größer als Widerristhöhe.
Rücken. Sattelrücken oder bucklig, Unterbrechung der Rückenlinie.
Lenden. Lang oder flach.
Geschlechtsteile. Einer oder beide Hoden nicht vollständig entwickelt.
Oberschenkel. Kurz, fleischig, gespreizt getragen, zu gerade oder zu schräg.
Unterschenkel. Starker Knochenbau, wenig gewinkelt.
Sprunggelenk und Mittelfußwurzel. Nicht senkrecht, hohes Sprunggelenk, offener Sprunggelenkswinkel.
Rute. Zu lang oder zu kurz, dick und nicht kurzhaarig.

Haarkleid. Nicht kurzhaarig und mit weißen Abzeichen außerhalb der festgelegten (Brust und Pfoten).
Haut. Nicht dünn, teilweise Pigmentmangel.(Nasenspiegel, Augenlider und Lefzen).
Widerristhöhe. Zu wenig oder zu viel.
Gangwerk. Nicht tänzelnd.
Gewicht. Über 5 kg.

Disqualifizierende Fehler
Kopf. Betontes Zusammen- oder Auseinanderlaufen.
Nasenspitze. Über die Nasenbeinlinie erhöht, Pigmentmangel auch einzelner Stellen der Nasenspiegeloberfläche.
Nasenbein. Nach außen oder innen gebogen.
Kiefer. Rückbiß, Vorbiß.
Auge. Glausauge, völliger Pigmentmangel der Lider.
Geschlechtsteile. Kryptorchismus, Monorchismus, unvollständige Ausbildung eines oder beider Hoden.
Mittelfuß. Afterkralle.
Rute. Trompetenähnlich auf dem Rücken getragen. Schwanzlosigkeit oder Kurzschwänzigkeit, angeboren oder herbeigeführt.
Haarfarben. Nicht einfarbig, weiß mit Ausnahme der im Standard angegebenen Stellen.
Widerristhöhe. Mehr als 38 cm sowohl bei Rüden als auch bei Hündinnen, unter 32 cm bei Rüden, unter 31 cm bei Hündinnen.
Gangwerk. Ständiger Paßgang.

Irish Wolfhound (Bild Seite 55)

Der Irish Wolfhound ist ein Hetzhund und damit ein Windhund. Er ist der größte aller unserer Hunde. Wenn er sich auf die Hinterbeine erhebt, legt er seine Vorderläufe leicht auf die Schultern eines ausgewachsenen Mannes und der Kopf sieht von oben auf ihn herab. Der Rüde hat eine Schulterhöhe von fast einem Meter. Der Irish Wolfhound ist stark, muskulös aber doch sehr wendig und dabei elegant.
Schon Cäsar hat diese Rasse geliebt, die sehr alt ist. Dieser Hund wurde von fast allen irischen Fürsten gehalten, die ihn zur Hetzjagd auf Wölfe und Elche einsetzten. Leider ist diese Art Jagd heute nicht mehr erlaubt. Im Hundeland England, aber auch in Amerika, gibt es Züchter, die mehr als ein Dutzend dieser riesigen aber schönen Hunde besitzen. Es ist sehr zu begrüßen, daß jetzt auch in Deutschland

dieser Hund immer mehr Freunde gewinnt. Hier handelt es sich um einen Hund, der nur in die Hand eines echten Hundefreundes gehört, der sich seine Freude an dem Hund auch etwas kosten lassen will. Schon die Aufzucht ist etwas anspruchsvoll. Der Irish Wolfhound braucht Licht, Luft und Platz zum Bewegen, mehr als jeder andere Windhund. Er benötigt hochwertiges Futter, wobei Fleisch der Hauptbestandteil sein muß. Wer am Futter sparen will, etwa auf der Grundlage von Reis oder Pflanzennahrung, wird Enttäuschungen erleben. Die Irish Wolfhounds sind spätreife Hunde, was bei ihrer Größe mehr als verständlich ist. Sie schließen nicht mit aller Welt Freundschaft und sind zurückhaltend gegen Fremde. Man kann den Eindruck gewinnen, als wenn sie sich teilnahmslos draußen in ihrer Umgebung bewegen. Dabei sind sie zwar ruhige, aber dennoch sehr verläßliche Freunde des Besitzers. Sie folgen sehr leicht, und auch Frauen haben keinerlei Schwierigkeiten mit ihnen. Wer solch einen Beschützer sein eigen nennt, kann sich sicher fühlen. Aber auch im Hause sind sie leicht zu halten, weil sie sich ganz beherrscht bewegen und nie stören. Natürlich muß ihnen dafür ausreichende Bewegung im Freien erlaubt sein. Wer selbst ausgeglichen ist, wird sich am besten mit einem Irish Wolfhound verstehen. Auch als Hof- und Wachhund ist dieser schöne, in seiner Größe wirklich Respekt gebietende Hund nützlich. Er bellt nicht unnötig, doch bedeutet er einen vortrefflichen Schutz. Eine nähere anatomische Beschreibung findet sich im Standard.

Standard des Irish Wolfhound

Allgemeine Erscheinung
Der Irish Wolfhound soll nicht ganz so schwer und massig sein wie die Deutsche Dogge, aber mehr als der Deerhound, welchem er anderseits typmäßig gleichen soll. Der Hund ist groß und erhaben, stark bemuskelt, stark aber elegant gebaut und zeigt leichte und flinke Bewegungen. Kopf und Hals hoch (stolz) getragen. Der Schwanz gegen das Ende mit einer leichten Biegung nach oben getragen.

Kopf und Schädel
Lang, der Stirnknochen leicht erhöht mit einer sehr kleinen Vertiefung zwischen den Augen. Schädel nicht zu breit. Schnauze lang und mäßig spitz.

Augen
Dunkel.

Ohren
Klein und ähnlich getragen wie beim Greyhound.

Hals
Eher lang, sehr kräftig und stark bemuskelt, gut gebogen, ohne Wamme oder lose Haut an der Kehle.

Vorhand
Gut bemuskelte, schräg abfallende Schultern ermöglichen die Weite der Brust. Ellenbogen gut untergestellt, weder ein- noch ausdrehend. Bein und Unterarm gut bemuskelt, das ganze Vorderbein stark und gerade.

Rumpf
Sehr tiefe und breite Brust. Rücken eher länger als kurz, geschwungende Lende, gut aufgezogener Bauch.

Hinterhand
Ober- und Unterschenkel gut bemuskelt, lang und stark wie beim Greyhound. Tiefes, gut heruntergelassenes Sprunggelenk, weder einwärts noch auswärts gedreht.

Füße
Mäßig groß und rund, weder nach innen noch nach außen gedreht. Gut gewölbte, geschlossene Zehen, sehr starke, gekrümmte Nägel.

Schwanz
Lang und leicht gebogen, von mäßiger Dicke. Gut behaart.

Haarkleid
Rauh und hart anKörper, Beinen und Kopf, speziell hart und lang über den Augen und am Unterkiefer.

Farbe
Die anerkannten Farben sind grau, gestromt, rot, schwarz, rein weiß, rehfarben und jede andere, beim Deerhound erscheinende Farbe.

Gewicht und Größe
Das Mindestgewicht beträgt beim Rüden 54 kg, die Mindestgröße 79 cm, bei der Hündin 40,5 kg und 71 cm. Alle Tiere unter diesen Werten sollen hart bestraft werden. Große Höhe, inbegriffen große Schulterhöhe und proportionierte Länge des Körpers sind das anzustrebende Ziel und es ist erwünscht, eine Rasse zu festigen, welche durchschnittlich eine Höhe bei Rüden von 81 bis 86 cm aufweist und die notwendige Kraft, Aktivität, Mut und Ebenmaß zeigt.

Fehler
Zu leichter oder schwerer Kopf, zu stark gebogener Stirnknochen, große Ohren, flach am Kopf herabhängende Ohren, kurzer Hals, Wamme, zu schmale oder zu breite Brust, eingesunkener Rücken oder Sattelrücken, krumme Vorderbeine, zu stark gebogenes Sprunggelenk, ausgedrehte Füße, offene Zehen, zu stark gebogener Schwanz, schwache Hinterhand und allgemeiner Mangel an Muskulatur, zu kurzer Rumpf, rosa- oder leberfarbene Augenlider, jede andere Farbe als schwarz bei Lefzen und Nase, sehr helle Augen.

Deerhound (Bild Seite 58)

Diese seltene Rasse stammt aus Schottland, wo sie über viele Jahrhunderte ausschließlich vom Adel als Jagd- und enger Begleithund gehalten wurde. Wie die deutsche Übersetzung „Hirschhund" bereits andeutet, war die jagdliche Verwendung vorwiegend auf den Hirsch ausgerichtet, den die Hunde – meist zu zweit – in rasendem Tempo hetzen, schließlich stellen und niederdrücken mußten. Aufzeich-

nungen aus vergangenen Jahrhunderten schildern packende Jagdszenen und -erlebnisse, bei denen sich berühmte Deerhounds in unglaublicher Weise gegen den mächtigen Hirsch durchsetzten. Alte Gemälde und Stiche lassen erkennen, daß zu dieser Zeit zwei Hundetypen vorhanden waren. Der leichtere Typ, ein Ebenbild des heutigen Deerhound, war gewiß ein besonders schneller Hetzer, der massigere Typ, der dem heutigen Wolfhound entspricht, hingegen ein mutiger und starker Packer. Die Verwandtschaft beider Rassen äußert sich auch heute noch augenscheinlich durch die imposante Größe und das rauhe Haar, weshalb der Deerhound von Laien meistens als Wolfhound angesprochen wird. Unter dem dichten Fell verbirgt sich jedoch die typische Windhundfigur des Greyhound, dem er in Typ, Aktion und Geschwindigkeit am meisten ähnelt. So vereint der Deerhound Urwüchsigkeit und elegante Anmut zu einer edlen Erscheinung. Seine Wesensmerkmale sind durch die enge Beziehung zum Menschen und ein ruhiges Temperament bestimmt, wodurch er als zuverlässiger Begleiter und angenehmer Hausgenosse besonders geeignet ist.
Ein Deerhound kann bis zu drei Tage lang eine Hirschfährte verfolgen, bzw. am nächsten Morgen sie erneut aufnehmen. Mit Aufkommen der Schußwaffe verlor der Deerhound seine Aufgabe als Hirschhetzer und wird heute, nachdem er um die Jahrhundertwende fast ausgestorben war, vornehmlich auf Schönheit gezüchtet. Daß er jedoch noch keine seiner ursprünglichen Eigenschaften eingebüßt hat, beweisen die schottischen Hetzjagden auf lebende Hasen, bei denen die Hunde trotz schier unwegsamen Geländes trittsicher ihr volles Tempo auslaufen. Auch in Kanada, wo die unempfindliche Rasse bei dem rauhen Klima gern gehalten wird, benutzt man sie noch zur Jagd auf Timberwölfe und Kojoten. In Deutschland ist der Deerhound leider noch sehr selten, jedoch in besten Erscheinungen auf Zuchtschauen zu sehen. Als Richter lasse ich zur Freude der Zuschauer diese Hunde gern länger und wiederholt laufen, weil es ein bestechendes Bild ist, diesen an sich kräftigen Hund so unerwartet leicht und elegant sich bewegen zu sehen. Es bleibt der Rasse zu wünschen, daß sie bei uns ein echter Rennwindhund wird.

Standard des Deerhound

Kopf und Schädel

Der Kopf soll die maximale Breite auf der Höhe der Ohren aufweisen und sich zu den Augen hin leicht verjüngen. Die Schnauze spitzt sich zur Nase ausgeprägter zu. Der Fang (Schnauze) muß spitz sein, die Lefzen aber gerade. Der Kopf soll lang, der Schädel eher flach als rund sein, mit einer sehr leichten Erhöhung über den Augen, aber ohne Spur von Stop. Der Schädel soll mit mäßig langem Haar bedeckt sein,

das feiner ist als das übrige Fell. Die Nase soll schwarz sein (obwohl bei gewissen blue-fawn die Farbe blau ist) und leicht gebogen (Adlernase). Bei helleren Hunden wird eine schwarze Schnauze bevorzugt. Erwünscht ist ein guter Schnurrbart oder vielmehr seidiges Haar und ein schöner Bart.

Augen

Die Augen sollen dunkel sein. Im allgemeinen sind sie dunkelbraun oder haselnußfarben. Ein sehr helles Auge ist unerwünscht. Das Auge ist mäßig rund mit sanftem Blick in der Ruhe, aber scharf (durchdringend) wenn der Hund erregt ist. Der Rand der Augenlider soll schwarz sein.

Ohren

Die Ohren sollen hoch angesetzt und in der Ruhestellung zurückgelegt (zurückgefalten) sein wie beim Greyhound, in der Aufregung über den Kopf erhoben, jedoch gefalten, in einigen Fällen halb aufgerichtet. Ein Stehohr ist fehlerhaft. Ein großes, dickes Ohr, das flach am Kopf herabhängt oder dicht bedeckt ist mit langem Haar ist der schlimmste Fehler. Das Ohr muß fein und glänzend sein und sich wie ein Mausefell anfühlen. Je kleiner das Ohr, umso besser. Es soll weder langes Haar noch lange Fransen aufweisen. Oft sieht man seidig-silbernes Haar auf der Außenseite des Ohres und an der Spitze. Wie immer die gesamte Haarfarbe sein mag, die Ohren müssen schwarz oder dunkel sein.

Gebiß

Scheren- oder Zangengebiß.

Hals

Der Hals soll lang sein, d.h. die Länge aufweisen, die dem Greyhound-Charakter des Hundes ansteht. Ein zu langer Hals ist weder notwendig noch erwünscht, da vom Deerhound – im Gegensatz zum Greyhound – nicht verlangt wird, daß er sich beim Hetzen bückt. Man soll nicht vergessen, daß die Mähne, die jedes gute Exemplar haben soll, die eigentliche (sichtbare) Länge des Halses verringert. Der Deerhound benötigt einen sehr kräftigen Hals, der ihn befähigt, einen Hirsch zu halten. Der Nacken steht stark vor, dort wo der Kopf angesetzt ist, und die Kehle (Hals) muß trocken und vorstehend sein.

Vorhand

Die Schultern sollen schön schräg sein, die Schulterblätter gut zurückgesetzt und nicht zu weit auseinander liegen. Schwere und gerade Schultern sind ein schwerwiegender Fehler. Die Vordergliedmaßen müssen gerade, breit und flach sein. Guter Vorderarm und Ellenbogen sind erwünscht.

Rumpf

Der Rumpf und die Gesamterscheinung sind die eines größeren Greyhound, Brust tiefer als breit, aber nicht zu schmal und flach. Die Lende gut geschwungen und zum Schwanz hin abfallend. Ein flacher Rücken ist unerwünscht, da nicht geeignet für das Bergaufwärtsrennen und zudem sehr unansehnlich.

Hinterhand

Abfallend und so breit und kräftig wie möglich. Die Hüftknochen weit auseinander. Die hinteren Gliedmaßen sollen im Kniegelenk gut gewinkelt sein, mit einer großen Länge zwischen Lende und Sprunggelenk, das breit und flach sein soll.

Füße

Geschlossen und kompakt mit gut gestellten Zehen. Starke Nägel.

Schwanz

Lang, dick am Ansatz und sich verjüngend, bis zu 3,75 cm ab Boden reichend. In der Ruhestellung gerade herabfallend oder leicht gebogen. In der Bewegung gebogen (auch in der Erregung) aber niemals über der Rückenlinie getragen. Gut bedeckt mit Haar: unten dick und drahtig, oben länger. Am Schwanzende ist gegen eine leichte Franse nichts einzuwenden. Ein gelockter oder Ringelschwanz ist sehr unerwünscht.

Haar

Das Haar des Körpers, des Halses und der Glieder muß rauh und drahtig sein, sowie eine Länge von 8 bis 10 cm aufweisen. Das Haar des Kopfes, der Brust und des Bauches ist viel weicher. Eine leichte Franse an der Innenseite der Glieder ist erwünscht, aber keine Befransung wie beim Collie. Der Deerhound soll zottig und doch nicht zu stark behaart sein. Ein wolliges Haarkleid ist fehlerhaft. Einige gute Exemplare weisen eine Mischung von seidigem und harschem Haar auf, was in jedem Fall dem Wollhaar vorzuziehen ist. Das ideale Haarkleid aber ist dicht, enganliegend, hart oder (und) kraus beim Anfühlen.

Farbe

Die Farbe ist Sache des Geschmackes. Aber es gibt keinen Zweifel darüber, daß die dunkle blau-graue Farbe bevorzugt wird, weil die Qualität bei dieser Farbe zu finden ist.

Danach kommen die dunkleren und helleren grauen oder gestromten Hunde, wobei die dunkleren im allgemeinen bevorzugt werden. Die gelbe Farbe, sowie die rot-sandfarbenen oder rot-fawn-farbenen, insbesondere mit schwarzen Punkten z. B. auf Ohren und Schnauze, werden ebenfalls gleich geschätzt, zumal es sich um die Farben der ältesten Blutlinien handelt (McNeil und Cheethill Menzies). Weiß wird von allen Fachleuten verpönt, doch gegen eine weiße Brust und weiße Zehen, wie dies bei vielen dunklen Hunden vorkommt, kann nicht viel eingewendet werden. Aber je weniger weiß, desto besser, da der Deerhound ein einfarbiger Hund sein soll. Eine weiße Blesse oder eine weiße Halskrause (weißer Kragen) müssen scharf geahndet werden. In anderen Fällen sollte versucht werden, die weißen Abzeichen – obwohl sie geduldet werden – auszumerzen. Trotzdem am wenigsten weiß am besten ist, kommt ein leichter weißer Fleck am Rutenende (Schwanzspitze) bei den besten Blutlinien vor.

Gewicht und Größe
Die Rüden sollen ein Gewicht von 38,5 bis 48 kg aufweisen, die Hündinnen 30 bis 36 kg. Die Schulterhöhe der Rüden soll nicht unter 76 cm liegen, diejenige der Hündinnen nicht unter 71 cm.

Fehler
Dickes, flach am Kopf herabhängendes Ohr oder dicht behaart (dicht bedeckt mit langem Haar). Gelockter (gekräuselter) oder Ringelschwanz. Helles Auge. Gerader (flacher) Rücken. Kuhhessige Sprunggelenke, weiche Fesseln, gerade Kniegelenke, durchgedrückte Füße, wolliges Haarkleid, schwere und gerade Schultern, weiße Abzeichen.

Sloughi (Bild Seite 63)

Der Sloughi wird bei uns leider noch nicht sehr oft gehalten, wenngleich sich gerade in den letzten Jahren doch ein erheblicher Fortschritt abzeichnet. Seine Heimat ist Nordafrika und auch Arabien. Schon lange lebt er aber auch in der Sahara. Man schätzt den Sloughi, weil er ein passionierter und sehr ausdauernder Hund ist, der anscheinend nie ermüdet. Den Franzosen und Italienern ist zu verdanken, daß sie ihn nach Europa brachten, da diese beiden Völker im Heimatland des Sloughi ihre Kolonien hatten.
Mit dem Greyhound besteht eine gewisse Ähnlichkeit. Der Sloughi ist ebenfalls völlig glatthaarig. Der Körperbau unterscheidet sich wohl nur dadurch, daß der Sloughi mehr quadratisch ist (Höhe und Länge des Körpers fast gleich), was ihn wiederum als hochbeinig erscheinen läßt. Der Rücken ist auch weniger oder fast kaum gewölbt, der Kopf breiter.
Die Verpflanzung nach Europa hat sich ohne jede Schwierigkeit vollzogen. Der Sloughi besitzt die Vorzüge, Hunger und Durst ertragen zu können, aber auch Kälte und Hitze machen ihm trotz seines kurzen Haarkleides erstaunlich wenig aus. Dazu ist er ein sehr lieber, anhänglicher Hausgenosse, der nie Schwierigkeiten

macht und in der Pflege zu den anspruchslosesten Hunden gehört. Bei den Beduinen z. B. gilt er als besonders wertvoll; man verkauft ihn nicht und weint um ihn, wenn er stirbt.
Eigentlich muß man zwei, wenn nicht sogar drei Typen unterscheiden. Im Norden trifft man den größeren und im Süden den kleineren Sloughi. In der Sahara-Mitte etwa begegnet man dann noch dem Tuareg-Sloughi. Alle haben aber die gemeinsamen Sloughi-Merkmale so stark in sich vereinigt, daß man höchstens von verschiedenen Typen, keineswegs aber von verschiedenen Rassen sprechen darf.

Standard des Sloughi

Allgemeine Erscheinung
Sehr rassiger Hund infolge seiner trockenen Muskulatur und der Feinheit seiner Hautdecke.

Kopf
Ohne schwer zu sein etwas kräftiger als der des Greyhound. Seine Linien sind weniger akzentuiert.

Schädel
Flach, ziemlich breit, am hinteren Teil deutlich abgerundet; wölbt sich harmonisch an den Seiten. Die Ränder der Augenhöhlen sind kaum vorspringend.

Fang
Der keilförmige Fang läuft ohne Übertreibung spitz zu und hat etwa die gleiche Länge wie der Schädel. Der Stop ist wenig ausgeprägt. Die Nase ist schwarz oder dunkelbraun. Nicht vor- oder rückbeissend.

Augen
Groß, dunkel, nicht vorstehend, manchmal etwas verdeckt infolge einer leichten Schräge der Augenlider. Ihr Ausdruck ist sanft, etwas traurig, der Blick wie sehnsüchtig. Bei Tieren mit hellem Haarkleid (falb, sandfarben, fahlrot) hat das Auge meistens die Farbe von gebranntem Topas (Rauchtopas).

Ohren
Hängend, am Kopf anliegend, angesetzt in ihrer ganzen Breite in Augenhöhe oder etwas darüber. Nicht zu groß, flach, in Form eines Dreiecks, leicht abgerundet an ihrem Ende. Einige Hunde haben vom Schädel leicht abstehende Ohren, manchmal sogar leicht nach hinten gelegt. Rosenohren nach Art des Greyhound sind nicht erlaubt.

ßerordentliche Ausdauer zu entwickeln. Sein Fell ist meist kurz und fein. Es gibt aber auch Rauhhaar-Galgos. Er hat einen länglichen Kopf, festen Knochenbau, eine tiefe Brust und gut bemuskelte Hinterläufe.

Kopf
Langgezogen mit wenig Stop, ziemlich langes Schädeldach, jedoch schmal zwischen den Ohren. Die Kiefer sind kräftig, trocken und lang, mit dünnen Lefzen. Starke Zähne in dem Scherengebiß.

Augen
Groß und dunkel. Ein aufmerksamer Blick wird bevorzugt. Die Farbe der Augen kann mit der Fellfarbe übereinstimmen, aber sie sind nie sehr hell (gelb oder hellbernsteinfarbig).

Ohren
Dünn, fein, hoch angesetzt und nach hinten liegend, halb fallend.

Hals
Schlank, fast gerade und (von den Schultern nach oben) leicht abgeflacht, lang und muskulös.

Brust
Tief, bis zu den Ellenbogen reichend, von vorn gesehen breit, mit genügend Lungenraum, auch in der Länge durchlaufend bis zu den schwebenden Rippen, gute Rippenwölbung ohne Übertreibung.

Rumpf
Der Rücken ist kräftig, muskulös und insoweit gewölbt, daß man Spannung ahnen kann; die Nierenpartie (Lenden) kräftig und leicht gebogen, die Kruppe ebenfalls leicht gebogen; die Flanken innenwärts und kurz; sehr trockene aufgezogene Bauchlinie (agalgado).

Rute
Lang und dünn, niemals kupiert und mit punktförmigem Ende, fällt im Bogen bis zu den Sprunggelenken. Wenn der Hund ruhig steht, hängt die Rute niemals gerade (sondern im Bogen).

Gliedmaßen
Schultern gut gewinkelt, das heißt mit guter Winkelung des Schulterblattes.
Vorhand. Die Beine sind lang, trocken, gerade und gut bemuskelt, sie verlaufen parallel zum Körper, die Ellenbogen frei (gelenkig) ohne auswärts zu stehen. Die Pfoten sind geschlossen mit gebogenen Zehen, die nie ganz rund (wie bei Katzen) gebogen sind, eher leicht länglich. Die Ballen sind breit und kräftig, so daß die Verletzungsgefahr auch bei ungünstigen Bodenverhältnissen gering ist.
Hinterhand. Sehr kräftig bemuskelt. Die Muskeln sind lang, breit und gespannt.

Haut und Fell
Das Fell ist kurz und meist fein; es gibt auch rauhhaarige Galgos mit dickem Haar. Die Muskeln zeichnen sich unter der Haut deutlich ab.

Farbe
Zimtfarbig, kastanienbraun, rot, schwarz „brindled“ mit weiß. Auch sind Kombinationen dieser Farben zulässig.

Größe und Gewicht
65 cm für Rüden und 60 cm für Hündinnen. Gewicht zwischen 25 und 30 kg für Rüden und 20 bis 25 kg für Hündinnen.

Idealmaß des Spanischen Galgo-Rüden
Schulterhöhe 65 cm; Rutenlänge 50 cm; Brustumfang 65 cm; Rückenlänge 70 cm.

Magyar Agar (Bild Seite 70)

Hier handelt es sich um einen Hetzhund, der eigentlich nur in Ungarn lebt, wie auch sein Name schon vermuten läßt. Es ist der ungarische Windhund. Nur in Ungarn kommt er häufig vor und ist auf den dortigen Zuchtschauen stets in großer Anzahl vertreten, stärker als alle bei uns ausgestellten Rassen, außer den Afghanen. Der Magyar Agar ist ein Hetzhund, bei dem Schönheit und Leistung gleichermaßen zur Geltung kommen. Selten wird er einzeln gehalten; auch daran erkennt man seine große Wertschätzung

Seine äußere Erscheinung kommt der des Greyhound sehr nahe. Das Haar ist wohl fein, aber nicht so fein wie beim Grey. Auch der Kopf ist breiter. Im ganzen verkörpert dieser Hund Schnelligkeit, Ausdauer und Kampffähigkeit. Seine Schnelligkeit stellt er beim Greifen des Wildes unter Beweis. Seinem Besitzer ist der ungarische Windhund treu ergeben und zeigt sich auch Kindern gegenüber immer freundlich. Im Futter ist er nicht verwöhnt, obgleich Fleisch die Hauptnahrung sein muß. Die Pflege ist denkbar einfach. Man könnte fast sagen, es ist überhaupt keine Pflege erforderlich, da sich das Haarkleid bei ausreichender Bewegung selbst reinigt. Dazu ist der ungarische Windhund ein leidenschaftlicher Renner. Insgesamt ist er kräftiger gebaut als der etwa gleichgroße Greyhound und damit auch im Typ anders. Die Magerkeit geht ihm ab, obwohl der ungarische Windhund nie dick sein sollte.

Standard des Magyar Agar

Der Magyar Agar ist eine alte Rasse. Seit dem 19. Jahrhundert wurden leider oft aus England importierte Greys eingekreuzt, wodurch sich die typischen Merkmale der Rasse etwas verwischt haben.

Er ist ein unermüdlicher, zäher Hetzhund, das Ebenbild von Schnelligkeit, Kraft und Ausdauer, fähig, nicht nur den Hasen, sondern auch das größere Wild zu erbeuten. Er ist leicht zu halten, da er abgehärtet und anspruchslos ist und die einheimischen extremen Witterungsschwankungen gut verträgt. Er eignet sich auch vorzüglich für die Rennbahn, besonders für längere Strecken und über Hürden. Er hat einen etwas reservierten aber gutmütigen Charakter, er ist intelligent, treu, ja sogar wachsam.

Allgemeine Erscheinung

Weder zu derbes noch zu filigranes Gesamtbild. Hochläufig, etwas länger als quadratisch. Ausgeprägte Muskulatur, reichliche Knochensubstanz, trockene, kräftige Gliedmaßen.

Größe
Die Idealhöhe der Rüden steht zwischen 65–70 cm, die Hündinnen dürfen entsprechend kleiner sein.

Kopf
Von oben wie auch von der Seite gesehen keilförmig. Kräftige Backen. Der Schädel ist geräumig, die Stirn relativ breit. Der Fang etwa so lang wie der Oberkopf, soll nicht sehr zugespitzt sein. Gebiß: Kräftiges, womöglich vollständiges Scherengebiß.

Augen
Möglichst dunkel, von mittlerer Größe. Der Blick ist offen und kühn. Quellaugen unerwünscht.

Ohren
Sehr beweglich, nicht so klein und weich wie beim Grey. Ziemlich hoch angesetzt, in „V"-Form gekippt oder halb gefaltet anliegend, bei Aufmerksamkeit leicht gehoben. Stehohren dürfen nur im Affekt kurzfristig erscheinen.
Nasenspiegel, Augenränder, und Lippen gut pigmentiert.

Hals
Mäßig lang, kräftig, mit elegantem Schwung und gutem Übergang zum Rücken.

Rumpf
Gestreckt, muskulös und nervig.

Brust
Tief und relativ breit, damit große Lunge und Herz Platz haben.

Bauch
Leicht aufgezogen.

Rücken
Fest aber elastisch. Eher gerade oder nur leicht gewölbt. Lendenpartie gut bemuskelt.

Kruppe
Breit, nur leicht abfallend.

Rute
Mittelhoch angesetzt, bis zum Sprunggelenk reichend. Sie wird hängend getragen, das Ende leicht gebogen. Im Affekt darf sie bis zur Horizontalen gehoben werden.

Vorderhand
Schulter lang und gut anliegend. Unterarm gerade, Ellbogen beweglich, aber nicht

abstehend. Mittelhand kurz, Pfoten ziemlich groß und länglich, Zehen geschlossen, starke Ballen.

Hinterhand

Gut gewinkelt. Die Keulen breit, gut bemuskelt. Sprunggelenke kräftig, sollen parallel gestellt sein. Der Mittelfuß steht von der Senkrechten etwas nach vorn. Der Gang des Magyar Agar soll elastisch, ruhig und raumgewinnend sein.

Behaarung

Kurz und glatt, jedoch nicht so dünn wie beim Grey. Im Winter bildet sich ziemlich Unterwolle.

Farbe

Alle bei Windhunden vorkommenden Farben und Farbvariationen sind gestattet.

Pharaonenhund (Bild Seite 73) **und sonstige Mittelmeerrassen**

Es kann hier natürlich nicht jede Rasse beschrieben werden, denn die Zahl der Mittelmeerrassen ist verhältnismäßig groß. Andererseits sind die Unterschiede sehr gering. Ich streife hier nur die Rassen, die mir, wenn auch als Einzelerscheinungen, aber immerhin auf deutschen Zuchtschauen oder als Richter begegnet sind.
Zunächst der **Pharaonenhund.** Der Name verweist auf Ägypten, doch gehört der Hund sicherlich in die große Gruppe der Podencos. Es handelt sich um eine sehr schnittige Windhundfigur, die aber nicht so stark bemuskelt ist wie z.B. der Greyhound. Die feinen Ohren werden im Ruhezustand zurückgelegt. Der Hals ist sehr schlank und lang. Die mittlere Größe liegt bei etwa 55 cm. Die Farben Rot, Gelb und Braun sind meistens in Weiß plattiert.
Der **Podenco** bildet eigentlich eine Hauptrasse. Dazu gehört immer eine zusätzliche Bezeichnung. Als typischen Vertreter nenne ich hier den **Podenco Ibiciano,** den Balearenhund. Ich habe ihn selbst sehr eingehend bei mehreren längeren Aufenthalten auf den Balearen beobachten können. Die Art habe ich sonst nirgends gefunden, abgesehen davon, daß zweimal Urlauber Jungtiere mit nach Deutschland brachten. Dieser Hund wird auf den Balearen zur Hasenhetzjagd sehr erfolgreich eingesetzt. Die Rüden werden etwa 68 cm groß, die Hündinnen etwa 10 cm kleiner. Das Haar ist grob und kurz. Die Farben ähneln denen des Pharaonenhundes. Auffällig ist außerdem die fast immer stark abfallende Kruppe, wie etwa beim Whippet!
Der **Ätnahund** (Cirneco dell'Etna) ist eine kleinere Form des Pharaonenhundes, die man eigentlich nur auf Sizilien findet, wo sie auch als Kaninchenhund beliebt ist. Im Gesamtbild erscheint er wie ein übergroßer Whippet, der Stehohren hat. Das Haarkleid ist auch völlig kurz und meistens einfarbig, überwiegend dunkelbraun.

Standard des Pharaonenhundes

Allgemeine Erscheinung
Ursprünglicher Windhundtyp, der in seinem Äußeren den altägyptischen Darstellungen stehohriger Windhunde auffällig ähnlich sieht. Er besitzt ein schlankes, hochgestelltes, trocken und eher flach bemuskeltes Gebäude von nahezu quadratischem Format und zeichnet sich durch große Schnelligkeit, Wendigkeit und ungewöhnliches Sprungvermögen aus. Besonders charakteristisch sind: der keilförmige Kopf, die großen Stehohren, die im Affekt oft geringelt getragene Rute, das kurze, glatte Haarkleid und die leuchtend weißrote Farbe. In reinster Form kommen die Pharaonenhunde auf den Balearen vor.

Kopf
Im Profil, wie von oben gesehen, keilförmig, mit flachem und relativ breitem Oberschädel, kräftigen Backen, kaum angedeutetem Stop, leicht aufgeworfenem Nasenrücken und trockenem, nasenspitzenwärts konisch sich verjüngendem Fang. Verhältnis Oberkopf zu Fanglänge etwa 1:1.

Nasenspiegel
Lederfarbig, zeitweilig mit rosa Flecken.

Ohren
Große, breit und hochangesetzte, feinledrige Stehohren, die mit den Spitzen leicht divergieren.

Augen
Relativ klein, tiefliegend, bernsteingelbe oder hellbraune Iris.

Gebiß
Vollständiges, kräftiges Scherengebiß.

Hals
Schlank, verhältnismäßig lang und trocken bemuskelt.

Rumpf
Im ganzen schlank und flach bemuskelt.

Brust
Schmal, mit flacher Rippenwölbung, wenig Vorbrust und nicht so tief wie beim Greyhound.

Rücken
Straff, gerade, mit langer, gut bemuskelter Lende, aber kein Balkenrücken.

Kruppe
Verhältnismäßig lang, leicht abfallend.

Rute
Bis zum Sprunggelenk reichende Sichelrute, die im Affekt auch geringelt getragen werden kann.

Bauch
Schlank, Unterbauch leicht aufgezogen, aber nicht so stark wie bei anderen Windhunden.

Vordergliedmaßen
Im ganzen lang, trocken bemuskelt und relativ steil gewinkelt.

Schulter und Oberarm
Lang, dem Brustkorb flach aufliegend und gut mit ihm verbunden.

Unterarm
Auffallend lang, schlank und gerade.

Mittelfuß
Relativ kurz.

Pfoten
Kräftig und geschlossen, Krallen hell pigmentiert.

Hintergliedmaßen
Ebenfalls lang, trocken bemuskelt und verhältnismäßig steil gewinkelt.

Ober- und Unterschenkel
Lang, kräftig, aber nicht so reich bemuskelt wie beim Greyhound.

Sprunggelenke
Parallel gestellt, kräftig und gut modelliert.

Pfoten
Wie vorn.

Haut und Haarkleid
Die Haut ist dünn und weich, das Haarkleid kurz, glatt und glänzend.

Farbe
Weiß mit leuchtend roten oder gelbroten Platten oder Tupfen in unregelmäßiger Verteilung. Auch einfarbig rote Tiere kommen vor. Andere Farben ausgeschlossen.

Größe
Schulterhöhe beim Rüden 63–70 cm, bei der Hündin 57–66 cm.

Wesen
Im allgemeinen liebenswürdig, spätreif, spielerisch eigenwillig mit ausgesprochenem Jagdtrieb. Großer Bewegungs- und Betätigungsdrang.

Entwicklung und Verbreitung der Rassen

Die genaue Abstammung des Hundes und damit des Windhundes läßt sich nicht feststellen. Nach heutigen wissenschaftlichen Erkenntnissen ergibt sich jedoch, daß der Wolf Stammvater des Hundes gewesen ist und eventuell auch Einkreuzungen des Schakals stattgefunden haben. Der Schakal wird bei den Windhunden darum genannt, weil in den Gebieten, wo der Windhund in den ältesten Nachweisen vorkommt – Gebiete wie Nordafrika, Ägypten, Kleinasien und Arabien – auch der Schakal sein Hauptverbreitungsgebiet hatte. Aus kulturgeschichtlichen Nachweisen erkennen wir den Verwendungszweck und das Aussehen der damaligen Windhunde. Man muß allerdings mit solchen Vergleichen bis in die vorgeschichtliche Zeit zurückgehen, aus der nur spärliche Zeichnungen oder Funde vorliegen. Zusätzlich ergeben sich aus den Umweltverhältnissen jedoch wichtige Hinweise auf einzelne Varianten der Windhunde, ihre äußeren Merkmale, ja sogar auf ihr Wesen.

Windhunde sind Hetzhunde. Sie müssen also schlank und ausdauernd sein. Schnelligkeit ist bei der Hatz die wichtigste Eigenschaft. Schon deshalb sind alle Hetzhunde hochläufig. Ausdauer beim Hetzen erfordert entsprechendes Lungenvolumen und ein kräftiges Herz; so prägt die große Brusttiefe das Erscheinungsbild der Windhunde. Der lange und kräftige Fang muß das flüchtige Wild greifen und halten können. Zu allen diesen äußeren Merkmalen kommt das gute Auge des Windhundes. Der Windhund sieht auf viele hundert Meter genau. Auch das Ohr ist viel besser als bei anderen Hunderassen. Das entscheidende Merkmal aller Windhunde ist jedoch der Hetztrieb.

Dennoch gibt es viele Varianten von Windhunden. Man kann nach den wissenschaftlichen Aufzählungen leicht 25 Rassen nennen. Doch bei uns in Deutschland und im übrigen Europa kommen eigentlich nur diejenigen Rassen vor, die im vorangegangenen Abschnitt beschrieben worden sind. Und auch diese Rassen haben äußerlich voneinander abweichende Merkmale. Da gibt es kleine, mittlere und große Hunde, man unterteilt in glatthaarige, rauhhaarige, langhaarige und kurzhaarige mit Befederungen. Alle wurden sie aber zur Jagd eingesetzt, und zwar zur Hetzjagd. Dabei hat im Laufe der Jahrhunderte die jeweilige Umwelt die einzelnen Varianten geformt und auch der Mensch hat durch Zucht entscheidenden Einfluß genommen, denn für ihn war ein guter Jagdhetzhund lebensnotwendig. So ist der Hetzhund (Windhund) wohl die älteste Hunderasse überhaupt und hat sich im Grunde bis heute wenig verändert. Dies geht auf Funde zurück, die etwa 15 000 Jahre alt sind. In den Zuchtbüchern des Deutschen Windhundzucht- und Rennverbandes (besonders im Buch XXII/XXIII) wird darüber ausführlich berichtet.

Heute findet man Windhunde in der ganzen Welt. Einzelne Länder haben bereits bodenständige Rassen, die alle jedoch nach ihrer äußeren Erscheinung sofort als Windhunde erkennbar sind. Dennoch kann man wohl von drei Grundformen ausgehen:

1. die westliche Gruppe, welche das kleine zurückgefaltete Ohr hat und im Rükken eine leichte Wölbung zeigt, z.B. der Greyhound oder der Whippet.
2. die östliche Gruppe, die einen flacheren Schädel besitzt, bei der die Behänge herabfallen und der Rücken gerader ist, z.B. der Saluki.
3. die mediterrane Gruppe, die Stehohren hat, z.B. der Pharaonenhund.

Abweichungen von den Grundformen dieser regionalen Gruppen sind so bekannte Hunde wie der Irish Wolfhound, der Deerhound, das Windspiel (Gruppe 1) der Afghane (Gruppe 2) und der Sloughi, der Galgo und der Magyar Agar (Gruppe 3). Auch der Barsoi, der ursprünglich aus den weiten Steppen Russlands kommt, ist sicher nur ein Bindeglied in der großen Familie der Windhunde, obwohl er ausschließlich aus dem russischen Raum stammt.

Über die Entwicklung der Windhunde in Deutschland fehlen leider sichere und gute Unterlagen. Es gab schon in frühesten Zeiten Windhunde, wie sich aus Funden an der Nord- und Ostseeküste ergibt. Hunde mit sehr ähnlicher Schädelbildung lassen sich später auch in Mitteldeutschland feststellen. Aus dem Mittelalter ist wenig bekannt. Sicher sind jedoch durch die Kreuzzüge Windhunde mit nach Deutschland gekommen, wie Darstellungen aus dieser Zeit zeigen. Wohl nur der Adel hielt sich Windhunde, denn bei ihm lag ja auch das Jagdrecht. Später wurden in Ostdeutschland überall auf den Gütern Barsois gehalten. So kam es auch, als man sich 1892 zu einem Club zusammenschloß, dieser nur Barsoibesitzer erfaßte und sich „Deutscher Barsoi-Club" nannte. Erst 1910 bildete sich daraus der „Verband der Windhundliebhaber". Er umfaßte damals auch schon Greyhound (80 Eintragungen) und Whippet (90). Die Windspiele mit 120 Eintragungen rückten sogar den Barsois (200) sehr nahe. Im Jahre 1921 erreichen die Barsois die Eintragungszahl von 1000, die Greyhounds 325, die Whippets blieben noch bei 365, überholten aber die Windspiele (154). Interessant ist das Auftauchen der ersten 5 Sloughis, 2 Salukis und 13 Deerhounds, ja sogar 12 Irish Wolfhounds machten die Veröffentlichung ihres Standards notwendig.

Erst 1931 erschienen wieder neue Rassen: die Pharaonenhunde mit 4 Meldungen und der erste (!) Afghane. Vergleichen wir also die Hauptrassen im Jahre 1931:

Barsoi	5875
Greyhound	1763
Whippet	2870
Windspiel	523

Bei Kriegsbeginn 1939 zählte man schon 13 Balearenhunde.

Der seelenvolle Blick eines Sloughi

Gegen Kriegsende gab es sogar 16 Tibethetzhunde, die aber keine Verbreitung fanden und heute ebenso wie die Rauhhaarwhippet nicht mehr in Erscheinung treten. Und schließlich noch der Eintragungsstand der einzelnen Rassen, wie er sich im Augenblick (Ende 1977) darstellt:

Barsoi	13435	Windspiel	2520
Afghane	10075	Irish Wolfhound	252
Saluki	1842	Deerhound	76
Greyhound	5133	Sloughi	171
Whippet	8966	Galgo	26

Der enorme Aufschwung der Afghanen ist aufsehenerregend und müßte daher auch in der Zuchtbeobachtung genauestens überwacht werden, damit die Quantität nicht zu Lasten der Qualität geht. Die Windspiele bedürften einer echten Förderung, damit sie wieder den Platz einnehmen, den sie früher einmal hatten.

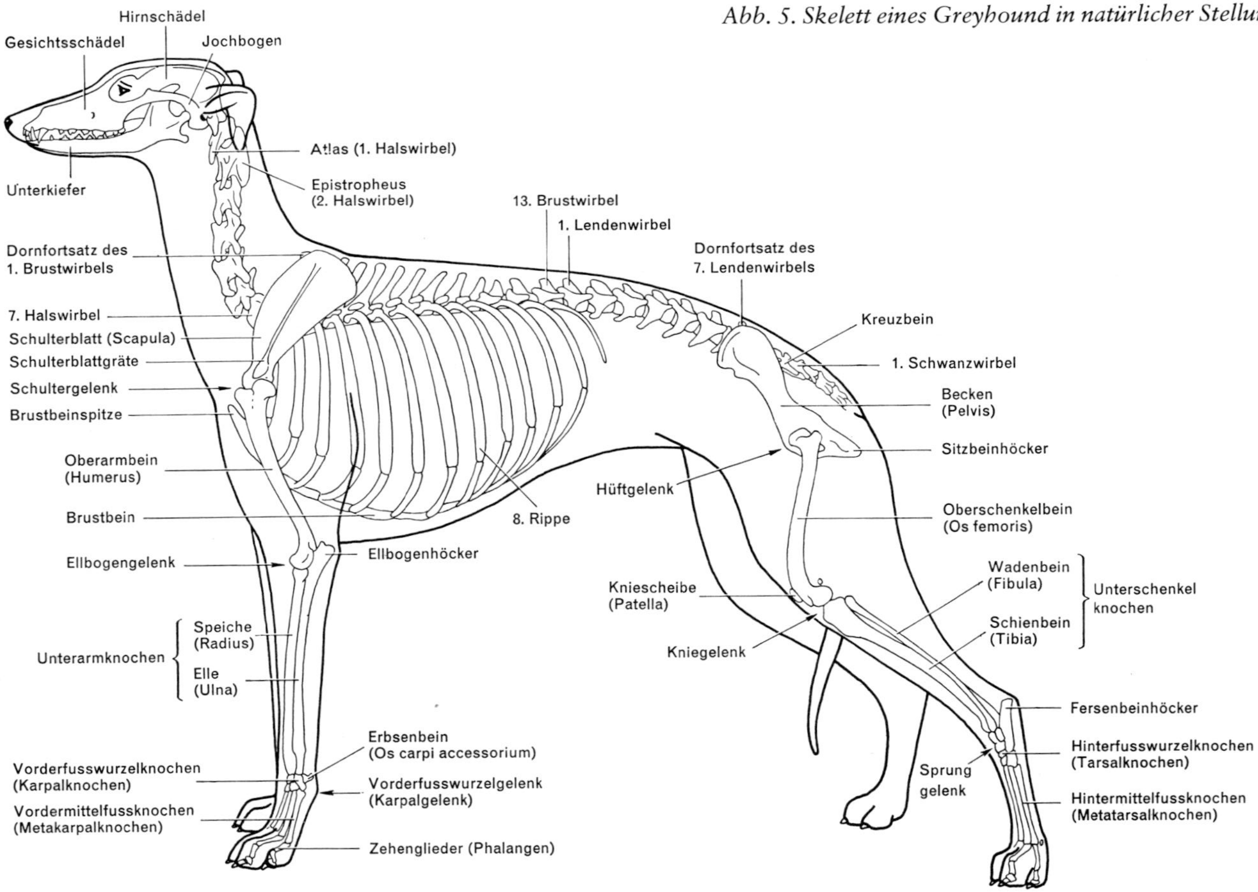

Abb. 5. Skelett eines Greyhound in natürlicher Stellung.

Körperbau und Bewegungsablauf

Skelett

Ein genaues Bild des Skeletts, das für alle Windhundrassen in den Bezeichnungen gleich ist, zeigt uns Abb. 5 nach Seiferle. Deutlich wird hier auch, warum sich der Windhund von allen hochläufigen Hunden grundsätzlich unterscheidet. Seine Knochen sind schlanker und feiner gebaut, und dennoch von ganz besonderer Festigkeit.

Der Schädel ist lang und schmal ausgebildet. Die langen Kieferknochen bieten ausreichend Platz für ein wirklich vollständiges Gebiß. Die Prämolaren (s. im Abschnitt über das Gebiß) sind darum auch nicht aufgeschlossen, d. h. sie stehen nicht in Berührung mit den Nachbarzähnen. Die Stirnpartie ist flach und die Stirnhöcker sind kaum angedeutet.

Die Wirbel sind im Verhältnis zu anderen Wirbeltieren sehr zierlich. Dagegen sind die Wirbelhöcker gut entwickelt, als Ansatz für die starken Muskeln. Die Halswirbelsäule steht beim Windhund im Gegensatz zu den Spürhunden aufrecht. Die Halswirbellinie geht in elegantem Bogen in die Linie der Brust- und Lendenwirbel über und wölbt sich schließlich in der Kruppe nach unten. Die Rückenwölbung ist am ausgeprägtesten beim Barsoi, Whippet und Windspiel. Beim Grey, aber auch beim Saluki und beim Afghanen ist der mehr geradlinige Rücken die Regel. Die Rennfähigkeit leidet unter einem geraden Rücken keineswegs. Als Ausgleich gilt hier – übrigens für alle Windhundrassen – die sehr steile Stellung des Beckens. Besonders bei den Afghanen findet sich diese typisch abgeschlagene Kruppe.

Alle Windhunde haben verhältnismäßig lange dünne Rippen mit geringer Wölbung, so daß ein großer Brustraum entsteht. Die Länge des Brustkorbes beträgt im Schnitt mehr als 60% der Gesamtkörperlänge (s. Abb. 5).

Die Gliedmaßenknochen sind fein und lang, besonders die Unterarm- und Unterschenkelknochen. So sitzen auch die Fußwurzelknochen relativ tief, das bedeutet, daß der Mittelfuß eigentlich recht kurz ist (s. auch im Abschn. über das Laufwerk).

Laufwerk

Der Windhund wird nicht nur in Deutschland, sondern auch im Ausland immer beliebter. Überall auf den Zuchtschauen stellen die Windhunde bereits weit mehr als

Die Anmut des Windspiels zeigt sich an dieser Gruppe, die auch ein Beispiel für die verschiedenen Farbabstufungen ist.

10% der ausgestellten Hunde. Dazu werden, außer im Winter, eigentlich an jedem Sonntag ein oder zwei Windhundrennen gezogen, wozu eigene Rennbahnen zur Verfügung stehen. Das Interesse an solchen Rennen ist in den letzten Jahren ganz erheblich gestiegen.
Auf den Zuchtschauen wird die „Schönheit und der Zuchtwert" des Hundes festgelegt bzw. beurteilt. Beim Rennen ist allein nur die Leistung maßgebend. Erfreulicherweise werden allerdings bei den meisten Zuchtschauen auch gleichzeitig Rennen gezogen. Alles zusammen nämlich, also Schönheit, Zuchtwert und Leistung ergeben erst den gewünschten und erstrebten Typ des idealen Windhundes. Man kann sogar sagen, daß zunächst einmal die idealen körperlichen Voraussetzungen

vorhanden sein müssen, da sonst die entsprechenden Höchstleistungen nicht zu erzielen sind.
Wie nun der ideale Windhund aussehen soll, ist im Standard genau festgelegt worden. Doch Anfänger, Liebhaber, Besitzer und sogar Züchter wissen oft mit den Begriffen des Standards nicht immer das richtige anzufangen. Außerdem werden noch von den Richtern mündlich und in ihren Berichten Fachausdrücke verwendet, die manchmal nicht ohne weiteres zu verstehen sind. Der Richter muß jedoch solche Fachausdrücke verwenden, um die Vorzüge oder Mängel eines Hundes klar zu definieren und das Verhältnis zum Standard richtig zu begründen. Daher soll nun der Begriff „Laufwerk", das sind die Läufe des Hundes, eingehend behandelt werden. Der Windhund als eines der schnellsten Tiere der Erde findet in diesem Punkt ohnehin besonderes Interesse. Natürlich kann hier nicht jeder Windhund einzeln besprochen werden, jedoch das Grundsätzliche betrifft in etwa alle Windhundrassen.
Zum besonderen Körperbau des Windhundes gehört sein Laufwerk und damit auch der gesamte Bewegungsablauf.
Wir sprechen von der Vorhand (= Vorderläufe) und der Hinterhand (= Hinterläufe). Diese Bezeichnungen sind aus dem Pferdesport übernommen worden. Betrachten wir einen Reiter, so sind die Vorderbeine vor der Hand des Reiters (= Vorhand) bzw. die Hinterbeine des Pferdes hinter der Hand des Reiters (= Hinterhand). Die Mittelhand liegt dementsprechend zwischen Vor- und Hinterhand. Wie soll nun das ideale Laufwerk aussehen?
Betrachten wir den Windhund zunächst von der Seite. Die Läufe müssen im Knochenbau entsprechende Verhältnisse und in den Stellungen bestimmte Winkelungen, wie der Fachmann sagt, haben.
Um das ganz klar erkennen zu können, müssen wir uns den Knochenbau der Läufe vor Augen halten. Wie die Knochen in den Läufen liegen, zeigt uns Abb. 6 im Gesamtbild des Hundes. Hier sei zu den Größenverhältnissen gleich gesagt, daß in der Vorhand der Oberarm b immer länger sein muß als das Schulterblatt a. Der Unterarm c muß zum Oberarm b etwa im Verhältnis 5 : 4 stehen, er soll relativ lang sein. Dies alles gilt auch für die Hinterhand, jedoch soll der Mittelfuß d Abb. 7 recht kurz sein. Der Vorderlauf (Vorhand) Abb. 7 besteht aus dem Schulterblatt a, dem Oberarm b, dem Unterarm c, dem Mittelfuß d und den Zehen e. Zum besseren Verständnis denken wir uns durch die Gelenke zwischen a und b (= Schultergelenk) eine waagrechte Linie, bezeichnet als AB. Ebenso ziehen wir eine Waagrechte zwischen b und c (= Ellbogen), bezeichnet als CD. Nun ziehen wir noch eine Linie über die Gräte des Schulterblattes (am Hund deutlich fühlbar!), hier als AE, und eine Linie mit der Mittellinie des Oberarmes gleichlaufend, hier als AF.
Jetzt soll der Winkel zwischen den Waagrechten AB und Linie AE (über das Schul-

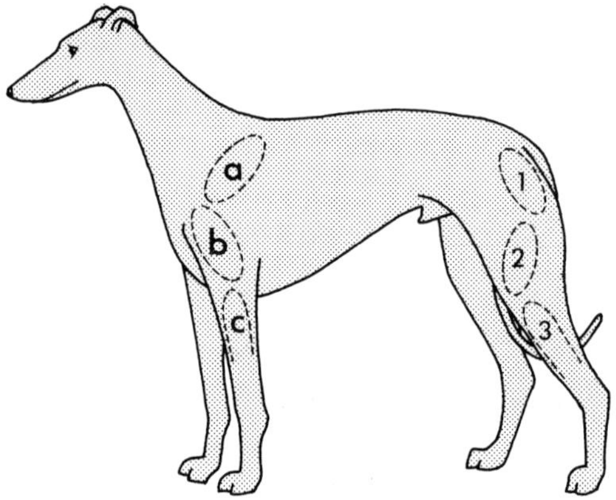

Abb. 6. Die Knochen der Läufe im Gesamtbild des Hundes.

terblatt) etwa 60 ° sein. Je näher der Winkel nach 45 ° kommt, je idealer ist die Winkelung des Schulterblattes. Wird der Winkel EA–AB jedoch größer als 60 °, dann spricht man von mehr oder weniger steilem Schulterblatt.
Eine ähnliche Stellung soll der Oberarm b haben. Er soll zur gedachten Waagrechten CD etwa mit seiner Mittellinie AF ebenfalls einen Winkel von 45 ° bilden. Wird dieser Winkel größer, so ist der Oberarm ebenfalls mehr oder weniger steil. Betrachten wir nun den Winkel EA–AF, so ist dieser mit 110 ° noch recht gut. Idealer wird er, je mehr er an die 90 ° heranrückt.
Der Unterarm c soll mit seinen beiden Knochen (Elle und Speiche) senkrecht zur Erde stehen (von vorne gesehen parallel), jedoch ist eine schwache Neigung von vorn oben nach hinten unten (in der Abb. 7 gestrichelt dargestellt) angängig. Dagegen gilt ein Unterarm von oben nach unten vorgestellt als großer Fehler.
Die Mittelfußknochen d (5 Stück) sollen ebenfalls möglichst senkrecht zur Erde stehen, doch ist eine ganz mäßige Schrägstellung nach vorn unten m. E. vorzuziehen. In gewisser Beziehung nähern sich dann die Linien durch das Schulterblatt und der Mittelfuß zu Parallelen. Die Stellung des Mittelfußes nach vorn mildert den Stoß beim Lauf federnd ab.
In den Abb. 8 a – c sind die gröbsten Fehler herausgestellt. In der Abb. 8 a ist zwar das Schulterblatt richtig gelagert, doch ist der Oberarm dagegen ganz steil. Abb. 8 b zeigt ein steiles Schulterblatt bei gutem Oberarm. Während der erste Fehler (Abb. 8 a) leicht zu erkennen ist, wird der zweite Fehler (Abb. 8 b) oft kaum gesehen. Das trifft besonders für die Langhaarrassen zu. Hier muß der Richter mit der Hand die richtige Stellung erfühlen. Abb. 8 c zeigt schließlich noch die gleichzeitige Steilheit des Schulterblattes und des Oberarms.

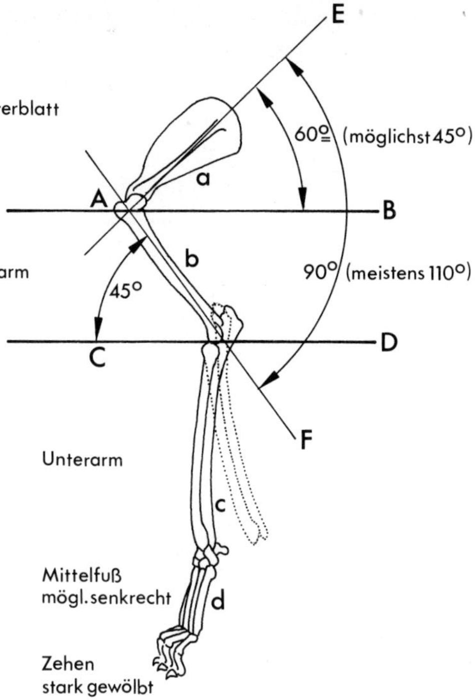

Abb. 7. Die Knochen des Vorderlaufes und ihre Stellung.

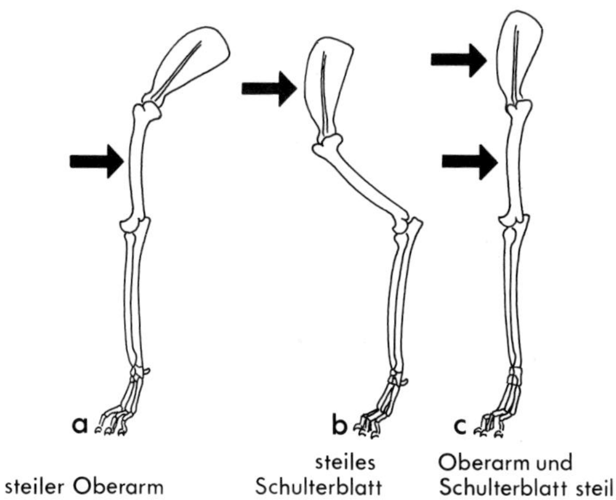

Abb. 8. Fehlerhafte Stellungen der Vorderhand.

Bei dieser Gelegenheit soll allerdings auch darauf hingewiesen werden, daß noch umstritten ist, ob diese Fehler (steiler Oberarm bzw. steiles Schulterblatt) die Rennleistung beeinträchtigen. Mehrfach ist schon das Gegenteil festgestellt worden. Die Betrachtensweise hier – und das ist wichtig – hat sich auf Grund des Standards entwickelt und soll diesen ja auch erläutern. Der Richter im Ring der Zuchtschau bemängelt daher mit Recht nach dem Standard die oben geschilderten Fehler.

Sehen wir uns nun die Hinterhand an. Aus der Abb. 6 wird die Lage der Knochen ersichtlich, in Abb. 9 sind Einzelheiten zu erkennen. Die Hinterhand besteht aus den Beckenknochen 1, dem Oberschenkel 2, dem Unterschenkel 3 (zwischen 2 und 3 liegt die Kniescheibe), den Mittelfußknochen 4 und den Zehen 5.

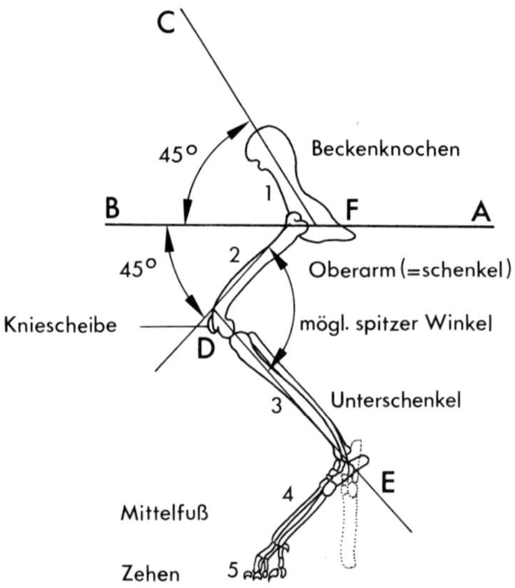

Abb. 9. Die Knochen der Hinterhand und ihre Stellung.

Ziehen wir auch bei der Hinterhand Abb. 9 wieder eine entsprechende waagrechte Hilfslinie, diesmal durch das Gelenk zwischen 1 und 2 (Hüftgelenk), hier als AB bezeichnet. Wie beim Schulterblatt der Vorhand ist auch beim Beckenknochen eine möglichst schräge Lagerung (in entgegengesetzter Richtung natürlich!) erwünscht. Hier soll nicht der Stoß beim Sprung in Lauf aufgefangen werden, sondern gerade das Gegenteil ist notwendig. Je besser hier in der Hinterhand die Winkelungen sind, je mehr Kraft kann der Hund mit guten Muskeln im Absprung auf große Laufsprünge durch Strecken des Laufes übertragen. Ein Winkel der Geraden CF/FB um 45 ° wäre also ideal.

Auch der Oberschenkel 2 soll möglichst schräg von hinten oben nach vorn unten verlaufen, d. h. der Winkel BF/FD soll ebenfalls möglichst etwa 45 ° betragen. Dar-

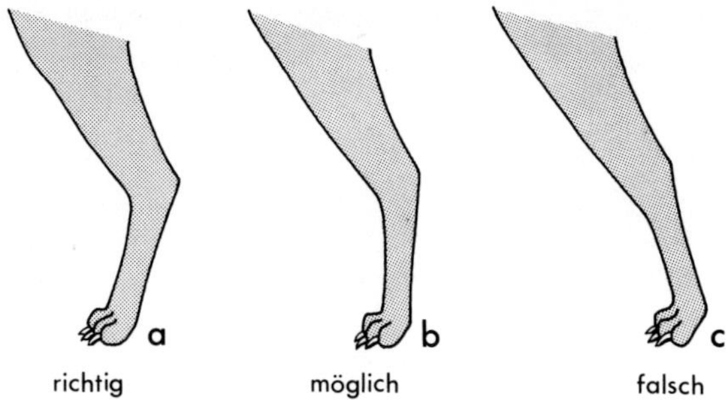

Abb. 10. Schrägstellungen der Hinterhand.

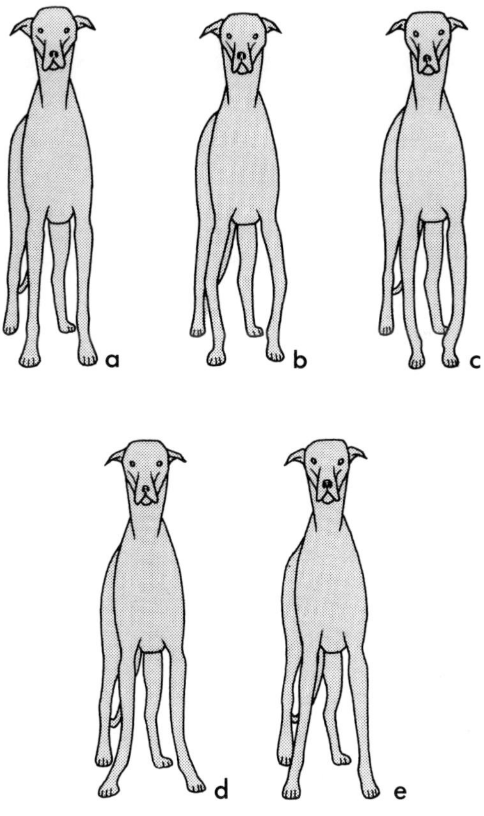

Abb. 11. Verschiedene Stellungen der Vorderläufe.

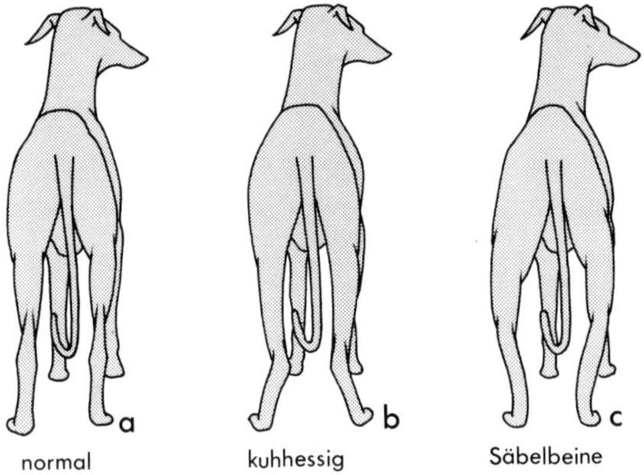

Abb. 12. Verschiedene Stellungen der Hinterläufe.

aus ergibt sich dann, daß der Winkel CF/FD am günstigsten ist, wenn er ganz dicht bei 90 ° liegt.
Der Unterschenkel 3 soll zum Oberschenkel 2 ebenfalls eine Winkelstellung von 90 ° haben (FD/DE), besser noch spitzer!
Der Mittelfuß 4 muß von hinten oben nach vorn unten stehen. Diese Schrägstellung darf über die Senkrechte in entgegengesetzter Richtung nicht hinausgehen. Abb. 10 a zeigt die richtige Stellung, Abb. 10 b die noch zulässige und Abb. 10 c eine fehlerhafte Stellung. Die Zehen sind weniger gewölbt als bei der Vorhand.
Der Oberschenkelknochen muß den Beckenknochen an Länge übertreffen, doppelte Länge ist immer erwünscht. Der Unterschenkel (bestehend aus zwei Knochen: Schienbein und schwaches Wadenbein) soll recht lang sein. Das Schienbein soll der längste Röhrenknochen beim Windhund sein. Seine Länge darf auch auf Kosten des Oberschenkels bzw. des Mittelfußes gehen. Der Mittelfuß soll relativ kurz sein. Auch bei den Zehengliedern ist es besser, je kürzer sie sind.
Wenn hier die Längenverhältnisse bei der Vor- bzw. Hinterhand in der Zeichnung so klar herausgestellt werden, dann vor allem darum, weil sie zu den wesentlichsten Merkmalen der Windhundrassen gehören. Gerade darin unterscheidet sich der Windhund von allen anderen Rassehunden. Und hier liegt auch die Ursache der wirkungsvollen und großen Kraftübertragung beim Lauf durch die der Windhund seine enorme Schnelligkeit erlangt.
Doch sehen wir uns nun den Hund von vorn an. In Abb. 11 a sehen wir die richtige Stellung. Die Läufe müssen in sich gerade sein, senkrecht und parallel stehen. Doch nicht immer ist das so. Sind die Läufe in sich, ungefähr in der Mitte des Unterarmes, noch nach außen gebogen (Abb. 11 b), etwa wie O-Beine, so spricht man von Faßbeinigkeit. Der Ausdruck ist augenfällig: Der Hund steht so, als wenn er ein kleines Faß zwischen den Läufen hat. Abb. 11 c zeigt einen ähnlichen Fehler, jedoch sind

hier nicht die Knochen gebogen, es wird nur der Mittelfuß einwärts gestellt. Dieser Fehler ist aber genauso zu verurteilen wie die Faßbeinigkeit. Auch das Nachaußenstellen des Mittelfußes (Abb. 11 d) ist zu verurteilen. Wenn nun gar die Ellbogen an die Brust gedrückt und die Läufe in sich noch nach außen gebogen sind, ist diese Stellung ganz besonders schlecht. Man spricht dann vom Französischen Stand (Abb. 11 e).

Schließlich müssen wir den Hund noch von hinten betrachten. Hier zeigt Abb. 12 a den normalen Stand. Die Läufe müssen aber mehr Boden bedecken als die Vorhand, also breiter stehen. Das muß sein, weil der Windhund beim Rennen die Hinterläufe weit an den Vorderläufen vorbeisetzt (Abb. 13). In sich müssen aber auch die Hinterläufe von hinten gesehen gerade sein.

Abb. 12 b zeigt nun einen gar nicht so seltenen Fehler. Unterschenkel und Mittelfuß stehen in einem Winkel nach innen. Dieser Fehler wird als kuhhessig bezeichnet, da ja auch die Kuh, von hinten betrachtet, immer X-beinig dasteht. Bilden Unterschenkel und Mittelfuß dagegen einen Winkel nach außen, steht also der Lauf im ganzen O-beinig, spricht man von „Säbelbeinigkeit" (Abb. 12 c), womit auf die krummen Säbel der alten Kavallerie angespielt wird.

Abb. 13. In dieser Bewegungsphase greifen die Hinterläufe an den Vorderläufen vorbei nach vorn.

Dann gibt es noch die „Enghessigkeit“, die leider oft mit der Kuhhessigkeit verwechselt wird. Der äußere Schein ist sogar ähnlich: Hacken eng und ausgedrehte Pfoten. Die Enghessigkeit hat aber nicht den oben beschriebenen Winkel der Kuhhessigkeit zwischen dem Unterschenkel und Mittelfuß. Bei der Enghessigkeit wird der ganze Hinterlauf schon im Hüftgelenk auswärts gedreht. Diese Erscheinung verliert sich in der Bewegung jedoch fast ganz. Die Kuhhessigkeit besteht in einer Abdrehung des Fußes im Fersengelenk (Sprunggelenk). Hier liegt also ein unveränderlicher Baufehler des Sprunggelenks vor, der vererbbar ist. Mit kuhhessigen Hunden darf nicht gezüchtet werden, die Enghessigkeit schließt die Zucht nicht unbedingt aus.
Ein Windhund in besten Proportionen des Laufwerks und guten Abmessungen bei idealer Winkelung ist nicht nur schön sondern bietet auch die besten Voraussetzungen für eine mehr als gute Leistung im Rennen. Er ist damit zuchtwertvoll.

Pfoten

Auf die Pfoten der Windhunde muß besonders geachtet werden. Die enormen Geschwindigkeiten des Windhundes erfordern es, daß die Pfoten gesund und gepflegt sind, damit der Hund einen guten Halt bei seinen Bewegungen findet. Ein Fehler in der Pflege kann genauso schwerwiegende Folgen haben wie eine etwas mißgebildete Pfote. Warten wir also nicht ab, bis der Hund zu humpeln beginnt. Wenn er aber bereits humpelt, muß ihm sofort geholfen werden. Denken wir einmal daran, wie schon ein kleines Steinchen im Schuh uns Menschen das Gehen zur Qual werden läßt. Besonders im Winter sollte man den Hund aufmerksam beobachten, wenn er sich die Pfote leckt, weil z. B. ein winziges Eisteilchen eingeklemmt ist oder gar Streusalz sich festgesetzt hat. Schon das kann manchmal üble Folgen haben.
Betrachten wir jetzt die Pfote etwas eingehender. Die Ballen sind fest und ziemlich unempfindlich, selbst bei Verletzungen. Wenn der Hund in Glas tritt oder der Ballen blutet, dann ist das noch nicht weiter schlimm. Der Ballen heilt normalerweise bei kleinen Verletzungen sehr schnell, da hilft meist schon das eigene Lecken des Hundes. Bei größeren Verletzungen, wenn ein Verband nicht ausreicht, sollte man den Tierarzt zu Rate ziehen, besonders wenn eine Kralle ganz abgebrochen ist oder die Verletzung noch schwerer ist.
Wichtig ist es auch, daß man ständig die Krallen kontrolliert, und zwar von den ersten Lebenstagen an bis hinein ins hohe Alter. Der Hund hat an den Vorderläufen bei der Geburt fünf Krallen und zwar vier an den Zehen am Boden und eine Wolfsklaue am Mittelfuß. Diese Wolfsklaue sollte in jedem Fall entfernt werden und zwar spätestens bis zum dritten Tag nach der Geburt. Bis dahin kann dies sachkun-

dig leicht vorgenommen werden und bereitet dem Hund dann auch noch keinen Schmerz. Später darf es nur der Tierarzt bei entsprechender Betäubung. Diese Afterklaue kann später, wenn man sie nicht entfernt hat, beim Hund zu unliebsamen Verletzungen z.B. bei Rennen führen. An den Hinterläufen hat die Natur im Laufe der langen Entwicklungszeit der Hunde schon von sich aus auf diese Kralle verzichtet.

Die anderen Krallen sollten sich eigentlich von selbst abnutzen, was aber sogar bei Hunden, die viel und richtig bewegt werden, nur selten der Fall ist. So ergibt sich, daß der Besitzer die Krallen beschneiden muß, weil sie sonst zu lang werden. Nicht selten erlebt man Krallen, die wie Vogelkrallen aussehen. Im allgemeinen ist es alle 14 Tage bis drei Wochen notwendig die Krallen zu Kürzen. Natürlich muß das

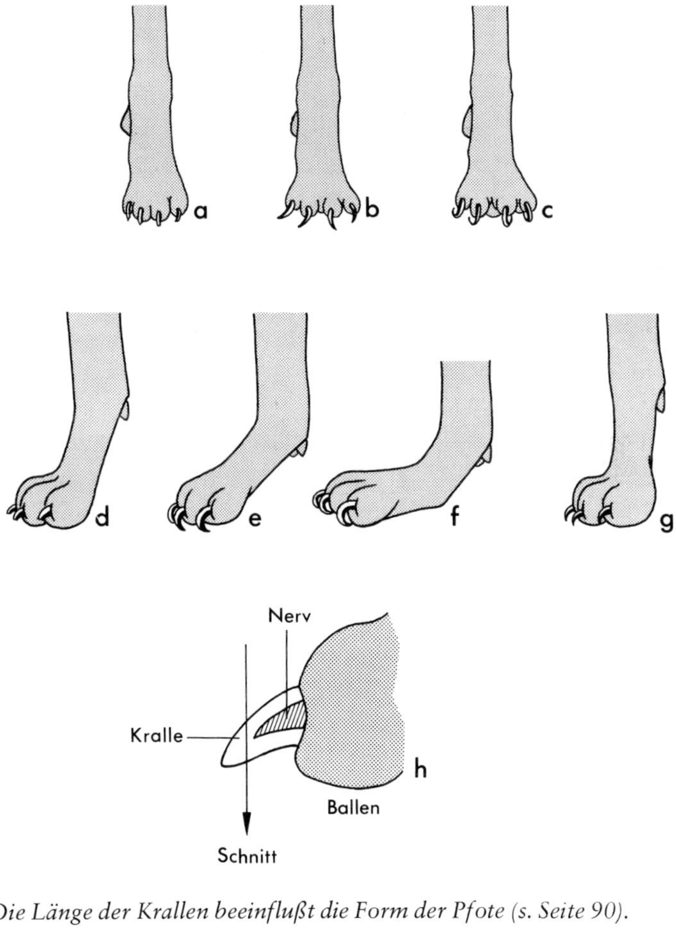

Abb. 14. Die Länge der Krallen beeinflußt die Form der Pfote (s. Seite 90).

richtig gemacht werden. Man benötigt dazu eine sehr scharfe Zange, eine Nagelzange. Wichtig ist dabei, den in der Kralle liegenden Nerv nicht zu verletzen (dazu Abb. 14 h). Der Schnitt muß von oben senkrecht nach unten laufen und zwar ganz kurz vor dem Nerv. Wenn man die Kralle gegen das Licht hält, kann man den roten Nerv sehr gut erkennen. Aber auch dann, wenn man eine Taschenlampe von unten – also entgegengesetzt vom eigenen Auge – ansetzt, ist der Nerv deutlich auszumachen. Wenn es doch einmal zu tief geht und es zu leichten Blutungen kommen sollte, ist dies nicht weiter schlimm, nur wird der Hund späteren Behandlungen oft energischen Widerstand entgegensetzen.
Das Beschneiden der Krallen sollte schon nach der zweiten Lebenswoche einsetzen. Dann sind die kleinen Krallen bereits so spitz, daß das Gesäuge der Mutterhündin verletzt werden kann. Wenn man von da an immer regelmäßig die Krallen kürzt, dann läßt jeder Hund sich das auch später leicht gefallen, weil er es so gewohnt ist. Sollten die Krallen etwas spröde sein, dann empfiehlt es sich, sie etwas einzuweichen. Dazu stellt man den Hund mit den Pfoten in Seifenwasser.
Bei richtig abgelaufenen, bzw. richtig geschnittenen Krallen hat der Hund von vorne, bzw. von der Seite eine gut geschlossene Pfote, eine Katzenpfote (s. Abb. 14 a und d). Zu lange Krallen verursachen eine sogenannte weiche Pfote (Abb. 14 b) oder sogar eine gespreizte Pfote (Abb. 14 c). Viel zu lange Krallen führen dazu, daß die Zehenknochen sich langsam hochstellen, und da der Ballen außerdem noch den Boden berührt, streckt sich dadurch der Fuß und ist dann durchgetreten (Abb. 14 e); man spricht in solchen Fällen von Hasenpfoten. Wenn die Krallen schon verwachsen, also sehr lang sind, werden sogar die Fesseln weich (Abb. 14 f). Dieser Fehler ist scharf zu verurteilen, es handelt sich dann schon um Mißbildungen wie umgekehrt bei zu steilen Fesseln (Abb. 14 g), durch die der Fuß dann zum Klumpfuß wird.
Man sieht daraus, wie wichtig die richtige Pflege der Pfoten ist, damit der Hund sich wohlfühlen kann. Deshalb ist auch eine entsprechende Beurteilung auf der Zuchtschau notwendig, damit für das Rennen, bei dem die Pfoten stärksten Beanspruchungen unterliegen, die besten Voraussetzungen geschaffen sind.

Rücken und Kruppe

Der Spruch: Ein schöner Rücken kann auch entzücken, hat auf den Windhund bezogen seine besondere Berechtigung. Der Rücken ist bei der Beurteilung der „Bewegung“ des Windhundes, also seiner Rennfähigkeit nämlich von entscheidender Bedeutung. Die enorme Spannung und Biegsamkeit des Rückens läßt zu, daß der Hund sich beim Rennen aufs äußerste strecken kann und ermöglicht, daß die Hin-

terbeine andererseits so weit an den Vorderbeinen vorbeigesetzt werden können, daß dabei überaus große Sprungsätze entstehen.
Wenn man einem Richter, während er im Ring beurteilt, über die Schulter schaut, ist man oft überrascht, wie schnell ein guter Richter die Auslese an ihrer Bewegung erkannt hat. Wenige Einzelbewegungen oder Runden genügen, um die guten Hunde auszusondern. Mir kommt es hier besonders auf die Bewegung an, obwohl noch zwei andere Stellungen gleichfalls mit beurteilt werden sollen. Dies sind die normale „Ruhestellung", in der ein unbeeinflußter Hund sich zeigt, und die „Erregungsstellung". Letztere gehört zur Vorführung im Ring. Sie hat jedoch ihre Nachteile, da Beobachter am Ring sich oft gerade durch diese Stellung täuschen lassen. Sie ist auch anatomisch unglücklich, ja sogar fehlerhaft. Man kann sie mit dem sogenannten „Stillgestanden" auf dem Kasernenhof vergleichen. Dort wird dem Soldat eine an sich unnatürliche Haltung aufgezwungen. Genau so ist es beim Hund. Leider gibt es zahlreiche Richter und Kynologen, die gerade in dieser Stellung das Moment der Beurteilung sehen. Man kann zwar auch aus dieser Stellung vieles feststellen und festlegen und nahezu eine sichere Beurteilung des Hundes abgeben. Ein erfahrener Richter nimmt sich jedoch mehr Zeit und bildet sich sein Schlußurteil erst nach gründlichem Studium der Bewegung, besonders natürlich bei Windhunden, die ja reine Bewegungshunde sind. Steht ein Hund z. B. mit der Hinterhand nicht richtig, weil er nicht will, so kann die Hinterhand zu ausladend oder umgekehrt unterstellt erscheinen. Dabei kann die Hinterhand anatomisch absolut in Ordnung sein, wie dann die Bewegung bestätigen wird. Andererseits kann ein geübter Ausstellungshund beim Vorführen so hingestellt werden, daß seine Mängel nicht oder schwer zu erkennen sind (besonders bei Langhaarhunden). Doch in der Bewegung zeigen sich die vorhandenen Mängel recht deutlich.
In diesem Zusammenhang muß auch die Rutenhaltung erwähnt werden, die eng mit der Bemuskelung der Kruppe zusammenhängt. Das alles muß der Richter erkennen. Er darf nicht sagen, daß er nur das beurteilt, was er im Augenblick sieht. Wenn sein Urteil richtungsweisend für die Zucht sein soll, muß er möglichst alles sehen, Vorteile und Nachteile zugleich.
Welches ist nun die richtige Rückenlinie, oder besser Oberlinie, wie soll sie sein? Ich habe früher einmal den Vergleich mit einer Brückenkonstruktion unternommen: Wie es bei einer großen Brücke verschiedene Teile in der Überspannung gibt, so hat die Oberlinie beim Hund ebenfalls verschiedene Teile.

Diese Teile sind (hierzu Abb. 15 a):

a) der Halsrücken. Er beginnt am Hinterhaupt (1) und endet an jenem hervorragenden Wirbel, dem Halsaufsatz, der den Hals trägt (2),
b) der Brustrücken. Er geht vom obigen Wirbel (Halsaufsatz (2)) bis zum Weich-

Abb. 15. Rückenlinie und Kruppe beim Windhund.

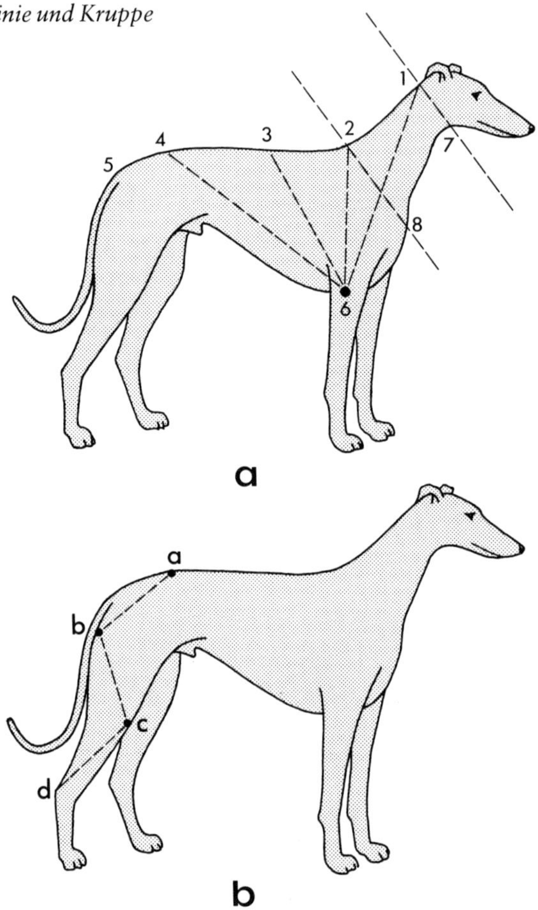

punkt (3). Hier ändern die Wirbelfortsätze ihre Richtung, (sie zeigen bis hierher rückwärts),

c) der Lendenrücken. Er geht vom Weichpunkt (3) bis zum sechsten Lendenwirbel-Dornfortsatz (4),

d) die Kreuzraute. Sie geht vom sechsten Lendenwirbel-Dornfortsatz (4) bis zum Rutenansatz (5).

Wenn man nun den Gesamtrücken eines Windhundes ansieht, wird man erkennen, daß die Oberlinie rassegebunden ist. Um sich aber ein richtiges Bild machen zu können, muß man die genannten Punkte 1–5 jeweils mit dem Drehpunkt des Ellenbogengelenkes (6) verbinden. Man bekommt dann typische Dreiecke, die gute Rückschlüsse zulassen, besonders im Hinblick auf die Belastung der Vorhand.

Sehen wir uns zunächst die Halslinie an. Dazu nehmen wir zwei weitere Hilfspunkte hinzu. Wir legen den Punkt fest, wo der Schildknorpel des Kehlkopfes liegt (7), und danach den Brustbeinhandgriff (8). Beide Punkte liegen in Muskellinien. Verbindet man nun die Punkte 1, 2, 8 u. 7, so erhält man ein Parallelogramm, dessen Winkel möglichst rechtwinkelig sein sollten. Die Halslinie 1–2 kann allerdings durch Haar (Langhaar) und evtl. auch durch Muskelbündel unterbrochen sein; wichtig ist aber, daß die Linien 1–7 und 2–8 parallel laufen. In diesem Zusammenhang muß ich auf die Halsbänder hinweisen, weil sie in diesem Bereich getragen werden. Bei den Halsbändern kommt es auf ihre Ausführung an und wie sie angelegt werden. Um eine gute Halslinie hervorzuheben, sollte man einen Windhund nur an einer Schnur oder mit einem sehr schmalen Halsband vorführen. Dies gilt ganz besonders für Kurzhaar und Saluki.

Den Brustrücken rechnet man vom ersten Dorn bis zum Weichpunkt, d. i. der 9. Wirbel. Den Weichpunkt selbst stellen die Wirbel 10 und 11 dar. Die Wirbel 12 und 13 mit den folgenden sieben Lendenwirbeln bilden den Lendenrücken. Die Brustwirbel 1–9 können rotieren, die Lendenwirbel dagegen sind nur eine starre Verbindung. Auf den Brustrücken haben der obere Schulterbandrand und die dort liegenden Gürtelmuskeln Einfluß. Den oberen Schulterblattrand bezeichnet man als Widerrist. Der höchste Punkt des oberen Randes ist der Punkt, an dem die Schulterhöhe gemessen wird.

Bei katzenartigen Raubtieren tritt dieser Schulterblattrand sehr stark hervor, besonders bei schleichenden Bewegungen. Auch bei Afghanen ist dies manchmal zu beobachten. Die Schulterhöhe wird dadurch nicht beeinflußt, denn Hunde haben ja keine Schultergelenke. Die Vorhand ist mit dem übrigen Skelett nicht durch ein Gelenk verbunden, diese Aufgabe übernehmen die Schulterbänder. Wenn diese zu weit gedehnt sind, was besonders bei zu früher oder zu starker Beanspruchung im Wachstumsalter der Fall sein kann, sind die Schultern lose.

Der Lendenrücken ist einerseits im Brustkorb und andererseits im Becken verankert. Er geht in einer Linie schwungvoll zur Kreuzraute über. Nur starke Muskeln dürfen hier den Lendenrücken überlagern.

Die Kreuzraute endet beim ersten Schwanzwirbel, der sehr beweglich ist und die Beweglichkeit der Rute einleitet.

Wenn man die beschriebenen Linien kennt und nachvollziehen kann, lassen sich aus ihnen bestimmte Dreiecke bzw. Parallelogramme ableiten. Aus diesen wiederum ergeben sich wichtige Rückschlüsse. Wenn z. B. der Hals zu kurz oder nicht genug gestreckt ist, stimmt das Parallelogramm 1 – 2 – 8 – 7 nicht. Die Linie 2 – 6 soll möglichst senkrecht sein, ja sie darf sogar oben etwas nach vorn überfallen (ein ganz gerader Rücken ist beim Windhund auch unlogisch). Die einzelnen Punkte, die die Zusammensetzung des Rückens begrenzen, müssen beim Glatthaar sichtbar und bei den anderen Rassen tastbar sein. In der Bewegung müssen bei allen Rassen stets sämtliche Punkte erkennbar sein. Die Bewertung der Punkteanordnung läßt unter Einbeziehung des Drehpunktes des Ellenbogengelenkes 6 gute Rückschlüsse auf die Belastung der Vorhand zu. Sehr starke Gesäßmuskeln, bei den Rennhunden nennt man das auch Muskelpakete, können evtl. ein Überbautsein vortäuschen. Bei Langhaar hilft hier nur die tastende Hand des Richters, um die einwandfreie Oberlinie oder eine eventuelle Schwäche zu erkennen. Durch geschicktes Hinstellen kann ein Aussteller hier gewiß versuchen etwas vorzutäuschen. Aber auch davon wird sich ein guter Richter angesichts des Bewegungsbildes nicht beeinflussen lassen.

Bei dieser Gelegenheit möchte ich auch auf die Rutenhaltung eingehen. Vor allem für die Afghanen ist dies notwendig. Eine steil getragene Rute verändert das Bild der Oberlinie. Die Afghanen sollen laut Standard in der Bewegung „möglichst" die Rute hoch tragen. Das führt zwangsläufig zu einem anderen Bild. Ich bin daher nicht der Meinung, daß beim Afghanen im Stand die Rute hoch getragen sein muß – sie wird es in der Regel auch nicht – oder gar vom Aussteller noch hochgehalten wird. Die Oberlinie des Afghanen ist rassebedingt. Der Richter erkennt hier im Stand oft mehr als in der Bewegung. Dabei muß die zuvor erwähnte Oberlinie im Brustrücken (wobei sogar eine raubkatzenartige Veranlagung beim Widerrist gegeben ist) berücksichtigt werden.

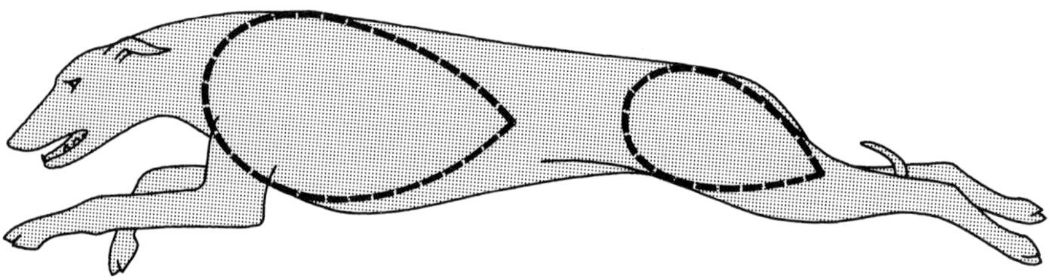

Abb. 16. Die Silhouette des Whippet läßt die Tropfenform erkennen.

Nun sehen wir uns die Kruppe an (Abb. 15 b). Die Linie a–b ist eigentlich nur eine der drei hinteren Linien am Hund. Es sind dies also a–b: Kruppenlinie, b–c: Oberschenkel und c–d: Unterschenkel. Diese drei Linien verkörpern drei Hebel. Die Hebelkonstruktion ist notwendig, damit der Hund seinen Körper hebt und nach vorn stoßen , also laufen bzw. rennen kann. Je besser die Belastung der Vorhand (Abb. 7) gelagert ist, desto wirkungsvoller kann über diese drei Winkel die Kraftübertragung stattfinden. Weil alle drei Hebel in etwas gleichmäßig in Anspruch ge-

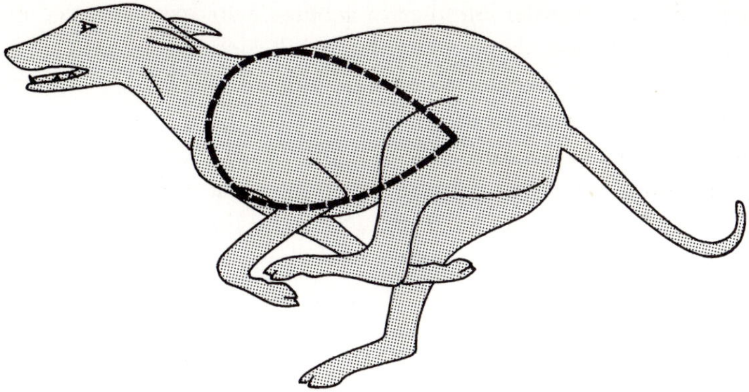

Abb. 17. Auch in dieser Bewegungsperiode wird die Tropfenform deutlich.

nommen werden und möglichst geringer Kraftaufwand notwendig sein soll, müssen alle drei Hebel in etwa gleichlang sein.
Aus einer flachen Kruppe ergeben sich ebenfalls bestimmte Folgerungen. Die Linie a–b ist in solchen Fällen kürzer als die Linie b–c, was bedeutet, daß der Oberschenkel zu lang ist. Folglich ist dann der Unterschenkel zu kurz, so daß die Kraftübertragung fehlerhaft sein wird. Bei Windhunden sieht man häufig sehr abschüssige Kruppen, die damit auf schmale Überschenkel hinweisen. Nur mit einer korrekten Kruppe erreicht der Windhund größtmögliche Geschwindigkeiten.
Oberlinie und Kruppe sind durch entsprechende Zucht durchaus zu verbessern, da sie, wie gesagt, von entscheidender Bedeutung für den Rennhund sind.

Bewegungsarten

Die Bewegungsarten richten sich nach der Schnelligkeit, mit der der Windhund sich bewegt. Man unterscheidet zunächst:

a) bodenenge Bewegung und
b) bodenweite Bewegung.

Die Begriffe machen deutlich, was gemeint ist. Mit bodenenger Bewegung wird wenig Boden gewonnen, während die bodenweite Bewegung als schnelle und schnellste Bewegung viel Raum (Boden) gewinnt.
Zur bodenengen Bewegung gehören:

1. der langsame Gang, dem etwa das ruhige Gehen im abgegrenzten Raum (Zwinger, Zimmer) entspricht.

2. der einfache Lauf, den der Hund etwa neben einem Spaziergänger anschlägt. Diesem eleganten Lauf, den man in gewisser Beziehung auch als wiegend ansprechen kann, verdankt der Windhund immer wieder den wohlgefälligen Blick des Hundefreundes.
3. der Trab, der demjenigen der Pferde sehr ähnelt. Der Windhund gebraucht ihn, wenn man ihn neben einem Fahrrad laufen läßt. Das ist besonders zu empfehlen, weil es die Schulterbänder festigt (Vorsicht aber vor Überanstrengung!). Diese Gangart wird auch vom Richter im Ring gefordert.

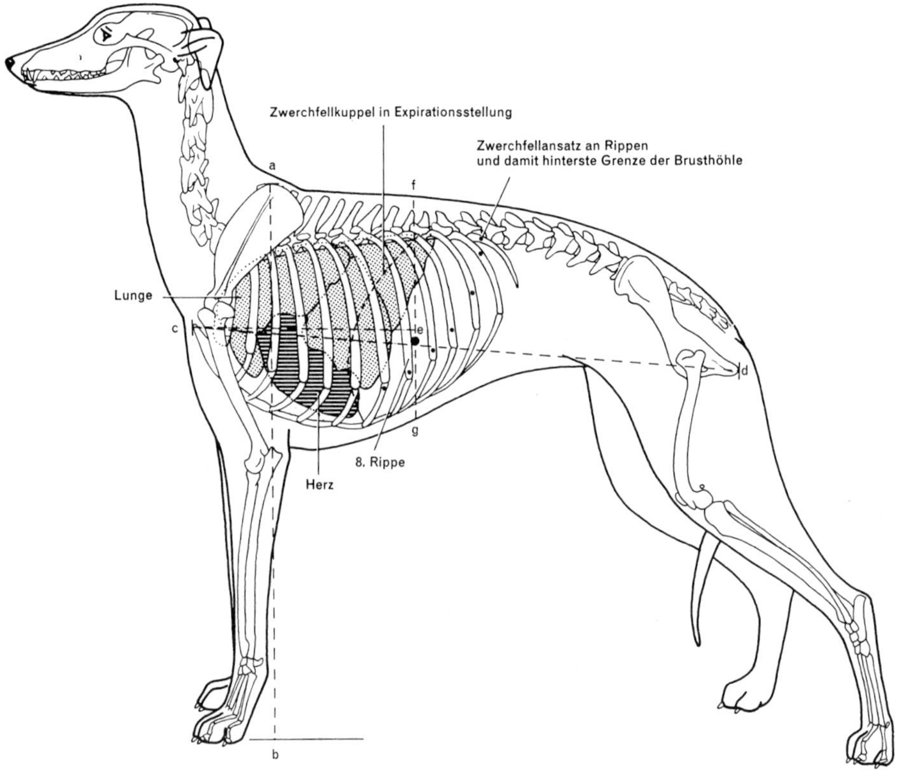

Abb. 18. Skelett eines Greyhounds in natürlicher Stellung mit eingezeichneten Brustorganen und markiertem Schwerpunkt: Die Lage von Herz, Lunge und Zwerchfell entspricht den Verhältnissen, wie sie bei einem Rennhund vorlagen; a–b Schulterhöhe; c–d Rumpflänge; c–e in Prozenten der Rumpflänge ausgedrückter Abstand hinter der Brustbeinspitze (beim Greyhound 41,13%), der die Lage der Schwerpunktsebene (f–g) bestimmt.

Zur bodenweiten Bewegung gehören:

1. der Galopp, der mit dem Galopp der Pferde vergleichbar ist. Vorder- und Hinterläufe bewegen sich zusammen je paarweise (die Paare selbst fast gleichzeitig). So wird auch zu größeren oder höheren Sprüngen angesetzt.
2. der Renngalopp, der in zwei Schwingphasen abläuft (s. Abschnitt Körperschwerpunkt mit Abb. 18). Diese Bewegungsart ist die des voll ausrennenden Windhundes. Alle Läufe arbeiten in einer Reihenfolge – in den bodenengen Bewegungen übrigens genauso – oder in vier Perioden.

Diese vier Perioden basieren auf der wechselnden Verwendung der verschiedenen Muskeln und sind außerdem unterteilt in die Stützperiode, bei der der Lauf am Boden steht und in die anschließende Schwingperiode. Die vier Perioden laufen folgendermaßen ab:

1. Der Hund steht oder stützt sich auf den aufsetzenden Fuß (Stützperiode).
2. Jetzt stemmt sich der Hund mit dem Fuß ab, bzw. drückt sich vom Boden ab (Stützperiode).
3. Der Lauf wird vom Boden abgehoben, also an den Körper herangezogen (Schwingperiode).
4. Der Lauf wird möglichst weit nach vorn geschwungen, so daß die Stützperiode 1 sicher den Körper auffängt und abfedert (Schwingperiode).

Diese vier Bewegungsperioden erfolgen nun aber keineswegs gleichzeitig bei den vier Läufen, sondern jeweils zu verschiedenen Zeitpunkten und zwar:

- rechter Lauf vorne
- linker Lauf hinten
- linker Lauf vorne
- rechter Lauf hinten.

In dieser Reihenfolge ist im Ablauf der einzelnen Perioden immer nur ein Lauf (Bein) **allein** in einer der vier Perioden. Beim Trab beispielsweise bedeutet dies, daß immer nur ein Fuß am Boden ist. Beim Renngalopp sind dazwischen nur die Schwingphasen zu berücksichtigen.

Betrachten wir dazu Abb. 20. Die Vorderläufe haben kurz nacheinander i und k den Körper abgestemmt (Periode 1), dabei greifen die Hinterläufe (Periode 3 und 4) weit über die Vorderläufe hinaus (k und a) und die Hinterläufe gehen außen an den Vorderläufen vorbei. Nun greift der Hund mit den Hinterläufen zunächst wieder Boden und zwar nochmals kurz hintereinander (b und c); das ist die Stützperiode 1 und 2. Die Vorderläufe greifen anschließend weit nach vorn, also Periode 4, die Hinterläufe durchlaufen Periode 2 (d). Dann streckt sich durch die starken Rückenmuskeln der Hund zu seiner größten Länge und der Körper schwebt nun in der zweiten Schwingphase, aus der dann wieder für die Vorderläufe die Stützperiode 1 beginnt.

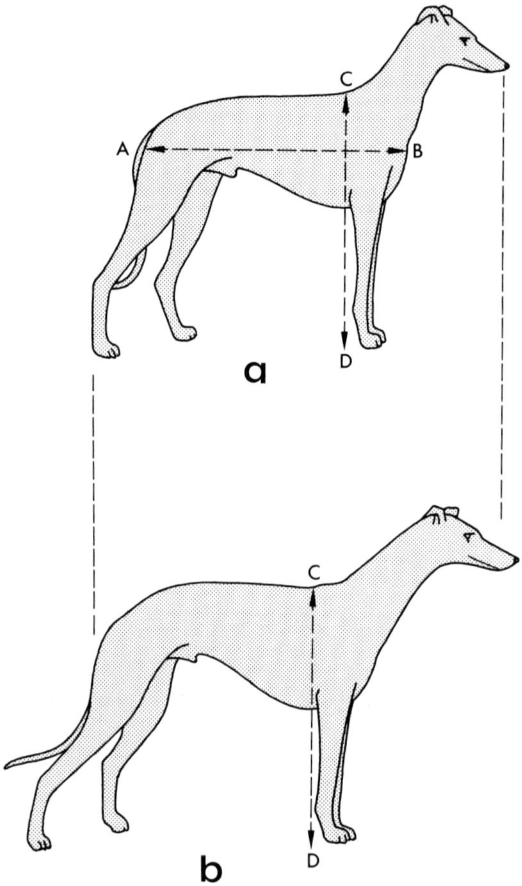

Abb. 19. Der Schwerpunkt des Hundes verlagert sich je nach der Stellung. a und b gleiche Höhe, bei b aber mehr Länge und Boden.

Beim Renngalopp ist die Reihenfolge anders, nämlich:
- links hinten
- rechts hinten
- rechts vorn
- links vorn.

Der Renngalopp wird jedoch eigentlich nur kurzfristig angewandt, z. B. bei starken Steigungen und beim Ansetzen zu sehr hohen oder sehr weiten Sprüngen.
Zum Passgang werden die beiden Läufe derselben Seite gleichzeitig bewegt. Beim Windhund gilt diese Gangart als fehlerhaft. Man kann dabei meist auf Übermü-

dung oder Überanstrengung schließen. Auch bei sehr alten Hunden tritt sie gelegentlich in Erscheinung.

Tropfenform

Den Begriff „Tropfenform“ braucht man heute nicht mehr zu erklären. Schon die Kinder wissen, daß ein tropfenförmiger Körper geringen Luftwiderstand bietet. Vor allem Flugzeuge werden nach dieser Form konstruiert, wie sie die Vögel von Natur aus besitzen.

Was hat dies nun mit Windhunden zu tun? Auch die schnellfüßigen Tiere versuchen, sich dem Luftwiderstand in ihrem Äußeren anzupassen, um möglichst windschnittig zu sein. Am idealsten ist dies den Windhunden gelungen. So stellen wir fest, daß der tiefe Brustkasten nicht nur dazu dient, die große Lunge und das kräftige Herz aufzunehmen, sondern als zweckgebundene Rumpfform zugleich der Tropfenform fast vollkommen nahe kommt.

Die Abb. 16 zeigt an einer Whippetsilhouette, wie sich der Körper – hier die Schulterpartie, Vorbrust und Brustbasis – in bester aerodynamischer Tropfenform ausgebildet hat. Ebenso ist eine zweite Tropfenform in der gutbemuskelten, im Lauf gestreckten Hinterhand zu erkennen. Bei rascher Bewegung bildet sich bei dieser Körperform kein bremsendes Vakuum und kein Sog; die durchstoßene Luftschicht schließt sich auch wieder gut. Diese Tropfenform bleibt außerdem in jeder Phase der Bewegung voll erhalten. Es ist nicht schwierig, die Tropfenform des Hundes auch in jener Bewegungsperiode festzustellen, in der die Hinterläufe über die Vorderläufe hinausgreifen (s. Abb. 17). Wenn man dann noch bedenkt, daß der Schwerpunkt eines guten Renners sich eigentlich immer in gleichem Abstand zum Erdbogen bewegt, dann wird die Tropfenform im Körper und an den Hinterläufen tatsächlich zur idealen Form.

Körperschwerpunkt

Die Bestimmung des Schwerpunktes ist beim Windhund deshalb von besonderer Bedeutung, weil der Schwerpunkt für die Leistungsfähigkeit eines schnellen und wendigen Hundes entscheidend ist. **Seiferle** und sein Mitarbeiter **Höferle** haben hier Pionierarbeit geleistet.

Der Schwerpunkt ist eigentlich der Massenmittelpunkt des Körpers. Wo dieser Punkt beim Windhund liegt, ist in Abb. 18 zu sehen. Man muß vom vorderen Brustbeinpunkt c waagrecht bis etwa zum Zwischenraum zwischen der 8. und 9.

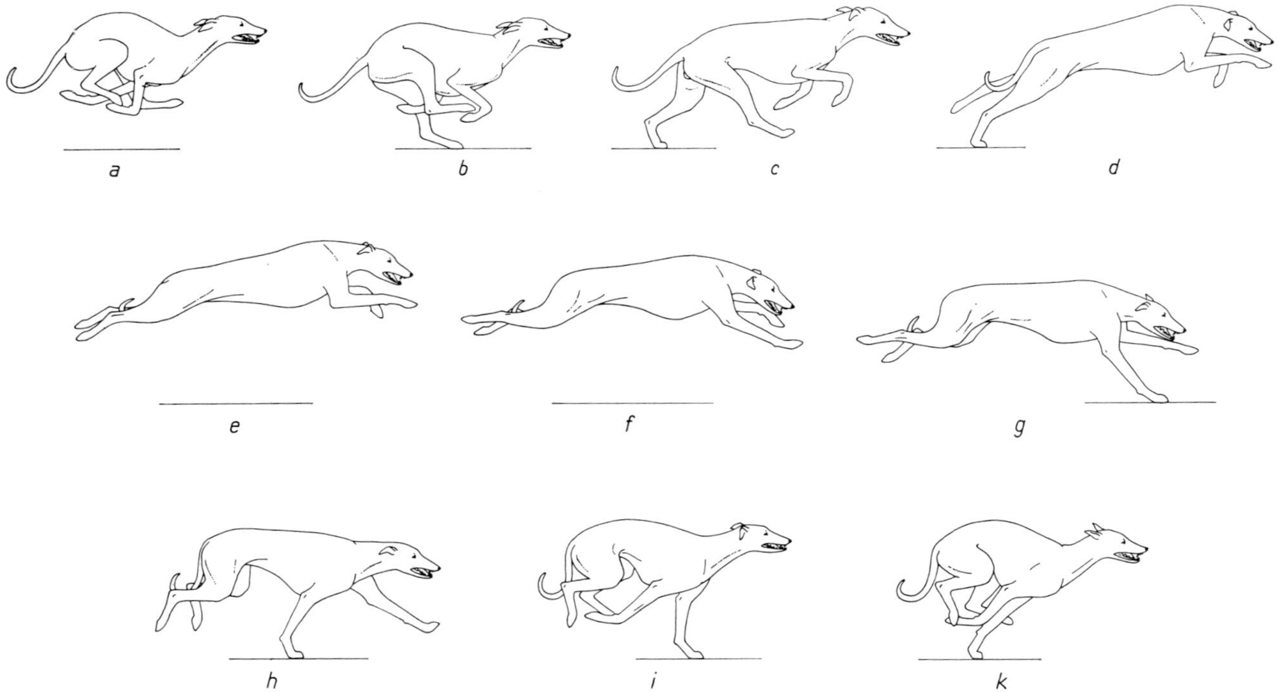

Abb. 20. Zehn Bewegungsphasen (a–k) eines Galoppsprungs im Renngalopp beim Greyhound: Die einzelnen Bilder stellen genaue Umrißzeichnungen von Photos dar, die aus einem Zeitlupenfilm reproduziert wurden.

Rippe gehen, der Schwerpunkt liegt dann etwas tiefer, bei Whippets 2 cm, bei großen Rassen etwa 4–6 cm unterhalb. Man kann aber auch eine gedachte Linie vom vorderen Brustbeinpunkt c bis zum hinteren Sitzbeinknochen d ziehen, dann befindet sich der Schwerpunkt dort, wo eine Senkrechte f–g hinter der achten Rippe diese gedachte Linie schneidet. Die Linie a–b auf der Skizze gibt die Höhe des Hundes an, sie wird vom Boden ab bis zum obersten Punkt der beiden Schulterblätter gemessen. Wenn nun der Hund gedrungen steht (Abb. 19 a), bleibt zwar die Höhe die gleiche, jedoch verlagert sich der Schwerpunkt (Massenmittelpunkt) nach rückwärts. Steht der Hund aber richtig (Abb. 19 b), also mit langem Hals und in sich bodenbedeckend, dann liegt auch der Schwerpunkt wie oben beschrieben.
Natürlich gelten all diese Angaben nur für Hunde, die sich in der wünschenswerten Körperverfassung befinden. Hat der Hund einen zu starken Leib durch zu gutes Futter, so verlagert sich sein Schwerpunkt nach rückwärts. Dies drückt sich negativ in seiner Haltung und im Rücken aus. Beim zu schlanken, abgemagerten Hund rückt der Schwerpunkt zu weit nach vorn, denn das große Herz und die gewichtige Lunge bedingen in erster Linie seine Lage. Außerdem wird durch eine schlecht aufgezogene Nierenpartie der Schwerpunkt nach rückwärts verlagert, während umgekehrt bei einer normalen Nierenpartie auch der Schwerpunkt an die richtige Stelle rückt.
Eine besondere Rolle spielt der Schwerpunkt im Bewegungsablauf des Rennhundes. In der schnellen Bewegung – besonders aber beim Rennen – ist der Windhund bestrebt, den Schwerpunkt möglichst weit nach vorn zu verlegen, weil dadurch die Beinarbeit leichter und besser wird. Betrachten wir uns den Bewegungablauf in Abb. 20. Ich habe in diesen Skizzen die Schwerpunkte eingezeichnet und sie dann mit einer durchgezogenen Linie miteinander verbunden. Außerdem ist eine gestrichelte Linie gezogen, die **überall den gleichen Abstand vom Boden** hat. Würde nun der Schwerpunkt des Hundes beim Rennen immer in gleicher Höhe bleiben, dann müßten sich diese beiden Linien vollkommen decken. Sie tun dies überwiegend, wie die Skizze in a–c und i–k zeigt. Erst wenn die Hinterläufe den Körper des Hundes zum großen Sprung für die langgestreckte Schwebephase nach vorn schnellen d–f, steigt der Schwerpunkt ein wenig höher (für das menschliche Auge kaum sichtbar). Somit bleibt dann die zum Boden parallele (gestrichelte) Linie etwas unter der (durchgezogenen) Schwerpunktlinie. Wenn nun der Hund mit den Vorderläufen, die kurz hintereinander aufsetzen, den Sprung abfängt, wird dieser abgefedert und dadurch gerät der Schwerpunkt wiederum ein klein wenig unter die Bodengerade g–h, um dann beim Ansatz zur nächsten Schwebephase, bei der die Läufe (seitlich gesehen) unter dem Körper gekreuzt sind, wieder deckungsgleich mit der Bodengeraden zu liegen i–k. Dadurch, daß der Schwerpunkt des Hundes sich beim Rennen in der Höhenlage eigentlich kaum verändert, können die Mus-

Abb. 21. Tropfenform und Schwerpunkt im Sprung.

kelkräfte zur Vorwärtsbewegung bestmöglich ausgenutzt werden, da eben für das Heben und Senken des Körpers keine großen Kräfte verloren gehen.
Doch auch im Sprung, ob im Rennen über Hürden oder aus dem Stand, versucht der Windhund Tropfenform und Schwerpunkt auszunutzen, um zusätzlich zur Muskelkraft die bestmögliche Weite und Höhe beim Sprung zu erreichen, wie Abb. 21 zeigt.

Herz und Lunge

Durch seinen enormen Brustkorb erweist sich der Windhund deutlich als Schnell- und Dauerläufer. Dieser Brustkorb beherbergt das Herz und die Lunge. Da beide Organe sehr groß sind, ist ein geräumiger Brustkorb notwendig, oder umgekehrt, weil der Brustkorb so viel Raum läßt, konnten sich Herz und Lunge so kräftig entwickeln. Der anschließende sehr aufgezogene Leib läßt andererseits keine Fettablagerungen zu, und damit sind alle Voraussetzungen für einen leistungsfähigen Kreislauf gegeben.
Die genaue Lage der Lunge ist aus der Abb. 18 ersichtlich. Das den Brustkorb abschließende Zwerchfell liegt sehr weit zurück und ist fast steil angesetzt. So ist im Brustkorb weitestgehend Raum für die Lunge. Dazu kommt noch die ungewöhnlich große Brusttiefe. Bei anderen Hunderassen wird das Herz fast vollständig von

der Lunge eingeschlossen. Das Herz des Windhundes dagegen beansprucht die untere Hälfte des Brustkorbes (s. Abb. 18) nahezu ganz für sich, und die Lunge befindet sich oben und hinten im Brustkorb. Das Herz eines trainierten Windhundes wiegt im Verhältnis zum Gesamtkörpergewicht etwa 3,5%. Zum Vergleich: beim Schäferhund ist dieses Verhältnis etwa 1,5%, beim Pferd – sicher auch ein Dauer- und Schnelläufer – nur 0,6–1%! Ein solch großes Herz wie das des Windhundes ist natürlich zusammen mit der großen Lunge starker Beanspruchung – wie beim Rennen – voll gewachsen.

Muskeln

Die Windhunde haben eine äußerst kräftige Bemuskelung, die besonders bei den kurzhaarigen Rassen auffällt und dann entsprechend als trocken bezeichnet wird.

Man unterscheidet:

a) die Hautmuskeln
b) die Kopfmuskeln
c) die Körpermuskeln

Die beiden ersteren sind weniger gut zu erkennen und interessieren in diesem Zusammenhang auch kaum. Viel wichtiger sind die Körpermuskeln, denen drei Aufgaben zukommen:

1. sie sorgen für die Bewegung
2. sie erhalten das Gleichgewicht
3. sie tragen die Last des Körpers.

Ein genaues Bild (Abb. 22), das die Muskulatur sehr übersichtlich darstellt und bezeichnet, stammt ebenfalls von **Seiferle**. Besonders stark entwickelt sind die Hals- und die Rückenmuskeln, denn diese sind die Muskeln, die beim Rennen besonders beansprucht werden. Die Halsmuskeln sind außerdem bei Richtungsänderungen von ausschlaggebender Bedeutung. Die Rückenmuskeln füllen den Raum zwischen den Rippen und den Dornfortsätzen der Wirbel vollständig aus. In der Lendenpartie wirkt das oft sogar derb, ist aber keineswegs unerwünscht. Man spricht dann von Muskelpaketen. Diese Muskelpakete lassen den so geschätzten Balkenrücken entstehen. Die starken Muskeln am Brustkorb beeinflussen das Atmen beim Rennen auch günstig.

Besonders wichtig ist die Bemuskelung in der Schulter. Diese Muskeln fangen nicht nur beim Rennen nach der großen Schwingphase den Körper federnd auf, sondern müssen auch für die gekreuzte Schwingphase den erforderlichen Abdruck geben.

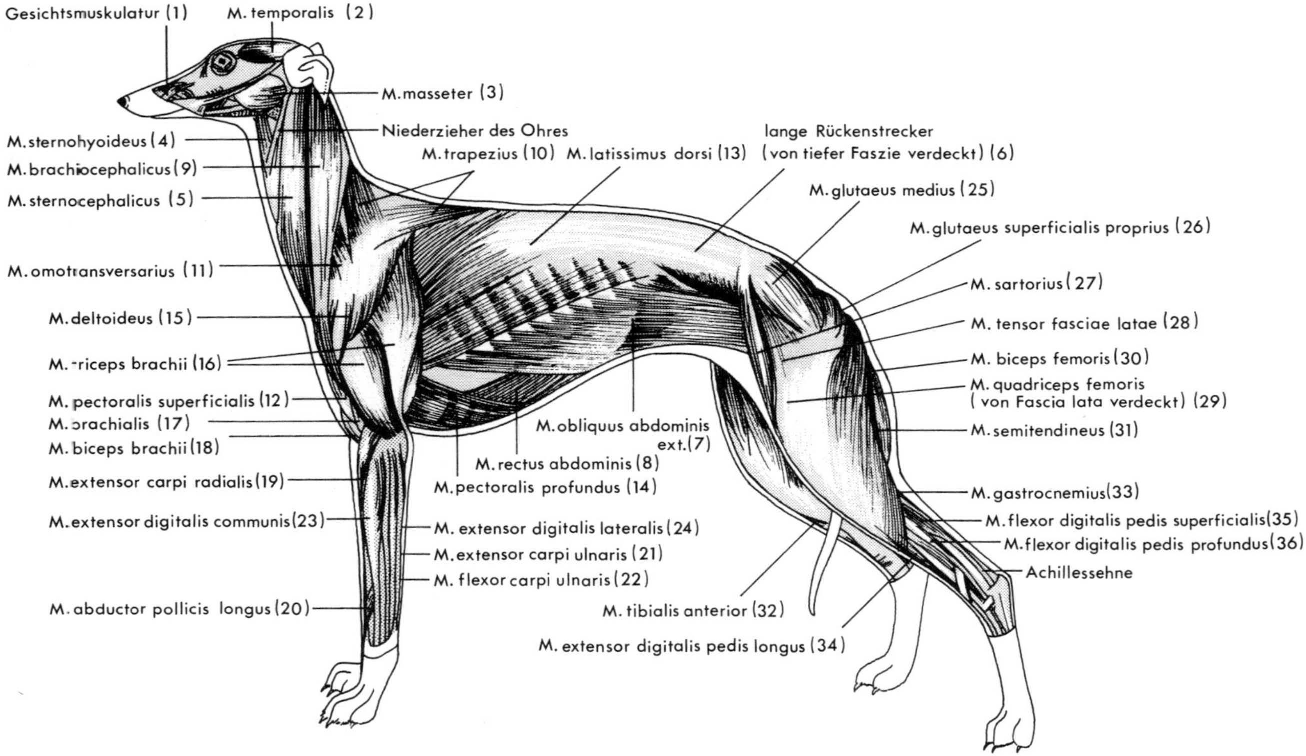
Gesichtsmuskulatur (1)
M. temporalis (2)
M. masseter (3)
Niederzieher des Ohres
M. sternohyoideus (4)
M. brachiocephalicus (9)
M. sternocephalicus (5)
M. trapezius (10)
M. latissimus dorsi (13)
lange Rückenstrecker (von tiefer Faszie verdeckt) (6)
M. glutaeus medius (25)
M. glutaeus superficialis proprius (26)
M. omotransversarius (11)
M. sartorius (27)
M. deltoideus (15)
M. tensor fasciae latae (28)
M. triceps brachii (16)
M. biceps femoris (30)
M. pectoralis superficialis (12)
M. quadriceps femoris (von Fascia lata verdeckt) (29)
M. brachialis (17)
M. obliquus abdominis ext. (7)
M. semitendineus (31)
M. biceps brachii (18)
M. rectus abdominis (8)
M. extensor carpi radialis (19)
M. pectoralis profundus (14)
M. gastrocnemius (33)
M. extensor digitalis communis (23)
M. extensor digitalis lateralis (24)
M. flexor digitalis pedis superficialis (35)
M. flexor digitalis pedis profundus (36)
M. extensor carpi ulnaris (21)
Achillessehne
M. flexor carpi ulnaris (22)
M. abductor pollicis longus (20)
M. tibialis anterior (32)
M. extensor digitalis pedis longus (34)

Dann aber, und das ist sehr wichtig, dienen diese Muskeln überhaupt als Aufhängevorrichtung des Rumpfes zwischen den Vorderläufen, denn dort ist ja keine Gelenkpfanne vorhanden.
Alle Muskeln beim Windhund sind also besonders gut entwickelt und wegen des langen Halses und der breiten und tiefen Brust dazu auch entsprechend breitflächig und langfaserig. Sie ermöglichen die weiten Bewegungsausschläge, greifen also gewaltig aus ohne dabei lose zu werden.
Die Hauptschubkräfte beim Rennen kommen natürlich aus der Hinterhand. Hier ist sowohl in der Kruppe, als auch in der ganzen Hinterhand die Bemuskelung sehr kräftig, so daß die Bezeichnung muskulös bestens zutrifft. Neben den Halsmuskeln sind für die Wendigkeit besonders die Lendenmuskeln verantwortlich und auch entsprechend kräftig entwickelt. Wenn man außerdem beim Windhund die Länge der Läufe und die Muskeln betrachtet, die die Fuß- und Zehengelenke bewegen und abfedern, dann erkennt man, daß die Muskeln sich eng an Unterarm und Unterschenkel anschmiegen und in sehr kräftigen Sehnen enden. Nur so halten sie den außerordentlich großen Belastungen beim Rennen – und hier besonders in Kurven – stand.
Doch noch etwas muß erwähnt werden. Mit seinen starken Muskeln an den Gliedmaßen kann der Windhund auch sehr gut graben und Gegenstände festhalten.

Abb. 22. Oberflächen-Muskulatur eines Greyhounds. Muskeln des Kopfes: 1 Gesichtsmuskulatur; beim Windhund relativ schwach entwickelt, daher wenig ausgeprägte Mimik; 2–3 Kaumuskeln. Muskeln des Stammes: 4 langer Zungenbeinmuskel, beim Schluckakt beteiligt; 5 Nieder- und Seitwärtszieher von Hals und Kopf; 6 lange Rückenstrecker (M. longissimus dorsi, M. iliocostalis, M. spinalis et semispinalis dorsi,. im Bild von tiefer Faszie und M. latissimus dorsi verdeckt) Strecker des Bogens der Rumpfbrücke; 7–8 Bauchmuskeln, Abbieger und Spanner des Bogens der Rumpfbrücke. Muskeln des Schultergürtels: 9–12 Vorwärtsführer der Gesamtgliedmasse, 13–14 Rückwärtsführer der Gesamtgliedmasse. Muskeln der Vordergliedmasse: 15 Beuger des Schultergelenkes; 19–21 Strecker des Karpalgelenkes; 22 Beuger des Karpalgelenkes; 23–24 Strecker der Zehengelenke; die Beuger der Zehengelenke liegen in einer tieferen Schicht auf der Hinterseite des Unterarms und sind darum im Bild nicht sichtbar. Muskeln der Hintergliedmasse: 25–26 Strecker des Hüftgelenkes; 27–28 Beuger des Hüftgelenkes und Vorführer der Gliedmasse; 29 Strecker des Kniegelenkes; 30–31 Strecker des Knie- und Sprunggelenkes; 32 Beuger des Sprunggelenkes; 33 Strecker des Sprunggelenkes; 34 Strecker der Zehengelenke; 35–36 Beuger der Zehengelenke.

Gebiß

Das Gebiß des Windhundes hat dieselbe Zahl von Zähnen wie alle anderen Hunderassen. Unterschiede bestehen jedoch in der Stellung der Zähne zueinander. Dazu braucht man nur den Fang eines Windhundes z.B. mit dem eines Boxers zu vergleichen. Der Fang des Windhundes ist sehr lang und bietet damit alle Voraussetzungen für ein einwandfreies und vollzahniges Gebiß.
Hunde besitzen zwei Garnituren von Zähnen und zwar zuerst das Milchgebiß und später das zweite definitive Gebiß. Das Milchgebiß ist bei der Geburt noch nicht vorhanden, es bildet sich erst in der Entwicklungszeit des Welpen. Ein Milchgebiß hat 32 Zähne, während ein vollständiges späteres Gebiß 42 Zähne aufweisen soll. Die Milchzähne sind viel schärfer als die nachfolgenden Zähne und haben keine Wurzeln. Es ist möglich, daß sich Milchzähne bilden, später jedoch die endgültigen Zähne ausbleiben. In solchen Fällen erhalten sich die Milchzähne oft sehr lange (ein Jahr oder länger). Schon mancher Züchter hat seinen Hund deshalb zunächst als vollzahnig angesehen.
Welches sind nun im einzelnen die 32 Milchzähne?
Zuerst erscheinen schon in der dritten Lebenswoche die 4 Fangzähne (s. Abb. 23). Die Schneidezähne, je 6 oben und unten, kommen etwa in der 4. Woche durch, während sich die Prämolaren etwa bis zur 5.–8. Woche Zeit lassen. Auf der Abb. 23 sieht man unten 4 Prämolaren (P1 bis P4), oben jedoch nur drei Prämolaren (P1 bis P3). Hier muß der Reißzahn mitgezählt oder besser mit hinzugerechnet werden, denn dieser Zahn kommt (nur oben!) auch als Milchzahn durch. So haben wir also jetzt an Milchzähnen: 12 Schneidezähne (je 6 oben und unten), 4 Fangzähne (je 2 oben und unten) und 16 Backenzähne = 32 Zähne.
Die nach dem Zahnwechsel später hinzukommenden Molaren haben keinen Milchzahn als Vorläufer. Dennoch rechnet man beim definitiven Gebiß den oberen Reißzahn dann zu den Molaren, weil er ganz das Aussehen eines breiten Molaren annimmt. So ergeben sich dann später oben und unten an jeder Seite drei Molaren. Diese Auslegung ist durchaus berechtigt, da der Zahn, der sich unten dem P4 anschließt, auch medizinisch als Reißzahn bezeichnet wird und von vornherein, weil ihm ja kein Milchzahn vorausgeht, als Molar bezeichnet wird. So hat man also später im Oberkiefer an jeder Seite drei und im Unterkiefer vier Prämolaren.
Das zweite definitive Gebiß kommt im allgemeinen schon ab dem 4. Lebensmonat zum Durchbruch, die volle Zahnung ist etwa im 8.–10. Monat abgeschlossen. Sie kann sich allerdings bei großen Rassen noch etwas verzögern. Dann muß der Hund 42 Zähne haben, wie Abb. 23 a und Abb. 23 b zeigen. Der Zahnwechsel geht nicht immer reibungslos vor sich, besonders bei den Fangzähnen. Die Milchfangzähne machen oft den nachstoßenden Zähnen keinen Platz, so daß Mißbildungen (schiefe

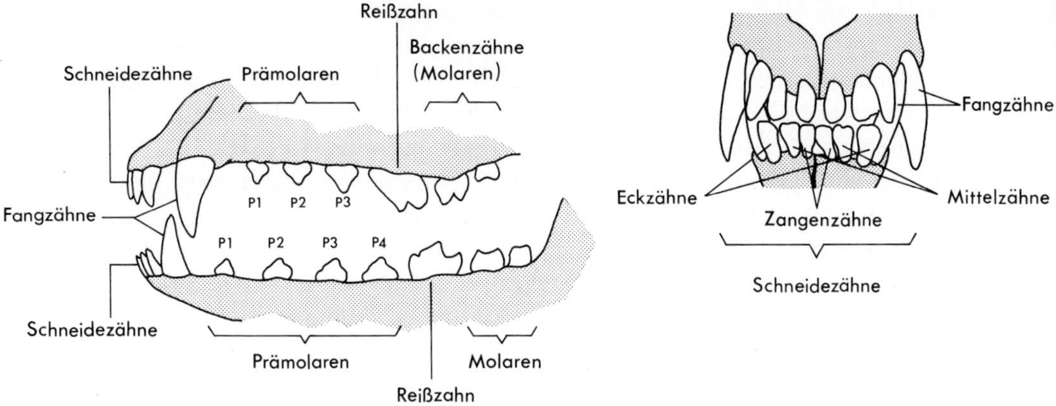

Abb. 23. Das Gebiß des Windhundes.

Stellungen) auftreten, und zwar eher bei kleinwüchsigen als bei den großen Rassen. Hier sollte rechtzeitig eingegriffen werden, d.h. der Milchzahn muß entfernt werden, was man auch leicht selbst besorgen kann, da ihm ja die Wurzel fehlt.

Beim Zahnwechsel sollte man den Hund ohnehin genau beobachten. Am besten gibt man ihm ein Holzstückchen, z.B. ein Stück von einem alten Besenstiel (etwa 10 cm lang); damit kann sich der Hund die Milchzähne selbst ausbeißen.

Wenn die definitiven Zähne nicht vollständig vorhanden sind, so ist dies ein Fehler, der sogar bemängelt werden muß, besonders bei den hinteren Prämolaren. Zahnmangel ist nämlich aus tiermedizinischer Sicht erblich. Man kann darum auch nicht mit Sicherheit davon ausgehen, daß bei zwei vollzahnigen Eltern auch alle Welpen vollzahnig werden. Einigermaßen sicher ist dies nur, wenn durch drei bis vier Generationen Vollzahnigkeit bestanden hat. Die Veranlagung zu einem Zahnfehler kann später erneut durchschlagen oder z.B. auch in einer falschen Paarung ihren Ursprung haben. Auch die Inzucht führt leicht zum Zahnschwund. Bestimmend für das Gebiß ist aber nicht allein die Erbveranlagung, sondern auch die allgemeine Konstitution der Eltern. Fehlen also bei Zuchttieren Zähne, so ist es durchaus berechtigt, daraus auf eine vorhandene allgemeine Schwäche zu schließen. Warum zeigt sich eine solche Schwäche, das Fehlen von Zähnen, nun aber gerade bei den Prämolaren? Ich führe dies auf die Tatsache zurück, daß die Prämolaren eigentlich, im Gegensatz zu allen anderen Zähnen, kaum vom Hund benutzt werden. Beobachten wir denHund, wie er seine Zähne gebraucht. Mit den Fangzähnen ergreift er seine Beute, verletzt sie, bevor die Schneidezähne sie grob zerreißen. Dann schiebt der Hund mit der Zunge die Nahrung direkt den Backenzähnen zu, die das Zerkleinern (Kauen) besorgen, soweit die Nahrung nicht bereits verschlungen

werden kann. Alle bis jetzt genannten Zähne haben einen Zahnschluß, d.h., daß sie sich bei geschlossenem Gebiß berühren. Die Prämolaren jedoch werden beim Freßvorgang nicht gebraucht und – das ist wichtig – sie haben auch keinen Zahnschluß. Ober- und Unterkieferzähne trennt ein erheblicher Abstand. Zahnschluß bei den Prämolaren wäre falsch! Was ist dann aber die Aufgabe der Prämolaren? Mit ihnen trägt der Hund seine Beute beispielsweise den Jungen zu, ja er trägt sogar die Welpen in ihr Nest (Lager) zurück oder bei Gefahr in ein neues Nest. Ohne sie zu verletzten ist dies jedoch nur dann möglich, wenn der Hund in einem Zahnbereich beim Tragen nicht durchbeißen kann. Und dies ist bei den Prämolaren der Fall. Seit der Bindung des Hundes an den Menschen werden die Prämolaren allerdings kaum mehr gebraucht, umsomehr sollte darauf geachtet werden, daß sie erhalten bleiben, um damit einer Degeneration des Gebisses entgegen zu wirken.
Der Deutsche Windhund-Zucht- und Rennverband erfaßt den Zahnbestand des Hundes, wenn feststeht, daß der gesamte Zahnwechsel abgeschlossen ist, nämlich nach dem 15. Lebensmonat. Die Ahnentafel hat auf der Rückseite dazu eine besondere Rubrik. Und mit dieser Eintragung durch Richter bzw. Körmeister ist damit auch die Veranlagung verbindlich festgelegt.
Immer wieder kommt es vor, daß Aussteller behaupten bzw. mit Bescheinigungen nachweisen möchten, ihr Hund sei ursprünglich vollzahnig gewesen, es sei nur ein Zahn ausgebissen worden o.ä. Der DWZRV erkennt derartige Bescheinigungen jedoch nicht an, denn oft läßt sich nicht einmal die Identität des Hundes anhand der Bescheinigung einwandfrei feststellen. Eines soll nämlich erreicht werden; die unzweifelhafte Zuverlässigkeit in der Aufzeichnung des Zahnbestandes. Jeder Züchter oder Hundebesitzer soll laufend den Zustand der Zähne seines Hundes beobachten – und sie dabei auch pflegen. Wenn nun wirklich ein Zahn ausgebissen wird oder auf andere Weise verloren geht, stellt der Eigentümer dies ja bei fortlaufender Beobachtung sofort fest und kann sich dann unmittelbar an einen Fachmann des DWZRV (Richter, Zuchtwart) wenden. Natürlich kann auch ein echter Zahn ver-

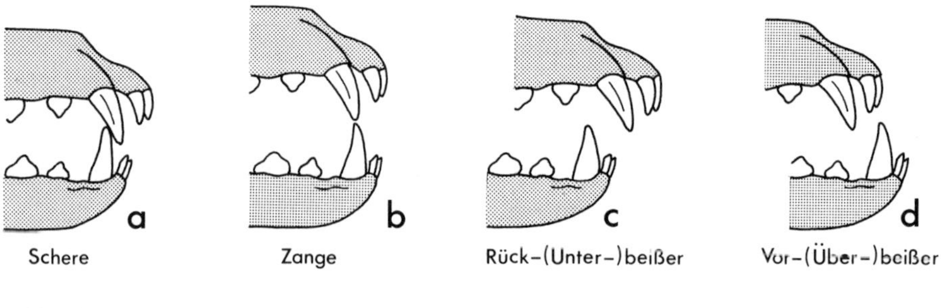

Abb. 24. Unterschiedliche Stellung der Schneidezähne.

loren gehen, aber oft sind es nur über die Zeit getragene Milchzähne, die deshalb nicht ausgefallen sind, weil der richtige Zahn noch nicht vorhanden war, also nicht nachdrückte. Kurze Zeit nach dem Ausfallen eines Zahnes läßt sich noch eindeutig feststellen, ob es sich um einen echten Verlust gehandelt hat. Da ein Milchzahn ohne Wurzel ist, hinterläßt er folglich auch keine Alveolen (Ausbuchtungen im Kiefer). Geht jedoch ein endgültiger Zahn verloren, kann man die Wunde im Kieferknochen noch nach Wochen eindeutig feststellen, denn das Loch, das die Wurzel hinterlassen hat, verwächst nicht so schnell. Diese Narben sind übrigens auch röntgenologisch festzustellen.

Die Erfassung des Zahnbestandes ist für die Zucht in jedem Fall sehr wesentlich. Der Richter kann sich auf den Zuchtschauen nur auf den Zustand stützen, den er vorfindet, es sei denn, es steht ihm die vom Verband bescheinigte Eintragung über den Zahnbestand (auf der Ahnentafel!) zur Verfügung.

Entscheidend ist allein die Veranlagung, da sie sich vererbt! Gleich nach dem zweiten Weltkrieg legte W. Müller, als Zuchtleiter damals wohl der bedeutendste Kenner der Windhunde, für die Whippet und Greyhound fest, daß nur mit vollzahnigen Hunden gezüchtet werden darf, um schlechte Veranlagungen auszuschließen. Der Erfolg gab ihm recht: schon seit vielen Generationen kennt man bei diesen beiden Rassen Zahnfehler nicht mehr.

Und wichtig ist auch folgendes. An der Stellung der Schneidezähne (Abb. 24) stellt man fest, ob das Gebiß einen korrekten Biß hat. Der Standard verlangt ein Scherengebiß, manchmal ist auch ein Zangengebiß zugelassen. Beim Scherengebiß schließen die unteren Schneidezähne fest an die oberen an, bleiben aber nebeneinander, eben wie die beiden Schneiden einer Schere (Abb. 24 a). Beim Zangengebiß ist die Berührung ebenfalls vorhanden, beide Schneidezahnreihen stoßen aber mit den Spitzen direkt aufeinander wie bei einer Kneifzange (Abb. 24 b). Wenn die oberen und unteren Schneidezähne sich nur unvollständig oder gar nicht mehr berühren, spricht man von Rückbeißern bzw. Vorbeißern. Dabei muß man bedenken, daß der Hund, wie übrigens jedes Tier und auch der Mensch, nur mit dem Unterkiefer beißt, diesen also bewegt, während der Oberkiefer immer feststeht. Wenn also der Unterkiefer mit seinen Schneidezähnen hinter denen des Oberkiefers zurückbleibt (Abb. 24 c), so spricht man von einem Rückbeißer, oder auch Unterbeißer, weil eben der Unterkiefer unter den Oberkiefer beißt. Der umgekehrte Fall ist der Vorbeißer (Abb. 24 d). Hier beißt der Unterkiefer über den Oberkiefer hinaus, also Überbeißer oder, besser gesagt, Vorbeißer ist hier der treffende Ausdruck. Ein Boxer z. B. muß Vorbeißer sein. Bei den Windhunden werden Vor- und Rückbeißer von der Zucht ausgeschlossen, da diese großen Fehler vererbbar sind.

Windhundzucht

Züchtung und Vererbung

Zweifellos ist eine gelungene Zucht das krönende Erlebnis in der Beschäftigung mit unseren schnellen Freunden. Die Auswahl zueinander passender Partner unter Berücksichtigung der geeigneten Zuchtmethode, die Geburt, das Heranreifen der anatomischen und wesensmäßigen Eigenschaften der Jungen – all das schafft ein so intensives Verständnis für die Hunde und ist so lehrreich, daß man geneigt ist, jeden Windhundfreund diese Zucht nahezulegen. Dennoch sollte jedes züchterische Vorhaben mit dem Apell an das eigene Verantwortungsbewußtsein gegenüber dem Hund verbunden sein. Schließlich leben wir in einer Zeit, in der der Hund weitgehend als Massenware angesehen wird und artgerechte Hundehaltung allzuoft nur ein leeres Wort bedeutet. Am Beispiel des Afghanen zeigt sich eindringlich, daß Modewellen auch vor den prächtigen Gestalten der Windhunde nicht haltmachen. Die schwunghaft ansteigende Zucht derart in Mode gekommener Rassen hat bisher immer Degenerationserscheinungen mit sich gebracht. Dennoch können wir nicht auf eine Vermehrung unserer Windhunde verzichten, allerdings sollte dabei die ständige Verbesserung der Rassen das Ziel im Vordergrund stehen. Züchter, die sich mit Erfolg darum bemühen, Schönheit und Rennleistung zu verbessern, tragen diesem eigentlichen Zuchtziel Rechnung.
Wer sich als Hundefreund der Zucht zuwendet, muß sich zwangsläufig eingehender mit den Problemen der Hundezüchtung befassen. Züchtung bedeutet im allgemeinen eine Verbesserung der Eigenschaften und Leistungen auf der Basis wissenschaftlicher Erkenntnisse. Weil ein Hund ein Produkt seiner Anlage und Umwelt ist, müssen bei der Zucht diese beiden Faktoren berücksichtigt werden. Während günstige Umweltbedingungen relativ einfach geschaffen werden können, ist es sehr schwierig, die Erbanlage zu steuern. Dieser Problemkreis ist Gegenstand der Tierzüchtungsforschung, einem Zweig der Genetik, der Wissenschaft von der Vererbung. Uns interessieren vor allem die Aspekte der allgemeinen Vererbungsgrundlagen, der erblichen Steuerung spezieller Eigenschaften und die Zuchtmethoden. Je gründlicher der Einblick in diese praxisbezogene Theorie ist, desto intensiver lassen sich bestimmte Zuchtziele ansteuern, und Erfolg wie auch Mißerfolg werden kalkulierbar.
Vererbung ist die konstinuierliche Weitergabe der Erbanlage von einer Generation an die nächste. Zwei Aspekte kennzeichnen die Erbanlage im wesentlichen: Sie ist

stofflicher Natur (genetisches Material) und sie enthält eine komplette Anweisung (genetische Information) für alle Merkmalsausprägungen und Lebenserscheinungen wie Wachstum, Reifen, Vermehrung und Altern sowie die Stoffwechselleistungen eines Organismus. Demnach kann jedes Individuum als ein Spiegel seiner Erbanlagen betrachtet werden. Diese Feststellung, die noch einer genaueren Erläuterung bedarf, bedeutet grundsätzlich, daß die Erbanlagen unähnlicher Lebewesen sehr verschieden, ähnlicher Lebenwesen hingegen ähnlich sind. Eine Tiergruppe, die sich durch sehr ähnliches Erbgut und dementsprechend übereinstimmender Merkmale deutlich von einer anderen abgrenzt, wird wie z. B. der Hund als Art bezeichnet. Die verschiedenen Ansprüche an den Hund haben im Lauf von Jahrhunderten viele, teilweise extreme Typen hervorgebracht, die als Rassen bezeichnet werden, wenn sich ihr Typus aufgrund eines weitgehend einheitlichen Erbguts in Folgegenerationen unverändert reproduziert. Dies beweist, daß die Erbanlage des Hundes enorme Variationen innerhalb der Art zuläßt. Doch selbst im Bereich einer Rasse gibt es noch Unterschiede im Erbgut. Jeder, der sich näher mit Hunden beschäftigt hat, weiß genau, daß kein Hund dem anderen völlig gleicht. Diese individuellen Unterschiede weisen auf die Individualität der Erbanlage hin und werden ebenso an die Nachkommen vererbt wie die Art- und Rassencharakteristika.
Trotz der zentralen Bedeutung der Erbanlage darf schließlich nicht die Umwelt vergessen werden, die in vielfältiger Weise die Entwicklung zum fertigen Hund beeinflussen kann. Zwischen beiden Faktoren – Anlage und Umwelt – besteht ein enges Zusammenspiel. Die Erbanlage stellt gewissermaßen eine Bauanleitung bereit, die das maximale Entwicklungsziel vorgibt. Günstige Umweltbedingungen lassen dieses Ziel erreichen, wohingegen ungünstige Bedingungen die Entwicklung beeinträchtigen. Wichtige Faktoren sind dabei die Gesundheit, Mindest- und Höchstalter der Zuchttiere, Häufigkeit der Zuchtverwendung in Zusammenhang mit der Wurfstärke, ärztliche Betreuung, Ernährung, Hygiene, Sozialisation, Erziehung, Auslauf und Training.
Offensichtlich können manche Erbanlagen stark, andere hingegen kaum durch Umwelteinflüsse überlagert werden. Leider liegen über das Ausmaß an erworbenen Eigenschaften durch Umweltfaktoren bei Hunden bislang nur sehr wenige wissenschaftliche Erkenntnisse vor. Dies ist bedauerlich, weil das Wissen um erbbedingte oder aber erworbene Vorzüge und Fehler von größtem züchterischen Interesse ist. Erworbene Eigenschaften sind nämlich nicht erblich und haben somit keinen Einfluß auf die Folgegenerationen. Einen gewissen Einblick in die Gewichtigkeit von Anlage einerseits und Umwelt andererseits vermitteln uns genetische Studien an Hausnutztieren. Demnach ist der Erblichkeitsanteil von anatomischen Merkmalen (z. B. Typ, Schulterhöhe, Gesamtlänge) meistens groß, wohingegen Umwelteinflüsse bei Eigenschaften wie Fruchtbarkeit, Krankheitsresistenz, Em-

bryonal- und Jugendwachstumsrate oder Verhalten eine gewichtige Rolle spielen. Wir sollten uns jedoch vorerst davor hüten, die Hundezüchtung an Erkenntnissen einzurichten, die wir bei anderen Tierarten gewonnen haben. Fest steht jedenfalls, daß züchterische Bemühungen nur bei Merkmalen mit hohem Erblichkeitsanteil wirkungsvoll sind.

Eine oft gestellte Frage zielt darauf, ob ein Hund trotz eines Fehlers zuchttauglich sein kann oder nicht. Diese Frage kann nur dann schlüssig beantwortet werden, wenn eindeutig zu klären ist, ob der Fehler anlage- oder umweltbedingt ist. In manchen Fällen wird das nicht möglich sein, besonders dann nicht, wenn es sich um Fehler handelt, die wie z.B. Hüftgelenksdysplasie, falsche Beinstellung oder aggressives Verhalten sowohl auf Erb- als auch auf Umweltschäden zurückgeführt werden können. Auch die Ankörung bringt in diesem Zusammenhang keine Entscheidung, da sie nur aufgrund der äußeren Erscheinung (Phänotyp) erfolgt, maßgeblich für die Zuchteignung jedoch nur der Erbkomplex (Genotyp) ist. Es empfiehlt sich daher unbedingt, nur die besten, möglichst schon zuchterprobten Hunde zu verwenden und Umweltschäden durch sachgerechte Haltung und Zucht zu vermeiden. In allen Zweifelsfällen sollten Ankörungen unterbleiben.

Die Erbanlage wurde oben als genetisches Material und als genetische Information definiert. Die Molekulargenetik, die den gesamten Komplex des Erbgeschehens auf der Grundlage der kleinsten chemischen Verbindungen (Moleküle) erforscht, konnte in den letzten 25 Jahren exakt den stofflichen und strukturellen Aufbau des Erbmaterials und seine Wirkungsweise bei der Umsetzung der Erbinformation in phänotypische Merkmale aufdecken. Die für die praktische Zucht wichtigsten Prinzipien dieser allgemeinen Vererbungsgrundlagen sollen hier kurz zusammengefaßt werden.

Träger der Erbanlagen sind die Chromosomen. Diese winzigen, fadenförmigen Gebilde befinden sich im Kern einer jeden Zelle. Beim Hund können insgesamt 78 Chromosomen mit einem starken Mikroskop ausgezählt werden; diese Zahl ist für alle Rassen ebenso wie für den Wolf konstant. Bei genauer Betrachtung ergibt sich, daß es sich um 39 Chromosomentypen handelt, die jeweils paarweise auftreten. Von jedem Paar stammt das eine Chromosom von der Mutter, das andere vom Vater. Der doppelte Chromosomensatz von 2 × 39 bedingt, daß jede Erbanlage in zweifacher Ausfertigung vorliegt; dies ist für das Verständnis der Vererbung von grundlegender Bedeutung. In reifenden Geschlechtszellen wird der Chromosomenbestand auf den einfachen Satz reduziert, so daß in den fertigen Ei- und Samenzellen jeder Chromosomentyp nur einmal vertreten ist. Dabei entscheidet sich rein zufällig, ob von einem Paar das mütterliche oder väterliche Chromosom in die Geschlechtszelle gelangt. Auf diese Weise produziert jedes Tier eine große Anzahl verschiedener Geschlechtszelltypen, die jeweils das Erbgut der Vorfahren in beliebiger

Auswahl und Kombination enthalten. Wenn schließlich bei der Befruchtung Ei- und Samenzelle verschmelzen, entsteht ein embryonaler Keim mit wiederum doppeltem Chromosomensatz.

Chromosomen bestehen aus Kernsäure (Desoxyribonucleinsäure), abgekürzt DNS genannt, und Eiweißen. Nur die DNS, ein langgestrecktes Kettenmolekül, ist genetisches Material. Bestimmte Kettenabschnitte tragen die genetische Information. Solche Informationsabschnitte stellen die einzelnen Erbfaktoren dar und werden als Gene bezeichnet.

Gene tragen ihre Information in einer Art verschlüsselter Schrift, denn die Informationsumsetzung in biologischen Funktionen vollzieht sich indirekt. Die in den DNS-Ketten niedergelegte Schrift ergibt sich aus der Reihenfolge der DNS-Bausteine. Diese Information wird durch komplizierte Zellvorgänge in eine korrespondierende Reihenfolge von Eiweißbausteinen umgesetzt. Die hierbei produzierten Eiweiße (Enzyme) steuern direkt die Stoffwechselleistungen und die Merkmalsausprägung.

Jedes Gen dient damit als Bauanleitung für ein bestimmtes Enzym. Selbstverständlich muß eine solche Bauanleitung sehr exakt sein, andernfalls würde das Enzym infolge von Baufehlern ausfallen oder anders als ursprünglich wirken. Dennoch hat die Natur gelegentlich Informationsfehler in Form von Mutationen vorprogrammiert. Mutationen sind Änderungen im DNS-Aufbau, die ungerichtet – also nicht zielgebunden – auftreten. In den meisten Fällen bedeuten sie eine Verschlechterung der Anpassungsfähigkeit an den Daseinskampf und werden daher in der Natur wieder ausgemerzt. Ganz selten kann jedoch eine Mutation eine Verbesserung des Genotyps herbeiführen. Auf solchen günstigen Mutationen und ihrer Vererbung beruht die Entwicklung der heutigen Lebewesen aus primitiven Urvorfahren und damit auch sämtliche genetische Individualität unserer Hunde.

Es wurde bereits darauf hingewiesen, daß aufgrund des doppelten Chromosomensatzes jedes Gen paarweise vorliegt. Dabei kann der Informationsgehalt eines Gens auf beiden Chromosomen identisch oder aber unterschiedlich sein. Im ersten Fall spricht man von Reinerbigkeit, im zweiten von Spalterbigkeit. Bei Spalterbigkeit gibt es gewißermaßen einen Machtkampf zwischen beiden Geninformationen, wobei sich in der Regel die eine durchsetzt und dabei die andere unterdrückt. In manchen Fällen werden auch beide Geninformationen gemeinsam zu einem intermediären Phänotyp umgesetzt. Dementsprechend können alle Mutationen nach in ihrer Vererbungsweise charakterisiert werden:

1. Mutationen vererben dominant, wenn sie bei Spalterbigkeit phänotypisch sichtbar sind
2. Mutationen vererben rezessiv, wenn sie bei Spalterbigkeit phänotypisch verdeckt bleiben

3. Mutationen vererben intermediär, wenn sie sich bei Spalterbigkeit phänotypisch zur Hälfte bemerkbar machen.

Bereits 1866 veröffentlichte Gregor Mendel seine längst klassisch gewordene Theorie zur Gesetzmäßigkeit der dominant-rezessiven und intermediären Vererbung einzelner Merkmale. Die Ergebnisse seiner Theorie sind unter Zuhilfenahme einzelner späterer Erkenntnisse die Grundlage zur Erbanalyse all jener Merkmale, die durch die Mutation von Einzelgenen gesteuert werden. Diese sog. alternativen bzw. qualitativen Merkmale (z. B. Fellfarben) sind phänotypisch meistens sehr gut zu erfassen, weil sie entweder in charakteristischer Ausprägung vorhanden sind oder aber ganz fehlen.

Anders ist das bei den sog. quantitativen Merkmalen. Zu ihnen gehören alle züchterisch wichtigen Eigenschaften der Windhunde, wie z. B. Typ, Brusttiefe, Schulterhöhe und Geschwindigkeit. Sie präsentieren sich in einer gleitenden Variation vieler möglicher Maßeinheiten zwischen den Extremen groß – klein, schwer – leicht, gut – schlecht oder schnell – langsam und können nur durch eine exakte Messung charakterisiert werden. Quantitative Merkmale unterliegen dem Einfluß mehrerer Gene, deren einzelne Erbgänge sich aufgrund ihrer gemeinsamen Wirkung so überlagern, daß eine Erbanalyse im Sinne der Mendelregeln unmöglich wird. Wir müssen deshalb bei der Hundezüchtung auf die Verwendung von Erbschemata, wie sie sich z. B. bei der Farbenzucht vieler Zierhaustiere bewährt haben, völlig verzichten. Statt dessen gilt es, durch sorgfältige Zuchtauslese (Selektion) die Summe aller an komplexen Merkmalsausbildungen beteiligten Gene dahingehend zu lenken, daß nach einigen Generationen möglichst die gesamte Nachzucht mit einem optimalen Genotyp ausgestattet wird.

Das Stichwort Selektion zieht sich wie ein roter Faden durch das Problem, wie man Zuchtpaare am günstigsten zusammenstellt. Züchterische Selektion bedeutet, nur auf Tiere zurückzugreifen, die das Zuchtziel, das durch den Standard abgesteckt ist, möglichst schnell erreichen lassen. Neben der Selektion ist die Zahl der geeigneten Zuchtmethode von besonderer Bedeutung. Ein wichtiger Grundaspekt des Züchtens ist in diesem Zusammenhang die Reinzucht, d. h. das ausschließliche Verpaaren innerhalb einer Rasse. Gerade im Hinblick auf den hohen Standard aller Windhundrassen wäre die Zucht von Rassenbastarden ein sehr fragwürdiges und unnützes Experiment.

Bei der Auswahl zueinander passender Zuchtpartner spielt deren Ähnlichkeit bzw. Unähnlichkeit eine große Rolle. Wer beispielsweise eine vorzügliche Hündin besitzt, deren Phänotyp weitestgehend dem Standard entspricht, wird einen ähnlich guten Rüden heranziehen müssen, um beider Vorzüge auf die Nachkommen zu übertragen. Oder wer z. B. eine kleine Whippethündin besitzt, wird diese mit einem ebenfalls kleinen Rüden verpaaren, damit möglichst alle Nachkommen unterhalb

der gewünschten 50 cm-Marke liegen. Deshalb ist die Verpaarung ähnlicher Individuen immer dann angeraten, wenn es sich um hervorragende Tiere handelt. Wenn Zuchttiere hingegen noch geringfügige Mängel aufweisen, empfiehlt sich die Paarung unähnlicher Individuen. Ziel hierbei ist es, die Schwäche des einen Tieres durch den besonderen Vorzug des Partners in diesem Merkmal auszugleichen. So verpaart man einen kleinen Hund mit einem großen oder einen Rüden mit zu großen Ohren mit einer besonders kleinohrigen Hündin usw., um bei der Nachzucht ein Mittelmaß anzustreben. Selbstverständlich wird ein solches Zuchtziel nicht bereits in der ersten Generation zu erreichen sein, sondern erfordert u.U. über mehrere Generationen eine konsequente Selektion und Partnerwahl.
Von besonderer Wichtigkeit bei der Zusammenstellung eines Zuchtpaares ist auch das Verwandtschaftsverhältnis. Inzucht und Fremdzucht sind zwei gegensätzliche Zuchtmethoden auf der Basis des Verwandtschaftsfaktors. Inzucht kann allgemein als Verwandtschaftsverpaarung definiert werden, wohingegen bei der Fremdzucht diese bewußt vermieden wird. Genetisch betrachtet, wird durch fortgesetzte, möglichst enge Inzucht die Zahl der ursprünglich spalterbigen Anlagen ständig vermindert, bis im Extremfall eine weitgehend reinerbige Linie entsteht. Im Gegensatz hierzu führt Fremdzucht zur Spalterbigkeit all der Gene, die bei den Eltern einen unterschiedlichen Informationsgehalt hatten. Interessanterweise übt die Zahl der reinerbigen oder spalterbigen Gene einen Einfluß auf die Qualität der Tiere aus. Dabei führt hochgradige Spalterbigkeit zu einer beträchtlichen Qualitätssteigerung, hochgradige Reinerbigkeit hingegen zu einem Qualitätsabfall.
Ist Inzucht deshalb grundsätzlich schlecht und Fremdzucht grundsätzlich gut? Eine Beantwortung dieser Frage erfordert eine differenzierte Betrachtung beider Zuchtmethoden. Auch hier müssen wir uns auf die Ergebnisse der Nutztierforschung stützen, da aus dem Bereich der Hundezüchtung nur wenig quantitative Daten verfügbar sind. Wenn wir von Inzucht sprechen, müssen wir uns ihrer jeweiligen Intensität bewußt werden. Diese hängt von Verwandtschaftsgrad der Partner und von der Zahl der vorausgegangenen Verwandtschaftspaarungen, also dem erreichten Inzuchtniveaus, ab. Bei engster Inzucht (Geschwisterpaarung und Eltern-Nachkommenpaarung) wird mit der ersten Generation ein Inzuchtgrad von 25% erreicht, alle anderen Verwandtschaftspaarungen bleiben weit unter diesem Wert (z.B. Halbgeschwister 12,5%). Bei fortgesetzter Inzucht nimmt ihre Intensität von Generation zu Generation immer langsamer zu. Im allgemeinen führt ein Inzuchtgrad oberhalb 20% zur sog. Inzuchtdepression, dem Qualitätsabfall bestimmter Eigenschaften. Der Qualitätsabfall macht bei einer Inzuchtsteigerung von 10% durchschnittlich etwa 5% aus. Betroffen hiervon sind vor allem die Vitalität und Fruchtbarkeit, während anatomische Merkmale durch Inzucht gesteigert werden können. Bei starker Selektion auf Vitalität und Fruchtbarkeit ist es jedoch

möglich, der Inzuchtdepression entgegenzuwirken. Aus all dem ergibt sich, daß mäßige Inzucht bei einem wachen Auge für mögliche Inzuchtschäden durchaus zu vertreten ist. Ihr Vorteil liegt darin, daß einerseits verdeckt getragene Erbschäden schneller erkannt werden können und andererseits die Wahrscheinlichkeit für eine ausgeglichene Nachzucht groß ist.
Fremdzucht kann bedenkenlos ständig durchgeführt werden und muß die Inzucht spätestens dann ablösen, wenn schlechte Zuchtresultate ein kritisches Inzuchtniveau signalisieren. Strenge Fremdzucht ist bei einigen Windhundrassen allerdings gar nicht möglich, wenn man bedenkt, daß der deutsche Zuchtbestand dieser Rassen auf nur wenigen Importen aufbaut und sich dadurch zwangsläufig einige Ahnen im Stammbaum wiederholen. Bei der Fremdzucht ist grundsätzlich mit guter, wenn auch manchmal unausgeglichener Nachzucht zu rechnen. Die oben erwähnte beachtliche Qualitätssteigerung wird sich in der Zuchtpraxis jedoch nicht einstellen, da sie auf einem Maximum an genetischer Verschiedenheit der Ausgangseltern beruht. Eine solche Situation wäre nur über getrennte Inzuchtlinien zu erreichen. Bei der Eierproduktion durch Legehuhnhybriden wird dieser Weg beispielsweise beschritten, doch für die Hundezüchtung erweist sich das wegen des erforderlichen langen Zeitraums und der finanziellen Probleme als undurchführbar.

Zuchtordnung und Zuchtbuch

Rassehunde, wie die Windhunde, sollen in ihrer Art richtig erhalten und gefördert werden. Dazu muß es für die Besitzer und Züchter besondere Bestimmungen geben, die diese Zuchtziele sichern. So hat sich der DWZRV eine Zuchtordnung gegeben, die zugleich mit den internationalen Bestimmungen der FCI (Fédération Cynologique Internationale) im Einklang steht.
Grundlage der Zucht ist die Reinzucht, d.h. es dürfen nur Hunde gleicher Rasse miteinander gepaart werden. Die Rasse wird durch eine Ahnentafel bestätigt.
Bei den Zuchtpaarungen unterscheidet man außerdem nach folgenden Gesichtspunkten:

a) Die Fremdlinienzucht. Nichtverwandte Hunde gleicher Rasse werden gepaart. Das ist an sich die Regel.
b) Die Linienzucht. Hier handelt es sich um eine abgeschwächte Verwandschaftszucht, bei der sorgfältig die körperlichen Merkmale und die Wesensmerkmale ausgesucht werden, um so einen bestimmten Typ zu erhalten.
c) Die Inzucht. In diesem Fall wird mit engster Verwandtschaft gezüchtet. Natürlich schließt dies auch Risiken ein, aber einem erfahrenen Züchter bietet sich

damit die Möglichkeit, ein bestimmtes Ziel direkt anzusteuern. Solche Paarungen sind innerhalb des 2.–4. Grades erlaubt (Onkel–Nichte, Neffe–Tante, Vetter–Base, Großeltern–Enkel).

d) Die Inzestzucht. Dies ist eine Paarung zwischen Eltern und Kindern. Das Risiko von Fehlschlägen ist sehr groß. Ist Inzestzucht beabsichtgt, so muß dies der Zuchtleitung des DWZRV vorher gemeldet und von ihr genehmigt werden.

e) Die Zwischenzucht. Hier wird einmalig fremdes Blut in eine durch Inzucht gefestigte Blutlinie eingekreuzt. Dabei sollte gewährleistet sein, daß auf keinen Fall fehlerhafte Erbanlagen vorliegen.

Die im Deutschen Zuchtbuch eingetragenen Hunde sind zur Zucht angekört (über die Körung im nächsten Abschnitt). Für Hunde, die nur registriert sind oder aus dem Ausland stammen, gelten besondere Bestimmungen. Zusätzlich muß eine Genehmigung des Verbandes zur Zucht vorliegen. Auch die Nachzucht wird besonders überwacht.

Außerdem enthalten die Zuchtbestimmungen bestimmte Altersgrenzen. Die Rüden unterliegen jedoch keiner Altersbeschränkung. Man geht davon aus, daß die Natur hier selbst die Grenzen setzt; Jungrüden werden ja erst in einem bestimmten Alter deckfähig. Auch ein alter Rüde deckt von selbst nicht mehr, wenn ihm die Zeugungskraft fehlt. Anders ist das bei den Hündinnen. Hier muß ein zu frühes Belegen verhindert werden, bzw. sollte eine ältere Hündin nicht mehr beansprucht werden. Es gilt daher folgendes:

Windspielhündinnen frühestens mit 15 Monaten,
Whippethündinnen frühestens mit 18 Monaten,
alle übrigen Rassen frühestens mit 22 Monaten.

Maßgebend ist der Decktag, an dem die vorgeschriebenen Monate voll erreicht sein müssen. Bei allen Rassen dürfen Deckakte nur bis zum vollendeten 8. Lebensjahr stattfinden.

Diese Schutzbestimmung umfaßt aber auch die Häufigkeit der Zuchtanwendung, damit eine Hündin nicht zu oft beansprucht wird. Werden bis zu 8 Welpen geboren, darf die Hündin nach vollem Ablauf von 12 Monaten wieder belegt werden, sind aber mehr als 8 Welpen geworfen worden, muß die Hündin 18 Monate, von Decktag zu Decktag gerechnet, warten.

Die Zahl der Welpen ist außerdem maßgebend für die vorgeschriebenen Wurfbesichtigungen durch die Zuchtwarte, die der Verband zur Überwachung der Würfe einsetzt. Werden mehr als 8 Welpen geboren, muß innerhalb von 3 Tagen ein Tierarzt die Lebensfähigkeit der Welpen bescheinigen. Eine Hündin hat nur 6 sehr gute, höchstens aber 8 Zitzen, die genug Milch für die Welpen geben. Bei größerer Welpenzahl muß man sehr bald zufüttern. Daher wird die tierärztliche Überwa-

chung nach der 1., 2. und 3. Woche wiederholt. Auch der Zuchtwart muß bei mehr als 3 Welpen dreimal in 8 Wochen den Wurf überwachen, erstmalig schon vor Ablauf der zweiten Woche. Alles muß schriftlich protokolliert werden, denn diese Unterlagen sind nach 8 Wochen dem Zuchtbuch einzureichen, da sonst die notwendige Eintragung in das Deutsche Zuchtbuch nicht erfolgt.
Das Zuchtbuch ist die maßgebende Unterlage für die gesamte Windhundzucht, mit der alle Ahnenreihen und die Nachkommen zu überwachen sind. Daneben ist das Zuchtbuch ein wertvolles Nachschlagewerk für Zuchtplanungen. Es gibt in Deutschland keine zweite Möglichkeit, sich besser über die Zuchtreinheit der Windhunde zu orientieren. Was enthält nun dieses Zuchtbuch?
Zunächst finden sich dort alle Wurfeintragungen, wobei die Eltern mit ihren Zuchtbuchnummern und die Züchter genannt werden. Außerdem gibt es Eintragungen von Einzelhunden. Anhand dieser Angaben kann man also regelrecht Ahnenforschung betreiben. Nur „registriert" werden solche Hunde, die als reinrassig anzusprechen sind, aber dennoch nicht allen Forderungen der Zucht gerecht werden können. Die Eintragungen erfassen weiter den Rufnamen des Hundes und den Zwingernamen (Familienname). Zwingernamen werden auch geschützt und dürfen von keinem anderen Züchter benutzt werden. Auch bestimmte Titel, die ein Hund im Laufe seines Lebens erringt, werden im Zuchtbuch in Linien festgehalten. Für jeden Hund, der im Zuchtbuch erscheint, werden neben weiteren bestimmten Kennzeichen auch sein Geschlecht und seine Farbe genannt. Bei den Windspielen und Whippets erscheinen bei den Elterntieren außerdem noch die Größenangaben (Schulterhöhe). Dies ist deshalb so wichtig, da Übergrößen zuchtausschließende Fehler sind. Außerdem wird der Geburtstag eingetragen, zusammen mit dem Decktag der Eltern und die Anzahl der Geschwister, getrennt nach Geschlecht. Die Anzahl der geborenen und der belassenen Welpen erscheint als Doppelzahl mit Komma. An 4, 2 sieht man z. B., daß es sich um 4 Rüden und 2 Hündinnen handelt.
Hunde aus dem Ausland, mit denen gezüchtet werden soll, müssen vor dem Deckakt in das Deutsche Zuchtbuch eingetragen werden. Ist die Abstammung nicht voll nachweisbar, erfolgt eine Registereintragung, wenn die vermutliche Reinrassigkeit durch zugelassene Richter bescheinigt worden ist. In der Zuchtordnung ist dies alles genau festgelegt.
Für das Zuchtbuch ist im DWZRV ein besonderes Vorstandsmitglied, der Zuchtbuchführer, zuständig, der außerdem auch alle Ahnentafeln anfertigt. Das Zuchtbuch wird von ihm alle zwei Jahre veröffentlicht.
Zur Überwachung der Zucht werden bestimmte Personen mit bestimmten Aufgaben betraut. Da gibt es zunächst den Zuchtleiter im Vorstand. Er überwacht den gesamten Zuchtbetrieb und fällt auch evtl. letzte Entscheidungen. Ihm zur Seite steht eine Zuchtkommission und der zuständige Zuchtwart. Verstößt ein Mitglied

gegen die in der Zuchtordnung festgelegten Bestimmungen, wird eine zeitweise oder dauernde Zuchtsperre vom Vorstand des DWZRV ausgesprochen.
In jeder Landesgruppe gibt es dann zusätzlich einen Landeszuchtwart, der die Aufgaben des Zuchtleiters in seinem Gebiet übernimmt. Er kennt das Zuchtgeschehen in seinem Gebiet, nimmt Kontakt mit den Züchtern auf, informiert sie und nimmt die Würfe ab. Ist sein Gebiet zu groß, kann er auch weitere Zuchtwarte einsetzen, die ihn vertreten und ihm berichten. Die Zuchtwarte können unangemeldet in den Zwingern zu den vorgeschriebenen Wurfabnahmen erscheinen. Bei den Wurfabnahmen werden auch alle Unterlagen überprüft, die zur Zucht vom Verband vorgeschrieben sind, z.B. der Deckschein, den der Rüdenbesitzer dem Züchter (Hündinnenbesitzer) beim Deckakt zu übergeben hat. Solche Wurfbesichtigungen müssen in bestimmter Form (Vordruck) protokolliert werden. Die entstehenden Kosten muß der Züchter tragen.
Als Züchter gilt, wie gesagt, der Hündinnenbesitzer. Er muß die Hündin vom Tage des Belegens bis zum Absäugen der Welpen in seinem Besitz haben. Selbstverständlich darf man sich z.B. für diese Zeit auch eine Hündin mieten, sollte darüber aber schriftlich Abmachungen treffen. Wird eine belegte Hündin verkauft, so gehen die Zuchtrechte an den Käufer über, wenn alles ordnungsgemäß schriftlich verankert ist. Ein Züchter darf nur an dem beim Zuchtbuchamt festgelegten Ort züchten. Das ist für den Einsatz des Zuchtwartes sehr wichtig. Entsprechend gilt dies auch für die Unterbringung der Welpen. Der Deckakt und der gefallene Wurf müssen innerhalb von drei Tagen an den Landeszuchtwart gemeldet werden, damit er selbst oder ein Zuchtwart die ordnungsgemäße Überwachung vornehmen kann. Innerhalb von drei Monaten muß dann die Wurfmeldung mit allen Unterlagen beim Zuchtbuchamt vorliegen (Vordruck). Der Züchter muß über seinen Zwinger außerdem ein Zwingerbuch führen.
Für die Namensgebung gilt folgendes. Da ist zunächst der Zwingername, der als Familienname des Hundes zu gelten hat. Er muß beim Zuchtbuchamt beantragt werden und wird dann geschützt und veröffentlicht. Leider wählen Züchter oft recht unaussprechliche Namen. Auf Zuchtschauen und bei Rennen erweist sich dies später als Nachteil. Darum also möglichst kurze und einprägsame Namen! Der Zwingername ist an die Person des Züchters gebunden. Nur Verwandte 1. und 2. Grades können diesen Namen übernehmen (auch Ehegatten). Ein bereits verwendeter Zwingername wird später nicht wieder neu vergeben, auch wenn der Eigentümer stirbt, ausscheidet oder z.B. eine Sperre erhält. Zu ihrem Zwingernamen müssen alle Welpen noch einen Rufnamen erhalten. Auch er soll leicht auszusprechen sein und muß innerhalb eines Wurfes bei jedem Welpen mit den gleichen Anfangsbuchstaben beginnen. So spricht man dann vom A-Wurf, B-Wurf usw. Anregungen für die Namensgebung finden sich auf Seite 198 ff.

Zur Ahnentafel noch einige Anmerkungen. Sie gilt als Nachweis der Reinrassigkeit und gibt die Nummer und das Zuchtbuch an, in dem die Eintragungen über den Hund zu finden sind. In der Ahnentafel müssen außerdem drei Generationen der Eltern mit angeführt sein. Die Ahnentafel gilt im rechtlichen Sinn als vollwertige Urkunde. Kein Unbefugter darf solche Ahnentafeln selbst anfertigen. Die Ahnentafel enthält Stempel und Unterschrift des Zuchtleiters. Auch der Züchter muß sie unterschreiben.
Die Ahnentafel gehört zum Hund, sie muß also bei einem Wechsel des Eigentümers mit übergeben werden. Eigentumswechsel muß in der Ahnentafel vermerkt werden. Besitzwechsel (z. B. Vermietung oder Pfändung) wird nicht eingetragen. Hundehändlern darf keine Ahnentafel übergeben werden. Sollte eine Ahnentafel verloren gehen, so muß sie für ungültig erklärt werden. Man kann sich dann eine Ersatz-Ahnentafel ausstellen lassen.
Für die Eintragung der Welpen und der Hunde, für die Registrierung, für Zwingerschutz usw. wird jeweils eine feststehende Gebühr erhoben. Die Gebührensätze werden im Fachorgan veröffentlicht. Wenn Änderungen der Zuchtbestimmungen im Laufe der Zeit notwendig werden, so kann darüber nur auf einer Jahreshauptversammlung beschlossen werden. Selbstverständlich kann kein Funktionär des DWZRV in eigener Sache tätig werden, so daß jegliche Parteilichkeit in Zuchtfragen ausscheidet.

Körung

Für die Körung gibt es im DWZRV eine besondere Körordnung. Das Ankören eines Hundes bedeutet seine Zulassung zur Zucht. Angekört werden Rüden und Hündinnen. Zuchtunerwünschte Hunde werden auf diese Weise ausgeschieden.
Ein Hund kann angekört werden, wenn er dem Standard entspricht und im Zuchtbuch des DWZRV eingetragen ist. Vor der Ankörung muß der Hund aber im Bereich des DWZRV (also in Deutschland) ausgestellt gewesen sein und vom Richter mindestens die Wertnote „sehr gut" erhalten haben. Es gibt auch Bestimmungen, die das Ankören von registrierten Hunden unter gewissen Voraussetzungen zulassen. Erforderlich ist es auch, daß der Zahnzustand während einer Zuchtschau festgelegt worden ist. Die Teilnahme an einer Ausstellung in der Jüngstenklasse zählt nicht für die Ankörung, da ein Hund eine gewisse Reife erreicht haben sollte.
Die Ankörungen werden auf besonderen Körveranstaltungen durchgeführt, dic aber auch mit Renn- oder Zuchtschau-Veranstaltungen verbunden sein können. Jede Landesgruppe muß jährlich mindestens eine derartige Körveranstaltung durchführen. Das Ankören erfolgt durch den Körmeister, der einen besonderen

Körbericht über den Hund erstellt und die Körung in der Ahnentafel bestätigt. Körmeister sind alle vom DWZRV ernannten Richter, aber nur für die Rassen, die sie beurteilen können bzw. dürfen. Für die Ankörung wird eine Körgebühr erhoben, die die Jahreshauptversammlung festsetzt. Die Ankörung wird im Fachblatt des DWZRV zur Information der Züchter veröffentlicht. In Zweifelsfällen entscheidet eine Körkommission, zu der der Präsident des DWZRV, der Zuchtbuchführer, der Zuchtleiter und ein unbeteiligter Richter gehören. Auch Einsprüche gehen vor diese Körkommission.

Paarung

Die Auswahl der Elterntiere ist Sache des Züchters. Er kann sich für seine Hündin selbst einen passenden Rüden suchen, wenn nicht die Zuchtleitung ausnahmsweise besondere Auflagen gemacht hat. Natürlich muß die Hündin sich in der entsprechenden guten Kondition befinden, die einen Wurf zuläßt. Man sollte zwar auch prüfen, ob alle Voraussetzungen für die Zucht wie z.B. die Ankörung und das Zuchtalter beiderseits erfüllt sind (s. im Abschnitt Zuchtordnung). Für einen noch unerfahrenen Züchter ist es nützlich, sich vorher vom Landeszuchtwart beraten zu lassen. Außerdem muß die Decktaxe mit dem Rüdenbesitzer festgelegt sein. Im allgemeinen bemißt sie sich höchstens bis zum Wert eines Jungtieres und ist am Decktag fällig. Nimmt die Hündin nicht auf, muß es nicht nur am Rüden liegen. Dennoch ist es fairerweise üblich, daß der Besitzer des Rüden den Deckakt dann bei der nächsten Läufigkeit noch einmal kostenlos wiederholen läßt. Eine Rückerstattung des Deckgeldes gibt es jedoch nicht.

Zwischen dem Besitzer der Hündin und dem des Rüden kann aber auch die Vereinbarung getroffen werden, daß der Rüdenbesitzer anstelle des Deckgeldes aus dem Wurf einen mindestens acht Wochen alten Welpen bekommt. Dabei sollte man möglichst festlegen, ob dies ein Rüde oder eine Hündin (falls überhaupt im Wurf) sein soll. Das Jungtier holt sich im allgemeinen der Rüdenbesitzer selbst ab. Er sollte jedoch soviel Verständnis aufbringen, daß er dem Züchter aus seinem Wurf die erste Wahl überläßt, damit er mit seinem besten Welpen ein bestimmtes Zuchtziel weiter verfolgen kann.

Ist dies alles geklärt, so wird der Deckakt fest vereinbart. Man sollte ihn am besten auf den 11.–13. Tag der Läufigkeit der Hündin festlegen, denn dann ist am ehesten gewährleistet, daß der Rüde die Hündin auch annimmt. Die Ansichten gehen auseinander, ob man die beiden Hunde einmal oder zweimal zusammenläßt, oder vielleicht sogar eine Nacht dazwischen legt. Ich bin der Meinung, ein Deckakt, bei dem die beiden Hunde ordentlich zusammenhängen, genügt vollkommen. Die Vereinigung sollte mindestens 10 Minuten dauern. Die Paarung erfolgt üblicherweise im Zwinger des Rüden. Ohne ausreichende Erfahrung empfiehlt es sich, einen Zuchtwart zur Überwachung hinzuzuziehen. Der Rüdenbesitzer muß dem Besitzer der Hündin die vorgeschriebene Deckbescheinigung (Vordruck) übergeben. Der Hündinnenbesitzer muß den vollzogenen Deckakt innerhalb von drei Tagen dem zuständigen Landeszuchtwart melden.

Trächtigkeit und Geburt

Wer Wert auf lebenskräftige und gut und reichlich ernährte Welpen legt, muß damit beginnen, die Mutter schon vor dem Belegen richtig zu füttern und systematisch zu kräftigen, damit sie als tragende Hündin nicht gezwungen ist, ihre eigene Blut-, Kalk- und Fleischsubstanz aufzubrauchen. Man muß bedenken, daß sie in 9 Wochen bis zu einem Siebtel ihres eigenen Gewichts an neuer Körpersubstanz zu bilden hat.

In den ersten 14 Tagen der Tragzeit bedarf es noch keines Futterwechsels nur der Kalkbedarf steigt an. Deshalb sollte man langsam steigernd etwas mehr Knochen füttern, um diesen Bedarf auf einfachste Weise zu decken. Am besten dazu geeignet sind weiche Kalbsknochen, Halswirbel oder Schwanzknochen, die natürlich nicht ausgekocht sein sollen. Nach 14 Tagen sollte die Qualität des Futters, nicht die Menge, erhöht werden. Darm und Magen werden von jetzt ab durch die sich ausdehnende Gebärmutter bedrängt. Ein einwandfreies Funktionieren aller Organe ist also notwendig, damit das Futter gut umgesetzt werden kann, denn auf jeden Tag der Tragezeit (63 Tage im Schnitt) kommt es an. Zum Wohlbefinden der Mutter tragen Abwechslung im Futter, Luft, Sonne, Bewegung, Spaziergänge und eine freundliche Ansprache bei. Aber der 5. Woche sollte man den Hund nicht mehr soviel bewegen und ihn nicht mehr hetzen, gleichzeitig aber die Mahlzeiten in mehreren, mengenmäßig etwas größeren Rationen geben, täglich etwa 3–4. Die Mahlzeiten sollten auch gehaltvoller und leicht verdaulich, also zerkleinert, zubereitet werden. Während der Entwicklungszeit der Welpen braucht die Mutter eine leichte und gute Verdauung, damit die Nährstoffe über das Blut rasch in die Gebärmutter gelangen. Dazu muß das Futter ausreichend Eiweiß und Kalk enthalten. Fett sollte man vermeiden, denn junge Hunde vertragen es sehr schlecht. Auch Milch, die selbst in guter Qualität etwa 85 % Wasser enthält, ist nicht zu empfehlen. Etwa ab der 5. Woche läßt sich auch deutlich erkennen, daß die Hündin trägt, wenn man von oben auf sie herabsieht.

Falls die Mutterhündin von Würmern befallen ist, darf man eine Wurmkur nur noch bis zur 5. Woche vornehmen, später kann eine solche Gewaltkur, besonders gegen den Bandwurm, zum Verwerfen führen. Auch Ungeziefer (Flöhe), das Blut entzieht, schadet der Hündin.

Am Anfang der letzten Woche, also nicht erst dann, wenn die Hündin vor dem Werfen unruhig wird, muß das Wurflager gerichtet werden. Für große Rassen sollte es eine Wurfkiste mit abnehmbarem Deckel sein, für kleinere Rassen genügt eine Kiste mit so hohem Rand, daß die Welpen nicht herausfallen können. Es ist sinnvoll, innen um den Kistenrand, etwa eine Handbreit über dem Boden, eine 2–3 Finger breite Leiste anzubringen, damit ein Welpe, der am Kistenrand liegt, von der Mutter nicht getreten werden kann. Unbedingt sichergestellt sein muß, daß an das Lager nicht der geringste Luftzug kommt. Als Einstreu nimmt man trockenes Heu, kurzes Stroh, jedoch niemals Holzwolle oder alte Decken, weil sie zu leicht durchnäßt werden können. Die Mutter scharrt sogar meist noch die Streu beim Werfen zur Seite und legt die Welpen auf den glatten Boden, der aus Holz (nicht etwa aus Stein) sein soll. Mindestens drei Tage, ehe man das Werfen erwartet (63. Tag), gewöhnt man die Mutter an dieses Lager. Natürlich muß es geschützt und ruhig stehen und soll sogar ein wenig dunkel sein.

Der Wurfakt geht in der Regel völlig glatt und nachts vor sich. Wer sich nicht auskennt, sollte möglichst keine Hilfe geben. Die Mutterhündin macht alles selbst. Sie beißt die Nabelschnur richtig ab, sie frißt die Nachgeburt, leckt die Welpen sauber und trocken. Wer Erfahrung hat, kann jedoch die zweite und die weiteren Nachgeburten entfernen, damit die Hündin sie nicht alle zu fressen braucht und sich damit den nach der Geburt häufigen Durchfall zuzieht. Wenn die Hündin sichtlich erhitzt ist, darf man ihr ruhig etwas Wasser geben. Am besten ist es jedoch, sie ohne zwingende Notwendigkeit nichts trinken zu lassen. Nach Stunden läßt man die Hündin zur nötigen Entleerung ins Freie. In dieser Zeit kann man schnell die Wurfkiste säubern. Die Welpen müssen währenddessen in einen Korb gelegt und zugedeckt werden. Bei kleinen Rassen kann man eventuell sogar ein Heizkissen (unter die Kiste legen!) oder besser sogar noch eine Gummibettflasche verwenden. Die Welpen dürfen in den ersten Tagen auch ganz leicht zugedeckt werden. Nach ihrer Rückkehr werden der Mutter die Welpen sofort wieder angelegt. Es ist nur gut, wenn die Welpen so früh wie möglich selbst die Zitzen suchen, finden und saugen, auch den Geburtsvorgang behindert das keineswegs. Wenn im Korb wieder etwas Ruhe herrscht, sollte man alle Welpen auf einer Briefwaage wiegen und dies jeweils nach 7 Tagen wiederholen. So kann man am besten die Entwicklung gleichmäßig überwachen.

Für die Mutterhündin ist jetzt ein langsamer Futterwechsel notwendig, nicht plötzlich, das könnte auf die Milch überschlagen. In den ersten Tagen gibt man vorwiegend Milchsuppen (Hafer- und Gerstenflocken) dazu reichlich Fleisch, roh oder höchstens angekocht. Genauso wie während der Tragezeit darf auch während der

Säugezeit Kalk nicht fehlen. Ich nehme Vitakalk, wie ihn Babys bekommen. Es gibt heute aber auch viele andere gute kalkhaltige Nährmittel.
Innerhalb der ersten 3 Tage müssen die kleinen Afterklauen abgeschnitten werden. Wer hier keine Erfahrung hat, sollte den Tierarzt kommen lassen. Schmerz empfinden die Welpen in den ersten drei Lebenstagen noch nicht.
Das Lager muß natürlich immer gut gesäubert und gelüftet werden. Die Reinigung der Welpen übernimmt die Mutter selbst, die den Unterleib der Welpen beleckt, damit sie sich entleeren. Die Welpen hören und sehen etwa bis zum 10. Tage noch nichts, dann aber öffnen sie die Augen und die Ohren. Nun ist es an der Zeit, die Welpen an das Licht zu gewöhnen. Auch Temperaturunterschiede sollen die Welpen jetzt kennenlernen. Man muß also die Mutter öfter spazieren führen. Wenn sich bei der Mutter frühzeitig Milchknappheit einstellt, sollte man sie mit rohem Eigelb füttern.
Die Welpen fangen ab der 3. Woche mehr und mehr an herumzukriechen. Das ist das Zeichen um von flüssiger auf halbflüssige Zusatznahrung überzugehen. Man erkennt diesen Zeitpunkt genau an den ersten Gehversuchen der Welpen. Anfangs der 3. Woche kommen auch die ersten Milchzähne durch; nun brauchen die Welpen etwas zum Beißen. Da die Welpen auch im Mutterleib animalisch ernährt wurden, sollte man nicht vor kleinen Beigaben von geschabtem rohem Fleisch im Futter zurückschrecken. Man kann jetzt auch unverdünnte Milch geben, der dann später Milchpulver, Hafer- oder Gerstengrütze zugesetzt werden. Gefüttert wird nun etwa fünfmal am Tage. Die Mutter sollte nur noch nachts zu den Kleinen gelassen werden. Sie braucht ihre Ruhe und die kleinen Zähnchen verletzen allzu leicht das Gesäuge. Deshalb sollte sie auf einem erhöhten Brett oder sonstwie Gelegenheit haben, sich vor den spitzen Zähnchen und Krallen zu schützen. Die Krallen sollte man ohnehin immer kurz halten. Das ist nicht nur zum Schutz der Mutter gut, sondern auch der Nerv in der Kralle wird dann nicht übermäßig lang. So ist es später auch leichter möglich, die Krallen auf die richtige Länge zurückzuschneiden.
Wenn es das Wetter erlaubt, bringt man die Welpen an die Luft, jedoch nicht in die pralle Sonne. Es muß trocken sein, aber auch pulveriger Schnee macht nichts aus. Feuchter Rasen allerdings ist nicht gut, Kies oder Holzbelag sind ideal. Die Welpen sollen gut ernährt, aber nicht überfüttert werden. Ab der 8. Lebenswoche sollte man sie ihrem endgültigen Besitzer übergeben, denn von ihm können die jungen Welpen dann besser als in der großen Kinderstube betreut werden. Zuvor muß jedoch die Anmeldung beim Zuchtbuchamt erfolgt sein.

Auswahl der Welpen

Immer wieder beschäftigt dieses Problem die Züchter und auch die Zuchtwarte. Die Auswahl erfolgt im wesentlichen nach drei Gesichtspunkten:

a) die Auswahl nach der Lebensfähigkeit
b) die Auswahl der voraussichtlich nicht zuchtwertvollen Welpen
c) die Auswahl der Welpen für die eigene Zucht.

Gehen wir diesen Auswahlprinzipien einmal nach:
Seit 1975 verbietet das Tierschutzgesetz das Töten von lebensfähigen Welpen grundsätzlich. Der Verband kann also keinem Züchter mehr wie bisher vorschreiben, wieviel Welpen er aufzuziehen hat. Allein der Tierarzt entscheidet, ob die Welpen lebensfähig sind oder nicht. Und nur die lebensunfähigen Welpen, z.B. Mißgeburten, dürfen aus dem Wurf genommen werden. Selbstverständlich muß die Aufzucht vom Zuchtwart bzw. vom Tierarzt überprüft werden. Dafür gibt es in den Zuchtbestimmungen besondere Vorschriften.
Oft verringert sich auch schon ein Wurf durch eine natürliche Auslese. Nicht selten gehen Welpen bereits bei der Geburt oder in den ersten Lebenstagen ein. Es ist nur schwer zu verstehen, trifft aber dennoch zu, daß die Mutter Welpen, die von Natur aus nicht die volle Lebenskraft besitzen, vom Säugen ausschließt und sie sogar aus dem Nest wirft. Hier mit künstlicher Ernährung oder dergl. einzugreifen, ist völlig sinnlos. Solche Welpen gehören nicht in die Aufzucht. Wenn verendete Welpen im Nest gefunden werden, neigt man dazu, der Mutterhündin die Schuld zu geben: sie wäre zu stürmisch ins Nest gesprungen, sie hätte sich ungeschickt umgedreht usw. Ich habe öfters verendete Welpen gesehen, jedoch mit Sicherheit niemals feststellen können, daß sie erdrückt worden wären. Stets lag eine angeborene Lebensschwäche bei diesen Welpen vor. Die Mutter bewegt sich im Nest ja auch nur mit eingekrümmten Vorderläufen. Sie stützt sich dabei auf den Fußgelenken ab, um keinem ihrer Welpen weh zu tun.
Man könnte dem vielleicht entgegenhalten, daß es sich gelegentlich doch gelohnt hat, zarte Welpen aufzuziehen, die sich dann später kräftig entwickelt haben. Dazu kann ich nur sagen, daß solche Welpen eigentlich immer eine nicht ausreichende Brusttiefe oder eine zu schmale Brust hatten. Ist der Züchter eines solchen Wurfes ehrlich genug, wird er auch zugeben, daß dieser Nachwuchs auf den Zuchtschauen und beim Rennen nicht bestehen konnte. Wer solche Junghunde verkauft und diese Nachteile verschweigt, kann nicht als seriös gelten.
Tatsächlich sind die Welpen eines Wurfes bei der Geburt im Wesen und im Gewicht oft sehr verschieden. Könnte man daraus vielleicht schließen, daß dies jeweils mit ihrer Ernährung im Mutterleib zusammenhängt. Darüber kann man heute noch nichts Genaues sagen, möglicherweise hat die Lage im Mutterleib einen ge-

wissen Einfluß. Die Behauptung, daß die zuerst geborenen Welpen immer die größten und kräftigsten sind, ist jedoch falsch. Sie läßt sich anhand von Beobachtungen bei Kaiserschnitten widerlegen, bei denen sich die genaue Lage feststellen läßt. Interessante Vergleiche hierzu ergeben sich aus der Gewichtstabelle (Seite 196).

Einen erheblichen Einfluß auf die Welpen haben die ersten äußeren Einwirkungen der Umwelt. Zunächst die Temperatur. Die Welpen besitzen am Anfang noch sehr wenig Eigenwärme, die Haut ist noch nicht blutreich genug und zu wenig behaart. Man sieht, daß die Welpen in ihrem Wärmebedürfnis ganz eng zusammenkriechen, ja sogar übereinander liegen. Wenn die Jahreszeit zu kalt ist, oder die Hündin die Welpen nicht genug wärmen kann, muß man eine Heizung oder eine Infrarotlampe (wie bei der Kükenaufzucht) einsetzen. Die Temperatur sollte in den ersten Tagen nicht weniger als 20 °C betragen, darf andererseits aber auch nicht über 25 °C ansteigen. Ein behagliches, warmes Nest ist sehr wichtig für das Wohlbefinden der Welpen.

Auch durch Krankheit kann sich die Zahl der Welpen verringern. In den ersten Lebenswochen ist es noch nicht die gefürchtete Staupe, sondern meistens treten Darmkrankheiten auf.

Die eigentliche Ursache kann oft nur der Tierarzt feststellen, wie z.B. unsauberes Gesäuge, evtl. schon vorhandene Spulwürmer, Reste fauligen Fruchtwassers usw.

Die Mutter ernährt die Welpen in den ersten Tagen keineswegs gleichmäßig. Das ergibt sich beim regelmäßigen, evtl. täglichen Wiegen. Außerdem zeigt es sich, daß die kräftigeren Welpen sich von Anfang an besser durchsetzen können, denn die Ergiebigkeit der einzelnen Zitzen ist durchaus unterschiedlich. Die vorderen Zitzen sind nämlich schwächer ausgebildet, bringen also weniger Milch. Die Zitzen bleiben dann meist für die schwächeren Welpen übrig. So erklärt sich auch, warum der Rücken der Hündin länger sein darf als der eines Rüden, um damit also eine bessere Zitzenbildung zu ermöglichen. Die Milchmenge der Mutterhündin hängt außerdem von ihrer Haltung und Fütterung ab. Gutes Futter mit viel Fleisch ist entscheidend. In der Regel steigert es die Milchleistung mehr als wenn man entsprechende Medikamente verabreicht.

Für die Zucht, evtl. für die eigene Zuchtrichtung ist die Farbe der Welpen wesentlich. Hier kann sich auch der Nichtfachmann leicht ein Urteil bilden. Allerdings muß man bedenken, daß die Welpen zunächst sowohl dunkler wie auch heller sein können als später in ausgewachsenem Zustand. Wie die Farbe später ausfallen wird, kann man meist nur aus der Erfahrung beurteilen. Ein guter Zuchtwart kennt sich hier aus (die Abnahme des Wurfes durch den Zuchtwart ist ohnehin bindend vorgeschrieben). Abzeichen bleiben bei den meisten Rassen bestehen, dagegen sind der Nasenspiegel und die Ballen am Anfang fast immer zu schwach pigmentiert. Die richtige Pigmentierung erfolgt erst viel später. Etwa nach 8 Wochen hat man aber das richtige Bild. Nach 4 Wochen kann jeder Welpe mit Sicherheit sehen und hören. Die genaue Augenfarbe läßt sich erst nach 4–5 Monaten festlegen. Die Welpen öffnen zwar nach etwa 14 Tagen die Augen, meist sind sie dann jedoch zartblau und erscheinen trüb. Das volle Sehvermögen wird erst viel später erreicht. Es gehört selbst bei einem 8 Wochen alten Welpen einige Erfahrung dazu, die Augenfarbe richtig festzulegen. Bei Junghunden mit Lidfehlern, zu hellen oder zu tief liegenden Augen sollte man deshalb noch zuwarten.

Sehr früh kann man aber den Tastsinn und das Temperament feststellen. Ob der Geruchssinn richtig ausgebildet ist, zeigt sich daran, ob der Welpe mit Sicherheit die Mutter findet, wenn sie ins Nest kommt. Windhundwelpen sollen sich allerdings auch mit Auge und Ohr bald gut zurechtfinden, weil dies ja die wesentlichen Merkmale eines Hetzhundes sind.

Große Erfahrung gehört auch dazu, aus dem Wuchs der jungen Welpen die spätere Gesamterscheinung richtig zu erkennen. Hier nur die Kopfform. Welche Entwicklung muß da stattfinden! Dennoch kann man spätere breite und plumpe Kopfformen schon kurz nach der Geburt einigermaßen sicher am Schädel erkennen. Auch die Bildung des Kiefers und die Zahnstellung sind schon sehr bald gut zu beurteilen. Vor- und Rückbeißer dürften auszumerzen sein. Auch den richtigen Ohransatz kann man schon frühzeitig feststellen.

Wer sich die Mühe macht, schon bei den Welpen laufend die Körpermaße festzuhalten, lernt damit wichtige Merkmale einer Rasse kennen, besonders wenn er diese Werte mit früheren Würfen vergleichen kann. Wichtig ist z.B. die Rumpflänge mit dem Gewicht zu vergleichen und auch die Schulterlänge zu messen, um später daraus Anhaltspunkte für die Schulterhöhe zu gewinnen, die bei Whippets und Windspielen eine große Rolle spielt. Die Maße des Brustkorbes (Höhe, Tiefe und Umfang) lassen sichere Schlüsse auf die spätere Form zu. An den Maßverhältnissen ändert auch die Fütterung nichts mehr. Es ist wichtig zu wissen, daß ein gutes Herz und eine gute Lunge später über die Qualitäten eines Rennhundes entscheiden.

Das Geburtsgewicht muß sofort nach der Geburt festgehalten werden, weil es sich sonst durch Ausscheidungen und durch die Aufnahme der Muttermilch rasch verändert. Ich rate aber dringend, nicht allein nach dem Geburtsgewicht über die Auswahl der Welpen zu entscheiden. Ein weiterer zuverlässiger Anhaltspunkt ist die Stärke der Knochen. Die Läufe sollen kräftig, dabei aber in den ersten Lebenswochen noch kurz sein, damit sich der junge Welpe energisch genug an die Zitzen heranarbeiten kann. Die Rute dagegen soll lang sein (bei Afghanen nicht übermäßig). Erst nach 6 Wochen etwa sind Rückschlüsse auf den Rutenansatz und auf das Tragen der Rute möglich. Nach 8 Wochen kann man die Haarbeschaffenheit sicher beurteilen.

Man sieht daraus, daß es für Züchter und Zuchtwarte verschieden sichere Anhaltspunkte gibt, nach denen eine Auswahl unter den Welpen getroffen werden kann. Wer hohe Ansprüche stellt, sollte sich nicht die Quantität sondern die Qualität der Welpen zum Ziel setzen. Die Ernährung mit Muttermilch ist allen Präparaten vorzuziehen, die Mutter hat jedoch nun einmal nur für 6 Welpen ausreichend Milch. Einige gute Merkmale kennzeichnen den vorzüglichen Hund, setzt man aber für „vorzüglich" den Begriff „vollendet", dann erst ist dies der erwünschte Hund, der als zuchtwertvoll gelten darf. Wenn Welpen getötet werden müssen, hat dies innerhalb der ersten drei Lebenstage zu geschehen; der Tierarzt wird helfen. Von der 4.–10. Woche sollte ein guter Züchter die Auswahl treffen, welche Welpen ihm zuchtwertvoll sind. Ein ganz eindeutiges Bild über den Nachwuchs ergibt sich allerdings erst nach 4–6 Monaten. Man sollte sich also nie nur auf einen Welpen beschränken, besser ist es, zwei oder drei Welpen für die geplante Weiterzucht bis etwa zum 6. Monat zu behalten. Die richtige Auswahl der Welpen ist stets die Grundlage um die gesetzten Zuchtziele zu erreichen.

Die Zuchtschau

Zuchtschauordnung

Der DWZRV hat eine besondere Zuchtschauordnung, die aber von der des Verbandes für das deutsche Hundewesen (VDH) nicht abweicht und diese höchstens für die Belange der Windhunde ergänzt. Es würde zu weit führen, alle Bestimmungen dieser Ordnung zu behandeln. Die Zuchtschauordnung enthält viele Bestimmungen, die nur die Veranstalter und deren Hilfskräfte betreffen, hier also nicht interessieren.

Mit welchen Zuchtschauen hat sich der DWZRV zu befassen? Da sind zunächst die großen internationalen Zuchtschauen mit Hunden aller Rassen, auf denen der DWZRV mit einer Sonderschau vertreten ist. Hier gilt als wichtige Bestimmung, daß auf solchen Sonderschauen nur vom DWZRV zugelassene Richter amtieren dürfen. Selbstverständlich können dies auch Ausländer sein, jedoch müssen sie vom zuständigen Zuchtschaubeauftragten anerkannt sein, der ihr Können und Wissen zu beurteilen hat.

Daneben gibt es aber auch Spezialzuchtschauen des DWZRV. Hier werden **nur** Windhunde vorgestellt. Die Richterbestimmungen entsprechen denen der Sonder-

schauen. Solche Zuchtschauen können auch mit Windhundrennen (jedoch nicht gleichzeitig) verbunden werden. So haben die Aussteller die Möglichkeit, sich sowohl in der Zuchtschau als auch beim Rennen Punkte zu holen, die ihnen auf dem Weg zu „Schönheit und Leistung" weiterhelfen (s. Seite 141). Und drittens gibt es noch Körveranstaltungen, die ebenfalls zusammen mit Spezialschauen abgehalten werden können, was übrigens auch meist die Regel ist (über Körung s. Seite 120).
Alle Hunde, die im Zuchtbuch des DWZRV stehen, und am Zuchtschautag mindestens 6 Monate alt sind, werden zugelassen. Das gilt auch für ausländische Hunde, wenn sie über die entsprechenden Eintragungen in ihrem Land verfügen und diese vom DWZRV anerkannt werden. Es gibt Möglichkeiten, die Zulassungen einzuschränken, dies wird dann aber bereits in der Ausschreibung festgelegt. Andererseits können auch Hundebesitzer, selbst wenn ihre Hunde den Bedingungen der Zuchtschauordnung entsprechen, ausgeschlossen werden, so z.B. Hundehändler. Ferner dürfen Richter nicht ihre eigenen Hunde beurteilen.
Beim Eintreffen auf der Zuchtschau werden alle Hunde tierärztlich überprüft. Offensichtlich kranke Hunde, läufige Hündinnen u.ä. können ausgeschlossen werden. Die Zuchtschauen werden öffentlich in Fachblättern ausgeschrieben. Die Meldungen zur Teilnahme müssen auf den dazu vorgeschriebenen Meldeformularen (s. Seite 206) erfolgen, und das genannte Meldegeld muß im voraus eingezahlt werden.

Hinweise für die Anmeldung

Wer seinen Hund ausstellen möchte, d.h. ihn auf einer Zuchtschau von einem Spezialrichter beurteilen zu lassen und ihn damit auch im Vergleich mit anderen Hunden seiner Rasse bewertet zu sehen, muß dazu folgendes beachten. Als Mitglied des DWZRV erhält er die Monatszeitschrift „Unser Rassehund" mit dem Sonderteil „Unsere Windhunde" und findet dort die Rubrik „Terminkalender", in der alle genehmigten Zuchtschauen im In- und Ausland verzeichnet sind. So kann man sich schon Monate im Voraus auf eine Ausstellung vorbereiten. Hundebesitzer, die bereits häufiger ausgestellt haben, oder der Ausstellungsleitung (bzw. dem Sonderleiter) persönlich bekannt sind, bekommen die notwendigen Unterlagen (Ausschreibungen) meist unangefordert regelmäßig zugesandt. In der Regel übernehmen die Landesgruppen die Verteilung dieser Unterlagen. Wenn man nicht weiß, an wen man sich wenden soll, dann findet man dazu in dem Heftchen „Wer – Wo – Was?" des DWZRV die entsprechenden Hinweise. Aber auch in der Zeitschrift „Unser Rassehund" sind neben den Terminen auch alle notwendigen Anschriften der deutschen und internationalen Ausstellungen aufgeführt.

Aus den Ausschreibungen erfährt der Aussteller, welche Termine einzuhalten sind, welche Unterlagen man benötigt, wo die Ausstellung stattfindet, wann sie beginnt, wo man wohnen kann, was es kostet usw. Den Ausschreibungen liegt stets auch ein Meldeschein bei, den man erstmals am besten unter der Anleitung eines erfahrenen Mitglieds aus dem DWZRV ausfüllt. Die rechtzeitige Absendung des Meldescheins bei gleichzeitiger Überweisung des Meldegeldes ist sehr wichtig. Die Klasseneinteilung ist im folgenden Abschnitt erläutert (s. auch Seiten 206 u. 207).
Wenn Meldeschein (und Meldegeld) rechtzeitig bei der Ausstellungsleitung eingetroffen sind, bekommt der Aussteller eine Bestätigung mit einer Nummer, die für die Teilnahme wichtige Katalognummer. Sie muß im Ring sichtbar getragen werden, da der Richter ausschließlich mit dieser Nummer arbeitet. Um unbeeinflußt und objektiv zu urteilen, sollte ihm der Hund und sein Besitzer nicht bekannt sein. Die Bestätigungskarte, die zum freien Eintritt des Ausstellers berechtigt, enthält einen Abschnitt für eine kostenlose Futterration auf der Zuchtschau. Häufig sind auch für die Teilnahme Bescheinigungen der Tierärzte vorgeschrieben, die man nicht vergessen sollte.

Klasseneinteilung und Bewertungsnoten

Eine wichtige Voraussetzung ist, den Hund in der richtigen Klasse zu melden. Windhunde werden in folgende Klassen eingeteilt:

Jüngstenklasse: der Hund muß mindestens 6 Monate alt sein, darf jedoch nicht älter als 9 Monate sein

Jugendklasse: ab 9 Monate bis höchstens 18 Monate

Register-Jugendklasse: alle Hunde ab 6. Monat bis 18 Monate alt, die nicht im Zuchtbuch eingetragen, sondern nur registriert sind

Offene Klasse: für alle Hunde ab 15. Monat, die im deutschen oder in einem ausländischen Zuchtbuch eingetragen sind

Leistungsklasse: hier erscheinen Hunde, die eine bestimmte Rennleistung nachweisen können, die jedoch ausdrücklich vom Rennsekretär bestätigt sein muß

Siegerklasse: in dieser Klasse können nur Hunde ausgestellt werden, die bereits einen anerkannten Siegertitel auf Zuchtschauen errungen haben.

Registerklasse: ist eine Klasse für alle registrierten Hunde ab einem Alter von 15 Monaten

Ehrenklasse: Hunde mit anerkannten Titeln, die nicht mehr konkurrieren wollen

Außer Konkurrenz: in dieser Klasse werden Hunde ausgestellt, die zwar beurteilt werden, aber nicht an der allgemeinen Konkurrenz teilnehmen. Vorgesehen z.B. als Möglichkeit, einen Hund zur Ausstellung mitzubringen, den man nicht allein zu Hause lassen kann (Hunde die nicht gemeldet sind, werden sonst nicht zur Ausstellung eingelassen).

Das Meldegeld ist für alle Klassen gleich; nur in der Ehrenklasse und bei Hunden außer Konkurrenz ist das Meldegeld ermäßigt.
Anwartschaften für ein deutsches oder internationales Championat kann man nur in der Offenen Klasse, der Leistungs- und der Registerklasse erringen. An der Endausscheidung um den Titel konkurriert die Siegerklasse mit. Bei allen Endentscheidungen treten zunächst immer nur die jeweils besten Hunde (Prädikat V1) jeder Klasse an. An einen dieser Hunde vergibt der amtierende Richter die Anwartschaft auf das Championat. Anstelle des siegreichen Hundes hat nun der nächstbeste Hund aus der Klasse des Siegers (Prädikat V2) das Recht an der Ausscheidung für den Reserve-Champion teilzunehmen. Falls der gewählte Champion seinen Titel nicht behalten darf, wird der Reserve-Champion zum Champion ernannt. Das kann z.B. der Fall sein, wenn der Champion nicht die Voraussetzung erfüllt, den 15. Monat vollendet zu haben, oder wenn er bereits nach den erforderlichen Gesamtanwartschaften den endgültigen Titel des Champions zugesprochen bekommen hat.
Für die Vergabe des Championats ist die Wertnote V 1 erforderlich. Was bedeutet das? Die Wertnote ist die Note, die der Richter vergibt, um mit ihr den Zuchtwert des Hundes auszudrücken. Als Wertnoten gibt es:

V = Vorzüglich. Der Hund muß also in etwa vollendet sein, d.h., daß nur ganz geringe Mängel toleriert werden können.
SG = Sehr gut. Diese Note ist eine hohe Auszeichnung. Es muß sich eben um einen „sehr guten" Vertreter der Rasse handeln. Entscheidende Fehler dürfen nicht vorhanden sein.
Gut = Mit dieser Note wird ein Hund mit geringen Fehlern benotet, der aber ein wirklich guter Vertreter seiner Rasse sein muß.
Gen. = Genügend. Dies ist ein Hund, der Mängel hat, aber immer noch dem Standard entspricht. Trifft auch dies nicht zu, wird der Hund mit
ungenügend bewertet.
Diese Note wird aber nur ausnahmsweise vergeben.
In der Jüngstenklasse gibt es nur die Bewertungen:
vv vielversprechend v versprechend **gN** guter Nachwuchs.

Jeder Hund im Ring muß vom Richter bewertet werden. Die ersten vier Hunde bekommen zu ihrer Wertnote noch die Reihungsnummer 1-4, wenn die Bewertung mindestens ein SG ist. Es wird durchgereiht, d.h. also z.B.: V1, V2, SG 3 und SG 4. Sind weniger als vier Hunde in der Klasse, wird trotzdem (natürlich nur V oder SG) gereiht, z.B.: V1, SG 2.

Vorbereitung für den Ausstellungstag

Daß mancherlei Vorbereitungen notwendig sind, erkennt ein Anfänger oft erst, wenn er im Ring steht und für seinen Hund und dessen Benehmen Vergleichsmöglichkeiten mit den anderen Hunden hat. Plötzlich erkennt man, daß die Sieger sich auch schon beim Vorführen entsprechend bewußt und überlegen zeigen. Vielleicht hört man auch: „Ein schöner Hund, schade, daß er so schlecht gezeigt wird!" usw. Man sollte sich darüber nicht ärgern, sondern daraus lernen. So schwierig ist es nicht, einen richtig gefütterten Hund dazu zu bringen, daß er sich zeigt, nicht bellt oder rauft. Der Besitzer muß seinen Hund z.B. dahin bringen, daß er sich löst, ehe er den Ring betritt.
Dazu nun einige Ratschläge. Zunächst sollte man mit den Vorbereitungen lange vor der Zuchtschau beginnen, bzw. sie regelmäßig wiederholen. Das äußere Erscheinungsbild wird durch entsprechende Ernährung beeinflußt. Der Hund muß in der richtigen Figur (Gewicht) erscheinen, und das Haarkleid muß gepflegt sein. Aber auch sein Wesen muß erkennen lassen, daß ein wohlerzogener Hund im Ring erscheint, ein Hund der enge Verbindung mit seinem Besitzer hat. Er muß auch leinenführig sein, er muß sich stellen und sogar vom Richter anfassen lassen, seine Zähne bereitwillig herzeigen usw. All das muß geübt werden und zwar viele Wochen vor der Zuchtschau. Es ist nicht schwierig, sich zu Hause im Garten oder auf dem Hof einen Platz zu schaffen, der einem Ring ähnelt. Jeden Tag werden hier nun Übungsstunden abgehalten. Man stellt den Hund, zuerst die Pfoten, dann den Körper, später den Kopf und die Rute. Das alles muß so oft geübt werden, bis der Hund begreift, was man von ihm verlangt. Am besten benutzt man dazu ein bestimmtes Wort (z.B. „Steh"!), dann weiß der Hund stets, was er soll. Anfangs sollte man von seinem Hund nur für kurze Momente verlangen, daß er im richtigen Stand verharrt, die täglichen Wiederholungen dürfen ihn nicht ermüden. Der Hund sollte sich angewöhnen, dies alles gern zu tun, um die Wünsche seines Herrchens, so wie es seiner Natur entspricht, zu erfüllen. Er muß aber begreifen können, was man von ihm will. Nach einiger Zeit kann man dieses Stehen immer mehr verlängern und später steht er dann sicher und bewußt im Ring. Schließlich nimmt man ein oder zwei Personen mit an den Ring, die den Hund nicht ablenken dürfen, denn auch am

Ring stehen später ja Zuschauer. Dann tritt eine fremde Person in den Ring, sie soll den Richter darstellen. Jetzt muß der Hund sich auch anfassen lassen, Zähne zeigen usw. Die Zähne zeigt ein Hund am ehesten, wenn ihn der Besitzer selbst dazu anhält. Der Richter ist nicht verpflichtet, die Zähne zu suchen. Der Aussteller muß sie ihm am Hund präsentieren. Wenn der Besitzer mit seinem Hund gut vertraut ist und auch vorher geübt hat, klappt das immer. Wegen des Zahnschlusses wird das Gebiß zunächst von vorn gezeigt und zwar geschlossen, also nur die Lefzen anheben! Ebenso ist dann von beiden Seiten die Vollständigkeit der Prämolaren nachzuweisen. Erst zur Kontrolle der Molaren (s. Seite 106) wird dann der Fang geöffnet.

Einige Worte noch zu den Vorbereitungswochen. Der Hund soll weder in Mastkondition, noch zu mager, sondern genau richtig ernährt sein. Bei richtiger Ernährung sind die Rippen eben noch sichtbar, bei Langhaar gut fühlbar. Die Hüftknochen dürfen nicht eckig hervortreten. Besteht Verdacht auf Würmer, muß eine Wurmkur durchgeführt werden. Eiweißreiche Nahrung ist immer richtig, suppiges Fressen ist zu vermeiden.

Falls ein Bad notwendig ist, sollte dies nicht unmittelbar vor der Ausstellung stattfinden, etwa 8 Tage vorher wäre besser. Dann ist bei der Ausstellung wieder die alten Natürlichkeit da und man braucht auch auf den Ausstellungen für den Hund keine Angst vor Erkältungen zu haben. Zugluft sollte man aber in jedem Fall meiden, denn ein nicht ganz gesunder Zustand drückt den Hund beim Richter herunter, da er sich dann anders benimmt. Auch die Reinigung der Gehörgänge, das Putzen der Zähne (auch Zahnstein muß entfernt sein), und das Beschneiden der Krallen sollte man nicht vergessen.

So tritt der Aussteller gut vorbereitet seinen Weg zur Zuchtschau an. Wichtig ist auch, daß man mit seinem Hund immer zusammen bleibt, er fühlt sich dann wohler. Auch an das gewohnte Lösen sollte man denken. Am Tage vor der Abreise gibt man noch gute und kräftige Nahrung und reichlich Bewegung und Auslauf im Freien. Eine evtl. notwendige Übernachtungsmöglichkeit besorgt man rechtzeitig vorher, damit sich der Hund nach längerer Fahrt gut erholen kann und ihm das Hin und Her der Quartiersuche erspart bleibt. Im Quartier erhält der Hund natürlich eine Erfrischung, Wasser, gutes Fressen und danach Bewegung zum Lösen. Man sollte den Hund jedoch möglichst nicht länger allein im Hotel oder in fremder Umgebung lassen. Es ist auch falsch, den Hund in Lokale mitzunehmen; am besten bleibt der Besitzer beim Hund!

Am Morgen muß der Hund sich wieder lösen können, also Bewegung haben. Schließlich wird der Hund noch gut gebürstet (falls Langhaar), dann kann es losgehen. Auf der Ausstellung sieht man immer wieder Hundebesitzer, die sich auch hier wenig oder gar nicht um ihren Hund kümmern. Da laufen manche Aussteller herum und vertreiben sich weit ab von ihrem Hund die Zeit. Ist es nicht zu verständlich, daß der Hund sich nun allein fühlt? So zeigt sich Gleichgültigkeit oder Mangel an Verständnis gegenüber ihren Hunden bei einigen Besitzern. Stehen dann später beide im Ring, kann es nicht klappen. Gerade solche Aussteller neigen oftmals dazu, für eine entsprechende schlechte Benotung allein dem Richter die Schuld zu geben. Stellt sich aber ein solcher Aussteller nicht selbst ein Armutszeugnis aus? Eine Zuchtschau erfordert ein besonders enges Eingehen auf den Hund, beste Pflege und Fürsorge!

Wie man seinen Hund vorführt

Auch im Ring gilt als oberster Grundsatz, ausschließlich für den Hund da zu sein. Hier ist der Hund die Hauptsache. Während der Zeit im Ring unterhält man sich nicht mit anderen Ausstellern oder gar mit Zuschauern. Sonst braucht man sich nicht zu wundern, wenn auch der Hund sich gehen läßt und auf den Richter einen schlechten Eindruck macht. Wer in jeder Hinsicht gut vorbereitet ist, sollte die kurze Zeit im Ring auch bestens nutzen. Dazu sind aber auch keine Mätzchen nötig, die den Richter beeinflussen oder sogar täuschen sollen. Wer mit solchen Mitteln arbeitet, zeigt, daß der Hund dies notwendig hat. Den Richter macht er damit erst recht auf diese Mängel oder gar Fehler aufmerksam.
Die Ahnentafel muß stets zur Hand sein, der Richter hat das Recht, sie notfalls zu erbitten und einzusehen. Die Ausstellungsnummer sollte sich der Aussteller so anheften, daß sie der Richter leicht und gut erkennen kann. Man sollte auch das genaue Alter wissen und es nicht dem Richter überlassen, daß er sich nach den Geburtsdaten erst das Alter errechnen muß. Bei der Altersangabe nennt man etwa bis zum 20. Monat auch die Monatszahl. Auch über die Abstammung und die Zahl der gefallenen Würfe (bei Hündinnen) sollte man Bescheid wissen.
Dann wird der Hund gestellt oder im Ring bewegt, so wie es der Richter erbittet. Im Stand sollte man besser nicht korrigieren, dazu ist die Vorbereitungszeit da. Wer viel korrigiert, darf sich nicht wundern, wenn der Richter daraus schließt, daß der Hund in Wirklichkeit über Fehler verfügt, die einer ständigen Korrektur bedürfen (z. B. in der Rutenhaltung). So hat der Aussteller selbst Schuld an einer niedrigeren Bewertung. Ein Hund muß im Ring frei stehen und sein Stand darf auch nicht erzwungen erscheinen, wie etwa beim „Stillgestanden“ auf dem Kasernenhof. Man sollte den Hund mit der linken Hand nur lose und kurz an der Leine halten, damit man ihn gut in der Gewalt hat. Jedes Herum- oder Hochzerren oder Anlehnen ist falsch. Auch zur Kleidung des Ausstellers möchte ich etwas sagen. Meine Damen, ein guter Richter läßt sich durch Blickfänge nicht ablenken oder beeinflussen! Farblich sollte man sich jedoch in der Bekleidung dem Hund möglichst anpassen.

Ein vorzügliches Profil kann man durch einen Kontrast (dunkler Hund – helle Bekleidung oder heller Hund – dunkle Bekleidung) noch hervorheben. Bei einem weniger guten Profil dagegen empfiehlt es sich, die Kleidung in der Farbe dem Hund möglichst anzugleichen. Wünscht der Richter die Bewegung zu sehen, dann ist die Stetigkeit des Gangwerkes das wichtigste. Der Tritt, die Rückenfestigkeit und die Übertragung auf den Nachschub sollen gut zu erkennen sein. Dabei muß der Aussteller aufpassen, daß er den Hund nie verdeckt, sich also nicht zwischen Richter und Hund bewegt. Der Aussteller muß sich mitbewegen, er darf den Hund nicht zerren oder gar selbst gezerrt werden. Der Hund sollte andererseits nicht spielen, nach der Leine fassen oder gar springen. Dies alles wirkt nachteilig. Hat man den Hund auch am Ausstellungsmorgen schon entsprechend bewegt, wird er sich auch im Ring richtig bewegen. Verwendet ein Aussteller Lockmittel, kann der Richter annehmen, daß der Hund sonst nicht so frei läuft. Ein Aussteller darf sich nicht wundern, wenn der Richter solche Lockmittel nicht übersieht und deshalb bittet, den Hund frei vorzuführen. Wenn der Richter sich schließlich abwendet, atmet der Aussteller oft erleichtert auf, in der Hoffnung, der Richter habe wohl nichts bemerkt. Später bei der Bewertung aber stellt der Aussteller dann doch fest, daß dem Richter nichts entgangen ist. Es ist also wichtig, all diese kleinen Hinweise im Ring zu beachten, bis Sie entlassen sind. Halten Sie sich stets vor Augen, daß das Urteil des Richters noch nicht endgültig abgeschlossen ist, nachdem er Ihren Hund im Ring einzeln genauestens betrachtet hat. Der Richter schaut bei seiner weiteren Arbeit immer wieder vergleichend auf die schon beurteilten Hunde zurück. So findet er manches bestätigt, was er vorher vermutete, Gutes und auch Mängel. Vom Betreten bis zum Verlassen des Ringes gilt daher: Herr und Hund müssen sich beide konzentrieren. Von einem sportlichen Aussteller darf man erwarten, daß er seine Chancen im Wettbewerb selbst real einschätzen kann und das begründete Urteil des Richters annimmt und mit ihm übereinstimmt. Er sieht auch, wo Fehler bei seinem Hund bestehen, Fehler, die leider allzu häufig auf ihn, den Besitzer, zurückfallen. Dann wird er es auch künftig besser machen.

Beurteilung durch den Richter

Wenn ein Aussteller seinen Hund an einer Zuchtschau teilnehmen läßt, dann ist er meistens überzeugt, dem Richter einen sehr guten, vielleicht sogar den besten Hund vorzuführen. Um so mehr ist er dann überrascht oder gar enttäuscht, wenn er eine Bewertung bekommt, die seinen Erwartungen nicht entspricht. Der Aussteller sieht in seinem Liebling eben nur das Gesamtbild seiner eigenen Vorstellung und bildet sich danach sein Urteil.

Ein Richter hat aber von anderen Voraussetzungen auszugehen, er muß vor allem den Zuchtwert des Hundes erkennen und festlegen. Worauf es dabei ankommt, möchte ich anhand der wesentlichsten Merkmale erläutern. Die vollständige Aufzählung aller Merkmale würde den Rahmen dieses Buches sprengen.
Das äußere Gesamtbild ist sehr entscheidend, man kann sagen, daß es etwa 75 % der Bewertung ausmacht. Doch auch der anatomische Aufbau und das Wesen sind für die Beurteilung von großer Bedeutung. Verglichen mit dem Pferd ist es sehr viel schwerer einen Hund, und besonders den Windhund in seiner enormen Beweglichkeit richtig zu beurteilen. Nehmen wir nur einmal die vielen Affektstellungen oder Ruhelagen, die fast unerschöpflich und doch alle typisch sind. Hinzu kommen noch das verschiedene Haarkleid, die zahlreichen Farben und die Tatsache, daß das Skelett und die Muskeln oft nur sehr schwer zu erkennen sind. Hier noch ein weiterer Vergleich: Wie viele verschiedene Karosserieformen gibt es beim Auto? Entscheidender ist aber doch der Motor und derjenige, der am Steuer des Wagens sitzt. Ihn könnte man als die Seele des Autos bezeichnen. Und ähnlich ist es auch beim Hund. Sein Wesen bestimmt seine Eigenschaften, die wiederum den Bewegungsapparat Hund in Gang setzen und seinen Typ ausmachen. Der Windhund ist ein Lauftier, das Ausdauer hat, schnell und sehr beweglich ist.
Zunächst zum Körper des Hundes. Da ist der Kopf, der Hals, der Rumpf, die Rute und da sind die Gliedmaßen. Bei den Gliedmaßen spricht man von der Vorhand, der Mittelhand und der Nachhand (Hinterhand). Diese Begriffe sind vom Pferd übernommen. In der Mittelhand sitzt der Reiter, die Vorhand ist vor, die Nachhand hinter dem Reiter.
Unter Format versteht man das Verhältnis der Rumpflänge zur Schulterhöhe (s. Seite 96). Ein Windhund soll annähernd quadratisch sein, wobei die Hündin stets einen etwas längeren Rücken haben kann.
Beim Skelett gibt es den Unterschied zwischen breit (etwa wie beim Boxer) und schmal (Windhunde). Der Kopf des Windhundes soll keinen Stop haben. Der Windhund hat einen Langschädel mit kleiner Gehirnschale aber großen Nasenlöchern (im Knochen!). Die Bewertung des Gebisses ist an anderer Stelle (s. Seite 106) schon ausführlich beschrieben worden. Auf eine eingehende Darstellung des gesamten Knochengerüstes wird hier ebenfalls verzichtet und dazu auf die spezielle Fachliteratur verwiesen. Nur einige kurze Anmerkungen sind wichtig: Die Brustwirbelfortsätze (bei Glatthaar im Rücken klar zu erkennen) müssen schräg nach hinten stehen, die Rückenwirbelfortsätze zeigen dagegen schräg nach vorn! Wie die Läufe gewinkelt sein sollten, wird auf Seite 82 bis 86 dargestellt. Das Skelett wird in einem besonderen Abschnitt (s. Seite 79) beschrieben.
Etwas ausführlicher jedoch über die Muskeln. Vor allem gute Muskeln zeichnen, neben Herz und Lunge, den Windhund aus. Es gibt Körpermuskeln, Kopfmuskeln

und Hautmuskeln. Die Hautmuskeln sind beim Windhund besonders stark entwickelt. Es sind Muskeln, die der Mensch kaum noch besitzt oder kaum mehr gebrauchen kann; z.B. um mit den Ohren zu wackeln. So bewirken auch die Hautmuskeln, die unmittelbar unter dem Haarkleid liegen, jenes typische Zucken, wenn sich z.B. eine Fliege auf die Haut setzt. Die Kopfmuskeln sind im allgemeinen weniger wichtig, sie sind allein für die Bewegungen des Gesichts zuständig. Die Körpermuskeln dagegen dienen nicht nur der Bewegung, sie tragen auch den Körper und sorgen dafür, daß er im Gleichgewicht bleibt. An den starken Muskeln des Pferdes erkennt man dies besonders deutlich. Darum kann das Pferd auch so lange stehen. Aber auch bei den kurzhaarigen Hunden läßt sich die kräftige Ausbildung der Körpermuskeln gut beobachten. Der Hund als Bewegungstier leistet viel aktive Muskelarbeit und ermüdet daher auch rascher.
Im allgemeinen bewegt sich der Hund mit leerem Magen und ruht mit vollem Bauch. Das Pferd als Pflanzenfresser dagegen hat immer einen vollen Bauch. Die Hinterhand des Hundes ist im Becken durch Gelenke mit dem Knochengürtel verbunden, so daß dort eine direkte Stütze vorhanden ist. Die Vorhand dagegen ist, um das Körpergewicht besser auffangen zu können, nur durch Muskeln (also ohne Gelenke) mit dem Körper verbunden. Daher kann der Hund seine Vorhand auch seitwärts abbiegen. Ein Pferd kann das nicht! Auch das Schulterblatt ist sehr beweglich (auch seitwärts), ebenso wie die Skelettmuskeln in der Vorhand. Bänder verbinden in der Vorhand die Muskeln. Wenn der Richter diese Verbindung durch Aufdrücken auf dem Widerrist und durch Seitwärtsdruck prüft, dann hört man oft von weichen Bändern. Das ist falsch, denn der Hund hat nur sehr kurze, fast gar keine Bänder (höchstens 1–2 cm lang, je nach Rasse). So handelt es sich dann fast immer um schlaffe und untrainierte Muskeln.
Um die Bewegung, die so entscheidend ist, richtig beurteilen zu können, benötigt der Richter einen großen Ring, in dem 5 Gangarten überprüft werden können. Es gibt

a) den einfachen Gang (langsamer Schritt wie etwa im Zimmer),
b) den Lauf (das ist das leichte Laufen z.B. neben einem Spaziergänger),
c) den Trab (wie ein Traberpferd),
d) den Galopp (auch wie beim Pferd),
e) den Renngalopp (hier werden die Läufe von hinten an den vorderen Läufen weit vorbeigesetzt (s. Seite 95 und Abb. 20).

Die drei ersten Bewegungsarten sind bodeneng, die beiden letzteren bezeichnet man als bodenweit. Der Paßgang ist also ein Fehler.
Wesentlich bei der Beurteilung des Hundes ist auch der Brustkorb, der die Lunge und das kräftige Herz aufnimmt. Der Brustkorb muß daher geräumig, nicht breit

(keine Tonne) aber tief sein. Wichtig ist auch das Pigment, die Augenfarbe und das Haarkleid, das nach seinem Zustand und der Pflege bewertet wird. Und schließlich kommt es noch auf das Wesen an. So erhält der Richter ein Gesamtbild über Typ, Wesen und Rennfähigkeit (bzw. Rennleistung). Das Idealbild ist im Standard im einzelnen festgelegt. Der Richter, dessen Können vor seiner Zulassung vom Verband geprüft und von ihm unter Beweis gestellt worden ist, vergleicht den vorgeführten Hund mit dem Idealbild. Er soll nicht nur Fehler suchen, sondern die Vorzüge des zu beurteilenden Hundes erkennen und bewerten. Wenn die Fehler so groß sind, daß sie herausgestellt werden müssen, sollte das auch in der Bewertungsnote zum Ausdruck kommen. Die Bewertungsnote ist stets der Maßstab für den Zuchtwert des Hundes. Evtl. Plazierungsplätze gelten nur für die jeweilige Zuchtschau im Vergleich zu den gleichzeitig anwesenden Hunden der gleichen Rasse und gleichen Klasse. Außerdem bekommen die Besten noch Anwartschaften und Titel (s. Seite 139).

Fachausdrücke für die Beurteilung

Im Anhang (Seite 208) sind die gebräuchlichsten Fachausdrücke des Richters zusammengestellt, die außerdem auch in Fach-Artikeln verwendet werden. Sie sind den Kennern so geläufig, daß man bei der Beurteilung von Hunden nicht auf sie verzichten kann, darum sollte sie sich auch der Anfänger aneignen.

Titel und Anwartschaften

Es gibt Titel, die für einmalige Leistungen oder Bewertungen verliehen werden und Titel, für die zuvor erst mehrere Anwartschaften errungen sein müssen. Titel für einmalige Leistungen sind daran zu erkennen, daß sie mit der jeweiligen Jahreszahl verbunden sind, so beispielsweise der Titel „Bundessieger 1978". Welche Bedingungen für die einzelnen Titel oder für die vorausgehenden Anwartschaften zu erfüllen sind, ist in den entsprechenden Ausschreibungen aufgeführt. Zu diesen Bedingungen verlangt der DWZRV außerdem die Erfüllung bestimmter anatomischer Voraussetzungen, so z. B. bestimmte Größenverhältnisse, Zahnbestand usw. Der Verband unterscheidet weiterhin auch nach Titeln aus Zuchtschauen und Titeln aus Rennen, und es gibt sogar einen Titel – und das ist wohl das erstrebenswerteste überhaupt –, der beide Bereiche (Zucht und Rennen) einschließt. Die Gewinner dieses Titels sind Hunde, die nicht nur schön, sondern auch sehr schnell sind und die damit den idealen Windhund überhaupt darstellen. Die Rennsiegertitel und das Rennwesen selbst werden im anschließenden Abschnitt behandelt. Außerdem muß man wissen, daß es Titel auf vier verschiedenen Ebenen gibt:

a) Titel des DWZRV (Deutscher Windhundzucht- und Rennverband)
b) Titel des VDH (Verband für das Deutsche Hundewesen), dem Verband dem alle Rassehunde angehören.
c) Titel der FCJ (Fédération Cynologique Internationale), dem internationalen Verband aller Hunderassen.
d) Titel der UICL (Union Internationale des Clubs de Lévriers), dem Internationalen Verband für alle Windhundrassen.

Daneben kann man natürlich auch noch in anderen Ländern Titel erringen. Darauf kann aber angesichts der so zahlreichen Möglichkeiten hier nicht im einzelnen eingegangen werden.

Zuchtschautitel

Landessieger. Jede Landesgruppe des DWZRV kann einmal im Kalenderjahr diesen Titel innerhalb ihrer Landesgruppe ausschreiben und zwar im Rahmen einer CAC-Zuchtschau (d.i. eine Zuchtschau auf der das „certificat d'aptitude au championat" vergeben wird) bzw. einer CACIB-Zuchtschau (d.i. eine internationale Zuchtschau, auf der das „Certificate d'aptitude au championat internationale de beauté" der FCJ vergeben wird). Der Titel lautet: Landessieger ... (hier Name der Landesgruppe) 19 ... Die Hunde müssen 15 Monate alt sein und in der Offenen-, Leistungs- (Gebrauchshund-), Sieger- oder Registerklasse dieser Zuchtschau ausgestellt sein. Der Titel wird je an einen Rüden und eine Hündin vergeben. Zugelassen sind jedoch nur solche Hunde, die im Zuchtbuch des DWZRV eingetragen oder registriert sind, bzw. Papiere von anderen anerkannten Zuchtbüchern besitzen.

Verbandssieger. Auch dieser Titel wird nur einmal im Kalenderjahr vergeben, und zwar auf der jährlichen Verbandssiegerschau, die stets in Köln stattfindet. Zugelassen sind nur Hunde aus deutscher Zucht, die außerdem im Besitz von in Deutschland wohnenden Mitgliedern des DWZRV sein müssen. Der Titel kann nur von deutschen Richtern vergeben werden und zwar je an eine Hündin und an einen Rüden der Offenen-, Leistungs- (Gebrauchshund), Sieger- oder Registerklasse, wenn der Hund die Bewertung V1 (vorzüglich, Platz 1) bekommen hat.

Bundessieger. Die Bundessieger-Zuchtschau veranstaltet der VDH einmal im Jahr. Alle Hunde, die in einem von der FCJ anerkannten Zuchtbuch eingetragen sind und mindestens 15 Monate alt sind, können stechen, wenn sie den ersten Platz der Offenen-, Leistungs- (Gebrauchshund-) oder Siegerklasse errungen haben. Der Titel wird an den besten Rüden und die beste Hündin vergeben.

VDH-Sieger. Der Titel wird vom VDH vergeben. Er ist mit vier Anwartschaften zu erreichen, die aber nur auf CACIB-Zuchtschauen (CA bedeutet Anwartschaft) vergeben werden. Die Anwartschaft bekommt der Hund, der die Bewertung V1 in folgenden Klassen der Zuchtschau erworben hat: Offene Klasse, Leistungs- (Gebrauchshund-) oder Siegerklasse. Es können also drei Anwartschaften für Rüden und drei für Hündinnen vergeben werden. Den Titel erhält, wie gesagt, endgültig der Hund, der vier Anwartschaften errungen hat, jedoch müssen beim Rüden zwischen der ersten und der vierten Anwartschaft 24 Monate liegen, bei den Hündinnen genügen hier 12 Monate. Die zweitbesten Hunde der gleichen Klassen erhalten eine Reserve-Anwartschaft, die zum Tragen kommt, wenn der erste Hund ausfallen sollte. Titel und Anwartschaftsbestätigungen sind gebührenpflichtig.

UICL-Sieger. Auch diesen Titel gibt es nur einmal im Jahr und zwar jeweils in einem anderen Land. Das kann in Verbindung mit einer CAC- oder CACIB-Zuchtschau geschehen. Die Hunde müssen in einem von der FCJ anerkannten Zuchtbuch eingetragen sein, und der Besitzer des Hundes muß Mitglied eines Verbandes sein, der der UICL angeschlossen ist. Auch diesen Titel bekommen Rüden und Hündinnen getrennt.

Deutscher Schönheits-Champion. Dieser Titel wird vom DWZRV vergeben. Er erfordert vier Anwartschaften (CAC) von drei verschiedenen Richtern und wird nur auf Spezial- oder Sonderschauen des DWZRV verliehen. Zwischen der ersten und vierten Anwartschaft müssen mehr als 12 Monate liegen. Es stechen nur die Hunde der Offenen-, Leistungs- (Gebrauchshund-) und Registerklasse, die die Bewertung V1 erhalten haben. Wird ein CAC-Hund ausgeschieden, so nimmt an seiner Stelle am Stechen als Reserve-CAC der V2-Hund dieser Klasse teil. Die endgültige Zuerkennung erfolgt durch den Zuchtschaubeauftragten, wenn die vier CAC zusammen eingereicht werden.

Internationaler Schönheits-Champion. Dieser Titel wird von der FCJ vergeben. Erforderlich sind vier Anwartschaften (CACIB), die in einem Zeitraum von mehr als 12 Monaten errungen und von drei verschiedenen Richtern gegeben worden sein müssen. Sie müssen außerdem mindestens in drei verschiedenen Ländern erteilt worden sein, wovon eines dieser drei Länder das Heimatland des Eigentümers oder das Ursprungsland der Rasse sein sollte. Die Vergabe erfolgt nach einem Stechen an einen V1-Hund der Offenen-, Leistungs- oder Siegerklasse. Der V2-Hund aus der Klasse des Siegers erhält entsprechend das Reserve-CACIB. Für die Zuerkennung des CACIB muß der Hund 15 Monate alt sein. Mit vier Original-CACIB kann man über den VDH bei der FCJ die Zuerkennung des Titels beantragen.

Zuchtgruppen

Eine Zuchtgruppe muß mindestens aus drei Hunden bestehen, die alle aus dem gleichen Zwinger stammen müssen, also den gleichen Zwingernamen führen und vom gleichen Züchter gezüchtet sein müssen. In den vorausgegangenen Einzelbewertungen müssen die Hunde mindestens mit der Note „Gut" bewertet worden sein. Bewertet wird die Gleichmäßigkeit und Übereinstimmung des Familientyps einer Gruppe.

Folgende Gesichtspunkte sind dabei maßgebend:

a) Die Gruppe muß in jeder Beziehung ausgeglichen sein und im Familientyp übereinstimmen.
b) Je rassegeprägter die einzelnen Hunde der Gruppe sind, je höher wird sie bewertet. Dazu gehören Typ, Körperbau und Farbe, wobei hinsichtlich der Farbe manchmal weniger streng bewertet wird, wenn es sehr schwierig ist, den gleichen Farbschlag zu erreichen.
c) Übereinstimmung im Gangwerk, im Wesen und Temperament läßt sich oft schwer beurteilen, sollte aber auch vorhanden sein.

Es gibt im Zuchtgruppenwettbewerb mehrere Stufen und zwar

1. den Wettbewerb in den einzelnen Rassen
2. den Wettbewerb in den einzelnen Gruppen (Abteilungen) z. B. alle Windhundrassen in einem Wettbewerb
3. den Spitzengruppenwettbewerb, in dem alle Rassen einer Ausstellung gegeneinander antreten

Während die Wettbewerbe in den Rassen und in der Gruppe von einem Richter bewertet werden, sind in den Spitzenwettbewerben dazu mindestens drei Richter vorgeschrieben.

Es gibt auch noch einen **Nachzucht-Gruppenwettbewerb.** Hier stellen sich mindestens fünf Nachkommen (aus beiden Geschlechtern) desselben Rüden im Wettstreit vor. Dabei läßt sich die Vererbungskraft eines Deckrüden beurteilen, eine Erkenntnis, die für die Besitzer von Zuchthündinnen nicht unwesentlich ist.

Schönheit und Leistung – ein Zuchtziel

Die UICL vergibt den erstrebenswertesten Titel: „UICL-Sieger für Schönheit und Leistung" (s. Seite 143). Dabei werden Zuchtqualität und rennsportliche Leistungen zusammen bewertet. Es wäre sehr wünschenswert, wenn auch der DWZRV bald mit einem ebensolchen Titel folgen würde. Dazu einige Überlegungen.

Man kann sich sowohl Schönheit wie Leistung als Zuchtziele stecken und auch erreichen. Und genauso ist es möglich den schönen und gleichzeitig leistungsstarken Hund zu züchten. Es gibt Züchter, die dieses Ziel bereits ernsthaft anstreben. Weit verbreitet ist in England leider jedoch die Praxis, Zucht bevorzugt in der einen oder aber in der anderen Richtung zu betreiben, also entweder nur den reinen Ausstellungshund (Showdog) oder den Rennhund (Racingdog) im Auge zu haben. Dann kommt es dazu, daß man auf den Zuchtschauen sehr schöne Hunde sieht, deren Körperbau aber keine Leistung mehr zuläßt, oder aber an Rennen nehmen starke Hunde teil, die dem Standard nicht mehr entsprechen, weil sie z.B. zu groß sind oder eine überentwickelte Muskulatur besitzen. Meines Erachtens entspricht es jedoch nicht dem eigentlichen Zuchtziel für Windhunde, Schönheit und Leistung voneinander zu trennen. Es sollte nicht die Absicht eines Züchters sein, mit einem Hund aus dem Zwinger Schönheitstitel und mit einem anderen Rennsiegertitel zu erringen. Selbst wenn diese beiden Hundegeschwister sind, wertet dieses Streben nach „Universalität" doch keinen Zwinger auf! Der ideale Hund und das Idealziel eines Züchters kann doch nur der Hund sein, der beide Qualitäten bestmöglichst in sich vereint. Dann erst kann man von einer wirklichen Hochzucht sprechen.
Wie kommt es nun, daß noch so wenige Hunde dieses ideale Zuchtziel erreichen. Sicher ist die einseitige Zucht auf Schönheit oder Leistung der leichtere Weg, der meist auch rascher zu Erfolgen führt. Wenn man jedoch berücksichtigt, wie oft auf Zuchtschauen die Wertnote „vorzüglich", bei der ja auch die Rennveranlagung mit bewertet werden soll, vergeben wird, dann besitzen doch viele Hunde beste Anlagen für eine Zucht auf Schönheit und Leistung. Hunde z.B., die auf einer Zuchtschau in der Rennklasse gemeldet sind, haben ohnehin einen Leistungsnachweis erbracht und sind bereits keine reinen Ausstellungshunde mehr.
Und wie steht es mit dem Ausstellungs- oder besser Zuchtwert der Rennhunde? Rennblut ist natürlich sehr gut und erstrebenswert für die Vererbung, aber oft wird deshalb mit Hunden gezüchtet, die den Bestimmungen (Größe, Zahnzustand usw.) nur ungenügend entsprechen, nach dem Motto: „Schön ist der Hund nicht, aber rennen kann er"! So entsteht der nur auf Rennleistung gezüchtete Windhundtyp.
„Schönheit und Leistung" als eigentliches Zuchtergebnis läßt sich aber nur dann erreichen, wenn der gesamte Windhundbestand auf dieses Ziel hin ausgerichtet wird. Der Ausstellungshund gehört auf die Rennbahn und der Rennhund auf die Zuchtschau! Dazu müßte in erster Linie die Initiative vom DWZRV ausgehen. Wahrscheinlich führt die Rennklasse auf den Zuchtschauen auf einen falschen Weg, vielleicht trägt sie sogar zur Aufspaltung der Zuchtziele eher noch bei. Der Rennhund sollte sich dem Ausstellungshund auf einer Zuchtschau so weit nähern, daß äußerlich zwischen beiden kein Unterschied mehr besteht. Umgekehrt erhält der Ausstellungshund auf dem Rennplatz auch keinerlei Vorgabe, sondern muß

unter den selben Voraussetzungen gegen die Rennhunde antreten. Mit entsprechenden Bestimmungen könnte der Verband dies steuern. Auch die Zuchtordnung des DWZRV trägt bisher noch nicht dem Zuchtziel „Schönheit und Leistung“ Rechnung. Die einmalige Körung entscheidet über die Zulassung zur Zucht, und Nachzuchtprüfungen werden so gut wie gar nicht beachtet, so daß das Zuchtergebnis im Grunde vom Können und den Absichten des Züchters entscheidend abhängt. Das genügt jedoch keineswegs, feste Richtlinien sind notwendig!
Es wäre durchaus möglich, solche Hunde von der Zucht auszuschließen, die dem gesteckten Ziel „Schönheit und Leistung“ nicht entsprechen. Auf einer Zuchtschau dürften einem Hund Auszeichnungen (Titel und Anwartschaften) nur zugesprochen werden, wenn er einen Mindestleistungsnachweis erbringen kann, z. B. dadurch, daß er eine Leistungskarte besitzt. Umgekehrt sollte einem Rennhund nur dann ein Rennsiegertitel zustehen, wenn er auch angekört worden ist. Was nützt z. B. einem Whippet mit 50 cm Schulterhöhe ein Rennsiegertitel, da er wegen seiner Übergröße den Zuchtbestimmungen nicht mehr entspricht. Allenfalls befriedigt er den Ehrgeiz seines Besitzers. Hier liegen wichtige Aufgaben für den DWZRV und ich meine, er müßte sie anpacken.

UICL-Sieger für Schönheit und Leistung

Dieser Titel wird von der UICL verliehen. Erforderliche Nachweise für die **Schönheit:** Vorlage der Anwartschaften für zwei CACIB oder drei Reserve-CACIB oder ein CACIB und zwei Reserve-CACIB, die unter mindestens zwei Richtern in zwei Ländern erworben sein müssen. Dazu kommt noch ein Zertifikat, daß der Hund auf einer UICL-Zuchtschau mit **„Vorzüglich“** bewertet worden ist.
Rennleistung: Vorlage von Urkunden über die Teilnahme und Endlaufplazierung im 1. bis 3. Rang an zumindest zwei internationalen Rennen, die von der UICL genehmigt waren. Es müssen mindestens 8 Hunde der Rasse am Start gewesen sein. Vorlage des Zertifikats über die Teilnahme am Europa- und UICL-Rennen. Das Zertifikat wird vergeben, wenn der Hund am Europa-Endlauf unbeanstandet teilgenommen hat oder im UICL-Endlauf die Plazierung 1–3 erreichte.

Windhundrennen

Rennordnung

Das Rennwesen ist in einer Rennordnung (genauso wie für das Zuchtschauwesen), wie sie die Satzung des DWZRV verlangt, niedergelegt. Die Rennordnung regelt für die Mitglieder und die Gliederungen des DWZRV die Ausschreibung und Durchführung von Rennen, so daß alle Rennen nach einheitlichen Regeln ablaufen können. Die Durchführung obliegt den vom DWZRV lizenzierten Rennvereinen. Die Rennvereine sind selbständige, gerichtlich eingetragene Vereine, die jedoch nur Mitglieder des DWZRV aufnehmen dürfen. Die Gesamtüberwachung des Rennwesens unterliegt dem Vorsitzenden einer fünfköpfigen Rennkommission, der dem Vorstand des DWZRV angehört. Der Vorsitzende der Rennkommission hat u. a. die geplanten Rennen zu genehmigen und deren Termine zu schützen, damit sich zwei Veranstaltungen nicht zeitlich oder räumlich beeinträchtigen. Der Verein zahlt dafür eine kleine Gebühr. Außerdem gibt der Vorsitzende der Rennkommission die Leistungskarten aus, die die Hunde bei einer Teilnahme an Rennen benötigen (s. auch Seite 147).
Für Rennveranstaltungen gelten feste Bestimmungen. So dürfen in Deutschland nur Flachrennen abgehalten werden. Die Geschlechter laufen im allgemeinen getrennt; nur bei ganz geringer Meldezahl (weniger als 3) darf man beide Geschlechter zusammen laufen lassen. Sind von einer Rasse und einem Geschlecht mehr als 6 Hunde gemeldet, so müssen Ausscheidungsläufe durchgeführt werden. Man unterscheidet:

1. Offene Rennen, bei denen die teilnehmenden Hunde im Zuchtbuch des DWZRV eingetragen und deren Eigentümer in Deutschland ansässige Mitglieder des DWZRV sein müssen.
2. Internationale Rennen. Hier gelten die Bestimmungen der UICL (s. dazu am Schluß dieses Abschn.).

Titel (s. Seite 158) werden nur auf Titelrennen vergeben. Daneben führt der DWZRV einmal im Jahr das „Deutsche Windhund-Derby“ durch, zu dem nur höchstens 3 Jahre alte Hunde zugelassen sind. Ein Hund kann also höchstens zweimal am Derby teilnehmen, und auch nur dann ein zweites Mal, wenn er nicht schon im ersten Derby Sieger war. Es ist, ausgenommen bei Titelrennen, üblich, daß Rennvereine ihrem jährlichen Rennen einen bestimmten Namen geben.

Wie Pfeile schießen die Hunde aus dem Startkasten. Damit man die Konkurrenten besser erkennt, trägt jeder eine unterschiedlich farbige Decke.

Startberechtigt sind folgende Windhundrassen:

a) Greyhound
b) Whippet (mit einer maximalen Schulterhöhe von 50 cm)
c) Afghane
d) Barsoi
e) Saluki
f) Windspiel (bis maximal 38 cm Schulterhöhe)
g) Galgo
h) Sloughi

Alle Hunde müssen im Zuchtbuch des DWZRV (DWZB) eingetragen sein. Dies gilt ebenfalls für alle Importhunde. Zur Startberechtigung gehört auch die

Leistungskarte (s. Seite 147). Damit nicht zu junge Hunde durch verfrühte Teilnahme an Rennen überbeansprucht werden, ist ein Mindestalter vorgeschrieben. Es beträgt für Whippet und Windspiel 12 Monate und für alle anderen Rassen 15 Monate. Auch eine Altersgrenze ist festgelegt; danach darf ein Hund noch in dem Rennjahr starten, in dem er 8 Jahre alt wird. Für Whippet und Windspiel sind Messungen der Schulterhöhe zu festgelegten Alterszeitpunkten vorgeschrieben. Alle Hunde müssen in ihrem natürlichen Haarkleid, d.h. weder geschoren noch sonstwie verändert, auftreten.
Bei jedem Rennen wird ein Schiedsgericht aus drei Rennfachleuten eingesetzt. Für die technische und organisatorische Durchführung sorgt der mit besonderen Befugnissen ausgestattete örtliche Rennleiter. Die Zielrichter und Zeitnehmer am Ziel und zusätzliche Bahnbeobachter an mehreren Abschnitten (Kurven) der Rennbahn unterstützen das Schiedsgericht bei seinen Entscheidungen. Am Start steht der Starter mit seiner Fahne, der die richtige Ausrüstung des Hundes, die Startnummern und den gesamten Start überwacht und ihn schließlich freigibt.
Das Lockmittel (Hasen- oder Kaninchenfell) wird in der Regel etwa 20 m vor dem ersten Hund durch eine Hasenmaschine gezogen, wobei die Zugvorrichtung elektrisch, mechanisch oder als Endlosbahn konstruiert sein kann.
Selbstverständlich ist bei jedem Rennen auch ein Tierarzt zur Stelle, der sich aber weniger um Verletzungen, als viel mehr um tierärztliche Beurteilungen zu kümmern hat, wie z.B. die Kontrolle des Gesundheitszustandes der Hunde oder um Dopingverdacht.
Und ergänzend noch einige Bestimmungen aus der Rennordnung der UICL, die über den Geltungsbereich des DWZRV hinausreicht. Rennen, die als internationale Rennen gelaufen werden, müssen als solche bezeichnet werden und unterliegen dann den Bestimmungen der UICL.

Deren derzeitiges Reglement läßt nur folgende Rassen zu:

a) Greyhound
b) Barsoi
c) Whippet (bis maximal 50 cm Schulterhöhe)
d) Afghane
e) Saluki

Alle Hunde müssen 15 Monate alt sein.
Die deutschen Leistungskarten gelten auch international wie die der anderen Länder. Wenn automatische Zeitmessung eingesetzt wird, kann nach den gelaufenen Zeiten (also nicht nach Einlauf) ausgewertet werden. Nach dem UICL-Rennreglement sind auch Hürdenrennen zugelassen, in denen aber höchstens 4 Hunde gleichzeitig starten dürfen, zum Unterschied von Flachrennen, wo mindestens 6

Hunde gemeldet sein müssen. Für die organisatorische Durchführung gelten in etwa dieselben Bestimmungen, wie sie die Rennordnung des DWZRV verlangt. Die Renndistanz kann zwischen 350 und 900 m liegen, nur bei Whippet kann sie auf 300 m zurückgehen, bzw. darf nicht über 550 m liegen. Bei über 525 m Bahnlänge darf ein zweiter Lauf erst nach 45 Min. stattfinden, auf keinen Fall aber noch ein weiterer zusätzlicher Lauf. Das UICL-Reglement enthält auch genaue Bestimmungen über Doping, Disqualifikation, Wiederholungen usw.

Wie man die Startberechtigung erwirbt

Für eine Teilnahme an Rennen ist Voraussetzung, daß man zuvor eine Leistungskarte erwirbt. Wie geschieht das?
Die Leistungskarte erhält man vom Vorsitzenden der Rennkommission, wenn folgende Bedingungen erfüllt sind:

a) Man muß Mitglied des DWZRV sein.
b) Der Hund muß im Zuchtbuch des DWZRV (DWZB) eingetragen sein. Außerdem muß man die Ahnentafel des Hundes vorlegen!
c) Man muß bei einem lizenzierten Windhundrennverein am Training teilgenommen haben.
d) Man muß bei seinem Rennverein eine Trainingskarte erwerben, in die alle Trainingsläufe (Einzelläufe zählen nicht) eingetragen werden.
e) Die Trainingskarte muß enthalten:
   1. Starts, die an drei aufeinander folgenden Trainingstagen stattgefunden haben.
   2. Zwei Trainingsläufe für jeden Trainingstag.
   3. Die Bescheinigung, daß der Hund mit noch mindestens zwei anderen etwa gleich schnellen Hunden gestartet und durchgelaufen ist, wieviel Hunde am Start teilgenommen haben, und daß der Lauf einwandfrei durchgestanden war.
   4. Die Unterschrift von mindestens einem beim DWZRV lizenzierten Rennfunktionär, der zur Beurteilung anwesend sein muß.
f) Diese Trainingskarte wird im Original dem Vorsitzenden der Rennkommission vorgelegt, der danach die Leistungskarte gegen eine Gebühr ausstellt. Jetzt ist der Hund bahnsicher!

Klasseneinteilung

Die hier aufgeführte Klasseneinteilung entspricht der 1978 gültigen Regelung, die sich im Laufe der Zeit natürlich ändern kann. Es empfiehlt sich deswegen mit dem örtlichen oder nächsten Rennverein Verbindung aufzunehmen.
Alle Rennen – Ausnahmen müssen besonders bekanntgegeben werden – werden in zwei Klassen durchgeführt. Dies sind:

a) die Grundklasse (im Ausland auch als B-Klasse bezeichnet),
b) die A-Klasse.

Für registrierte Hunde ist auch noch eine Registerklasse eingeführt worden. Welcher Klasse ein Hund angehört, ist aus der Leistungskarte leicht zu ersehen. Die Hunde der Grundklasse (B-Klasse) erhalten keine besonderen Eintragungen, die der A-Klasse besitzen einen zusätzlichen Vermerk und dürfen damit nur noch in der A-Klasse starten. Kann sich ein Hund in dieser leistungsstärkeren Klasse nicht mehr behaupten, wird er in die Grundklasse zurückversetzt, und die Vermerke für die A-Klasse werden gestrichen.
Um Härten zu vermeiden, enthält die Rennordnung auch Einführungs- und Übergangsbestimmungen. Hunde aus Ländern, in denen eine Klasseneinteilung besteht, starten in Deutschland in den entsprechenden Klassen, z. B. Hunde der B- und C-Klasse aus Holland (dort gibt es auch noch eine C-Klasse) starten bei uns in der Grundklasse. Hunde aus Ländern ohne Rennklassen müssen bei uns stets in der A-Klasse starten. Für den Übergang von der Grundklasse in die A-Klasse wurde ein System entwickelt, nach dem die Hunde der Grundklasse im Verlauf des Rennjahres punktmäßig bewertet werden. Die Punkte werden entsprechend der Plazierung und der Anzahl der gleichzeitig startenden, also konkurrierenden Hunde im Finallauf vergeben. Nach Erreichen einer bestimmten Punktzahl (z. Zt. 12) in einem Kalenderjahr steigt der Hund in die nächste Klasse auf.

Rennbahn

Die Rennbahn muß mit einer kurzen Grasnarbe versehen sein und darf keine Unebenheiten und Gefälle haben, die den Hunden gefährlich werden könnten. Die Bahn muß außer den vorgeschriebenen Längen über eine Mindestbreite von 6 m, in den Kurven 8 m, verfügen. Eine Kurve muß an der Innenpiste einen Radius von mindestens 30 m besitzen. Überhöhte Kurven brauchen nur 7 m breit zu sein, sofern die Überhöhung wenigstens 8 % beträgt. Die Rennbahn muß eine Startgerade (mindestens 40 m) und eine lange Zielgerade haben. Bei einer Endlosbahn muß ein

In Rußland wird auch heute noch mit Barsois auf Wölfe gejagt. Der Autor beschreibt das Erlebnis einer solchen Jagd (Seite 162), die er auch selbst im Bild dargestellt hat.

Umlauf mindestens 300 m lang sein. Es wird entgegen der Uhrzeigerdrehung gelaufen.
Die Renndistanzen sind nach der deutschen Rennordnung

für Whippet	300-550 m
für Windspiel	maximal 400 m
für alle übrigen Hunde	350-900 m

Bei Distanzen über 525 m stehen die Bestimmungen (z.B. über Altersgrenzen, Laufwiederholungen usw.) mit denen der UICL im Einklang. Die Unterbringung der Hunde vor und nach dem Rennen erfolgt auf dem Sattelplatz. Der Besitzer kümmert sich dort selbst um seinen Hund.
Die Hunde dürfen nur aus einem Startkasten auf die Bahn geschickt werden, der den in der Rennordnung vorgeschriebenen Maßen und Ausstattungsmerkmalen (s. Bild Seite 145) entspricht. Der künstliche Hase (Fell oder evtl. Stoff) wird mit einer Schnur über Rollen um die Bahn gezogen und soll während des Rennens etwa 20 m vor dem ersten Hund liegen. Das Schema einer Rennbahn (mit eingezeichnetem Verlauf der Schnur) zeigt Abb. 25.

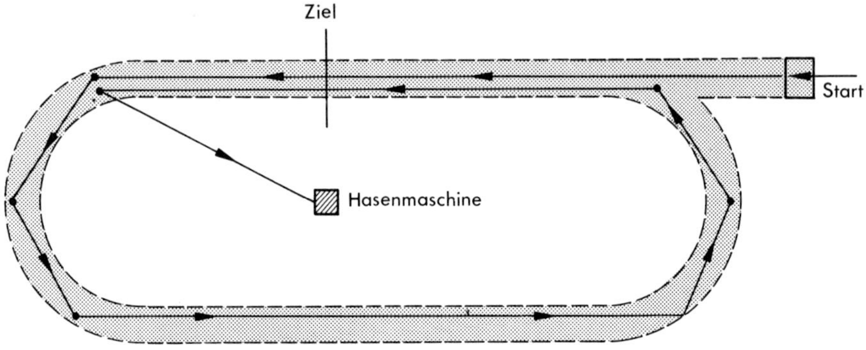

Abb. 25. Das Schema einer Rennbahn.

Rennutensilien

Ein Rennhund muß auf der Rennbahn während des Laufes einen Maulkorb tragen, der gegenseitige Beißereien und Beschädigungen des künstlichen Hasen verhindern soll. Der Hund wird mit gut sitzendem Halsband und kräftiger, fehlerfreier Leine zum Start geführt. Beim Einsetzen in den Startkasten kann neben der Leine auch das Halsband abgenommen werden. Ein fachmännisches Bandagieren der Fesseln (ähnlich wie bei den Rennpferden) ist erlaubt.
Während des Rennens muß dem Hund außer dem Maulkorb noch eine Renndecke angelegt werden. Diese Renndecken, die auch im Katalog aufgeführt sind, haben neben einer bestimmten Farbe auch noch eine Nummer, damit das Zielgericht die einzelnen Hunde zweifelsfrei unterscheiden kann. Diese Decken muß der Hundebesitzer selbst beschaffen, ebenso wie die Maulkörbe. Die Decken haben international folgendes Aussehen (Beispiele s. Bild Seite 145):

Nr. 1 Decke rot, Zahl weiß
Nr. 2 Decke blau, Zahl weiß
Nr. 3 Decke weiß, Zahl schwarz
Nr. 4 Decke schwarz, Zahl weiß
Nr. 5 Decke gelb, Zahl schwarz
Nr. 6 Decke schwarz-weiß (und zwar abwechselnd schwarze und weiße Längsstreifen), Zahl rot.

Decken und Zahlen dienen nur der Kennzeichnung während des Rennens, mit der Vergabe des Bahnplatzes (Innen- bzw. Außenbahn) haben sie nichts zu tun. Diese Reihenfolge wird erst unmittelbar vor dem Rennen am Startkasten festgelegt. Hier muß, wenn alle Teilnehmer anwesend sind, aus einem Beutel ein Los gezogen werden, das entscheidet, in welcher Box – und damit auch auf welcher Bahn der Hund startet. Es ist also durchaus möglich, daß der Hund mit der roten Decke 1 in der letzten Box 6 startet.

Vorbereitung

Ein schöner Windhund sollte möglichst auch ein guter Renner sein und umgekehrt, das entspricht dem idealen Zuchtziel. Darum sind Hinweise, die der Vorbereitung auf Rennen dienen, zugleich auch Hinweise für den Züchter, der sich um die gute Anatomie des Hundes für die Zuchtschau bemüht.
Bis zum Alter von etwa 5 Monaten dürfen die Welpen sich ihrer Jugend freuen, man läßt sie wie Kinder spielen. Wenn möglich, hält man zwei fast gleich starke Hunde zusammen, da sie sich eher vertragen. Hält man dagegen mehrere Hunde, sollte man immer darauf achten, daß sie spielen, sich aber nicht ernsthaft streiten. Ein junger streitlustiger Rennhund neigt auch später auf der Rennbahn leicht zum Raufen. Deshalb ist es auch gut, die Hunde zusammen zu füttern. Wenn nicht jeder Hund seinen eigenen Napf hat, schadet es nicht, wenn auch zwei oder drei aus einer Schüssel fressen. Am Anfang besteht vielleicht Futterneid, doch später fressen sie friedlich zusammen.
Sind die Hunde nun etwa 5 Monate alt, beginnt man mit ihrer Erziehung (s. Seite 164) und ab dem 6. Monat kommt dann die systematische Arbeit, die Bewegung – natürlich am Anfang langsam – neben dem Fahrrad.
Auch die Strecken sollen anfänglich nur kurz sein und sich erst langsam ausdehnen. Von Anfang an muß unbedingt darauf geachtet werden, daß der Hund trabt, also auf keinen Fall Galopp läuft. Man kann dann mit der Zeit auch das Tempo steigern, sobald der Hund aber in Galopp fällt, muß man mit dem Tempo wieder nachlassen. Den Trab empfehle ich deshalb, weil in dieser Gangart Knochen und Muskeln gleichmäßig arbeiten. Beim Galopp werden die Mukeln zu stark beansprucht und auch Herz und Lunge arbeiten beim Traben regelmäßiger.
Man darf den Hund jetzt auch schon mit zur Rennbahn nehmen, damit er dort vertraut wird. Auch als Vorbereitung für eine Zuchtschau ist dies von Vorteil. Die Besuche auf der Rennbahn dürfen sich wiederholen. Stets muß der Hund jedoch angeleint bleiben; die Rennbahn ist kein Spielplatz! Hunde, die auf der Rennbahn spielen dürfen, sind oft schlechte Renner. Sie lassen sich durch irgendeine Spielerinnerung leicht ablenken, laufen also nicht durch.
Etwa ab dem 7. Monat muß die Schulung des Auges einsetzen. Der Windhund ist ja ein Hetzhund, jagt also mit dem Auge. Aufmerksam beobachtet er auf der Rennbahn den Hasen und verfolgt ihn. Das sollte man zu Hause auch mit ihm „spielen“.

Der Ausdruck „spielen“ ist hier bewußt gewählt, denn dieses Üben muß dem Hund wirklich Freude machen. Läßt sein Interesse nach, muß man aufhören, um dann am nächsten Tag wieder zu beginnen. Es genügt, wenn ein kleines Stück Fell an einer Schnur gezogen wird; der Hund wird es zu erhaschen versuchen. Am besten nimmt man dazu eine möglichst lange Bambusstange, an deren Spitze man eine etwa 3 m lange Schnur befestigt. Wenn man nun beginnt, den Hund mit etwa 8 Monaten auf die Bahn zu bringen, so sollte dies zunächst noch spielerisch sein. Man darf ihm dann noch keine Leistungen abverlangen. Mit dem Rennleiter verabredet man eine Zeit, zu der der Hund allein – möglichst ohne Zuschauer – eingesetzt werden kann. Vor allem der Helfer an der Hasenmaschine sollte sich auf den jungen Hund einstellen. Der Hase muß dicht vor dem Hund liegen, damit er ihm spielend folgen kann. Wichtig ist es auch, daß der Hund den Hasen nicht erreicht, denn eine Kollision mit der Schnur wird den Hund abschrecken, selbst wenn ihm dabei nichts geschieht. Zuerst sollte nur etwa eine Gerade lang gelaufen werden. Später kommen dann auch die Kurven mit hinzu und zuletzt die ganze Bahn. Auf Decke oder Maulkorb sollte man zunächst verzichten. Das Durchlaufen der ganzen Bahn empfiehlt sich erst etwa ab dem 10. Monat, denn Überanstrengungen im frühen Alter sind nicht gut.
Wenn unser Hund im Spiel seine Anlagen als Rennhund gezeigt hat, kommen die nächsten Schritte. Nun nimmt man eine Decke und legt sie dem Hund z.B. beim Spazierengehen auf, denn er soll sich ja nur an sie gewöhnen, ohne sie mit der Rennbahn in Verbindung zu bringen. Später weiß er dann: wenn die Decke kommt, geht es zum Rennen. Ebenso macht man es mit dem Maulkorb; erst kurz außerhalb, dann länger, schließlich auf der Bahn. Aber eine Klippe steht noch bevor; das Rennen mit anderen Hunden zusammen. Wenn unser Hund nicht allein aufwuchs oder gehalten wurde, gibt es meistens keine Probleme. Einzelhunde machen jedoch gelegentlich Schwierigkeiten. Man sucht sich dann einen älteren bahnsicheren Hund, der nicht zu schnell ist, als Ziehhund. Wichtig ist, daß unser Neuling immer den Hasen sieht, sonst gewöhnt er sich daran stehen zu bleiben, und das ist sehr schlecht. Der Ziehhund darf auch kein Raufer sein, damit es am Ziel zu keiner Beißerei kommt.
Jeder Neuling sollte stets vom Ziel zum Start über die ganze Bahn geführt werden, nicht umgekehrt. So lernt der Hund, daß er die ganze Bahn zurücklaufen muß. Auf keinen Fall sollte man den Hund vom Ziel auf kürzestem Wege zum Start gehen lassen, sonst kehrt er auch auf diesem kürzesten Weg zum Besitzer zurück. Man hört nicht selten: Mein Hund ist intelligent, der schneidet ab! Tatsächlich fehlt dem Hund jedoch die richtige Ausbildung und bestimmt auch die gute Hasenfestigkeit. Daß man einen Hund hungrig zum Rennen schickt und ihn auch zwischendurch nicht füttert, ist eigentlich selbstverständlich; ein voller Bauch arbeitet nicht gern!

Training

Wenn man die Ausbildung seines Hundes abgeschlossen hat, so ist noch lange nicht gesagt, daß er sich dann im Rennen auch behaupten kann oder wird. Wie bei jedem Sportler muß man jetzt weiter mit ihm arbeiten und trainieren. Überall in Deutschland gibt es feste Rennplätze, auf denen der Hund mindestens einmal in der Woche an den Start sollte. Der heimische Rennplatz ist für das Training natürlich am geeignetsten, doch sollte man auch gelegentlich auf andere Rennplätze gehen, damit sich der Hund an eine fremde Umgebung gewöhnen lernt. Bei den Trainingsläufen sind alle Bestimmungen der Rennordnung einzuhalten. Besonders ist auf sauberes Laufen zu achten, denn so soll der Hund ja später auch rennen. Das regelmäßige Training kräftigt vor allem Muskeln und Herz. Das Training läuft vom Frühjahr (ab der Öffnung der Rennbahnen) bis zum Saisonschluß. Der örtliche Rennleiter kann einen gut und verläßlich beraten.

Das Rennen

Es ist soweit, unser Hund startet in einem Rennen. Wer ist nun aufgeregter, der Hund oder der Besitzer? Ein Hund, der schon mehrfach Rennen gelaufen ist, weiß am Tage des Rennens ganz genau, um was es geht. Die Vorbereitungen, die sein Herrchen trifft, sind ihm, schon vom Training her das sicherste Zeichen.
Doch die Vorbereitungen des Besitzers reichen noch weiter zurück. Er mußte mit dem vorgeschriebenen Meldezettel seinen Hund bei der Rennleitung anmelden, die Meldegebühr zahlen und evtl. beim Tierarzt sich die notwendigen Bescheinigungen besorgen, nachdem er schon lange Zeit vorher zur Teilnahme am Rennen eingeladen wurde oder in einer Fachzeitschrift die Ausschreibung gelesen hatte. Beim Rennen, wie bei der Zuchtschau, sollte man auch rechtzeitig anreisen, damit sich der Hund vor dem Rennen gut angewöhnen und ausruhen kann.
Dann geht es zum Sattelplatz der Rennbahn, wo der Hund warten muß, bis er an der Reihe ist. Die Startfolge erfährt man aus dem Programm, in dem die einzelnen Läufe der verschiedenen Rassen, nach Geschlecht getrennt, verzeichnet sind. Im Programm ist auch angegeben, welche Deckenfarbe die einzelnen Hunde anzulegen haben (die Decken müssen mitgebracht werden!). Der Maulkorb wird noch kurz vor dem Start umgebunden.

Aus dem Programm erfährt man außerdem

a) den Rennleiter, der für alles zuständig ist,
b) die Rennstreckenlänge und deren Form (z. B. U-Form),

c) die Zusammensetzung des Schiedsgerichts, das in Zweifelsfällen entscheidet,
d) Die Besetzung des Zielgerichts, das für den Einlauf verantwortlich ist,
e) Die Zeitmessung, elektronisch oder mechanisch, und die dafür Zuständigen,
f) die Bahnbeobachter, die rund um die Bahn die Läufe beobachten und Regelwidrigkeiten melden,
g) wer den Startkasten bedient,
h) wer den Sattelplatz beaufsichtigt,
i) wer die Hasenmaschine bedient,
k) wer Ansager ist,
l) wer im Sekretariat sitzt und
m) den anwesenden Tierarzt.

Wenn von einer Rasse oder einem Geschlecht mehr als 6 Teilnehmer gemeldet sind, laufen die Hunde zuerst in Vorläufen, um für die Endläufe die Besten zu ermitteln. Bei großen Teilnehmerzahlen gibt es oft nach den Vorläufen noch Zwischenläufe und Hoffnungsläufe, in denen sich die Teilnehmer für den Finallauf qualifizieren müssen.
Im Lautsprecher wird zu unserem Rennen aufgerufen. Nun geht es zum Start. Die Hunde wissen genau, was jetzt kommt. Mit Maulkorb und Decke ausgerüstet, möglichst ohne Leine, drängen sie aufgeregt an den Start. Ihre Besitzer ziehen das Los für einen der sechs Startkasten (die Nummer des Startkastens entspricht des-

Abb. 26. Mit 60–70 km/h rennen diese Hunde.

Abb. 27. Elektronisches Zielfoto.

halb meist nicht der Ziffer auf der Decke!). Nun kommt für die sechs Konkurrenten das Kommando zum Einsetzen in die Boxen, die vorne noch mit einem Gitter abgeschlossen sind. Der Hase erscheint, das Gitter geht nach oben weg, und die Hunde schießen wie Pfeile los (Bild Seite 145). In Sätzen von etwa 6 m gewinnen die Hunde mit 60–70 km/h an Boden (s. Abb. 26). Ohne abzustoppen geht es in die Kurven, und jeder versucht möglichst die Innenbahn zu erwischen (Abb. 25). Dann kommt das Ziel in Sicht. Der Hase läuft immer noch etwa 20 m voraus. Mit voller Kraft geht es über die Ziellinie! Wenn elektronisch gemessen wird, entsteht gleichzeitig des Zielfoto. Oft liegen die Hunde so dicht zusammen (Abb. 27), daß man mit dem Auge nicht mehr entscheiden kann.

Coursing

Am Ende der Rennsaison auf der Bahn kommt die Zeit des Coursing. Was ist Coursing? Das freie Bewegen der Windhunde im natürlichen Gelände, eine Jagd hinter einem künstlichen Hasen, der nahezu der Wirklichkeit entspricht. Eine besondere

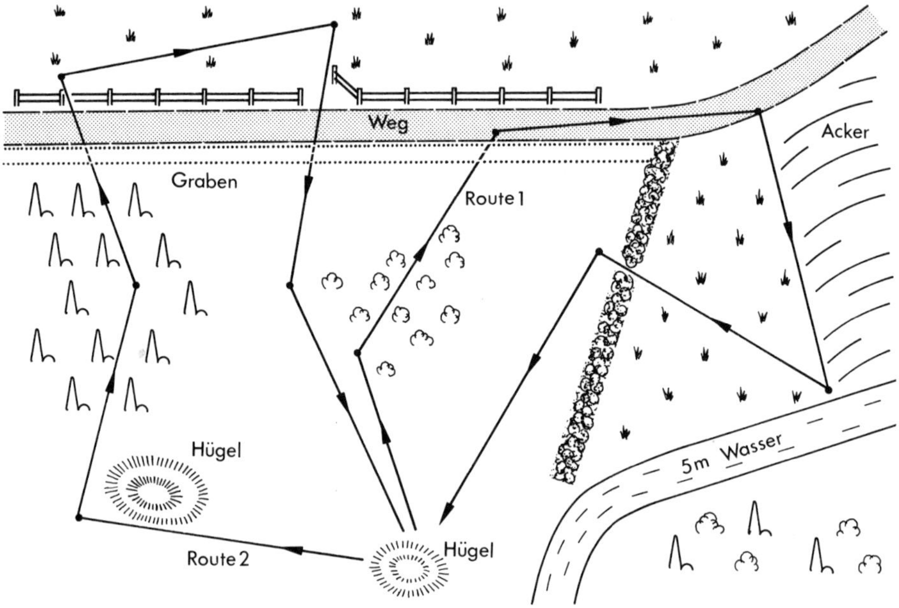

Abb. 28. Routenverläufe beim Coursing.

Ordnung oder sonstige Vorschriften hat der DWZRV dafür nicht entwickelt. Es gibt jedoch ein Coursing-Reglement von der UICL, das in etwa auch im Bereich des DWZRV angewandt wird, ohne verbindlich zu sein.

Beim Coursing laufen immer zwei Hunde, auch mit Decke und Maulkorb, jedoch nicht über eine Bahn sondern durch freies Feld. Man steht z.B. auf einem Hügel und die Hunde starten in Richtung eines Buschgeländes (Abb. 28 Route 1), überspringen einen Graben, laufen einem Weg nach, um dann über einen Acker, eine Wiese, durch eine Hecke nach etwa 400 m wieder am Hügel anzukommen. Der zweite Lauf führt später über eine andere Strecke (Abb. 28 Route 2). Es kann auch noch eine dritte Route für den Nachmittag angelegt sein. Jeder Hund muß die einzelnen Routen (möglichst mit einem anderen Hund) einmal durchlaufen. Gewertet wird mit je einem Punkt an jeder Rolle, wer als erster und damit am besten den Hasen verfolgt. Die Punkte werden von den Feldrichtern vergeben. Gestartet wird aus der Hand. Der Hase wird an einer Schnur gezogen und jede Rolle, die die Richtung des Hasen verändert, soll dem Hakenschlagen des Hasen entsprechen. Verweigert ein Hund ein Hindernis oder verliert er den Hasen, gibt es natürlich Punktabzüge. Der Aufwand beim Coursing ist sicher größer als bei Rennen auf der Bahn, denn die Geräte müssen ja eigens im Gelände aufgestellt werden. Es ist viel schwieriger, den Hasen auszulegen. Auch die Überwachung erfordert geschulte Kräfte. Dennoch ist gerade das Coursing der beste Ersatz für die freie Jagd, für die ursprüngliche Hetzjagd. Für den Hund ist Coursing eine Gelegenheit, seine Schnelligkeit und Gewandtheit zugleich zum Einsatz zu bringen.

Windhundrennen in England

In der Zeit um 1925/26 versuchten zwei Amerikaner die wettfreudigen Engländer über Veranstalter für einen Sport zu interessieren, der in USA längst seine Anhänger gefunden hatte: Greyhound-Racing (Windhundrennen). Zunächst fanden sie keine Resonanz, denn niemand wollte einsehen, daß damit etwas zu verdienen sei. Für das gleiche Geld konnte man ja schon ein Pferderennen besuchen. Auch befürchtete man, daß bei Windhundrennen Schwindel und Betrügereien allzu leicht möglich wären und außerdem erschien das Wettsystem zu kompliziert. Schließlich fand sich dann ein Unternehmungslustiger, der einen Versuch riskierte. Am 24. Juli 1926 wurde dann in Manchester das erste „British Greyhound Meeting" veranstaltet, das 1200 Besucher hatte. Das Wetter war ungünstig, dennoch klappte alles. Jeweils sechs Windhunde liefen hinter einem Hasen her, der auf Rädern montiert war. Die Besucher gingen nach Hause und erzählten, was sie gesehen hatten. Beim nächsten Meeting waren es schon 500 Besucher mehr. Gegenwärtig gibt es Hunderte von Rennbahnen in England. Selten sind heute weniger als 25000 Besucher bei einem Meeting und die Zahl der eingetragenen Windhunde, die einen Wert von mehreren Millionen darstellen, dürfte weit über 30000 liegen. Von Manchester aus begann also der Siegeszug des Windhundrennsports.
Das „White-City-Stadion", das damals verfallene Olympia-Stadion von 1908, wurde schon 1927 für Windhundrennen benutzt. Das Bellevue-Stadion in Manchester erlebte 1927 bereits über 500000 zahlende Besucher.
Wie erklärt sich diese ebenso plötzliche wie anhaltende Begeisterung der Engländer für Windhundrennen? Menschenmassen werden angelockt, Millionen Pfund werden in den Stadien umgesetzt, weit mehr als in Deutschland im Fußballtoto. Die Plätze (auch das White-City-Stadion) gehören den Windhundvereinen, nicht den Fußballclubs, bzw. der „Greyhound Racing Association" (G.R.A.) Eigene Zeitungen berichten über die Windhundrennen.
Wie bekannte Rennpferde, betrachtet man auch viele Windhunde als Persönlichkeiten. Hinzu kommt, daß der Engländer nichts so liebt wie Tiere und Wetten. Im Windhundstadion sieht man daher alle Schichten der Gesellschaft. Auf den Zwei-Schilling-Plätzen findet man oft ganze Familien, die die acht Rennen, die gewöhnlich ein Meeting umfaßt, leidenschaftlich verfolgen und auch, allerdings nicht sehr hoch, auf „ihren" Hund am Wettschalter setzen. Auf den Zehn-Schilling-und noch

teureren Plätzen trifft man die berufsmäßigen Spieler und Wetter und die elegante Damenwelt. Jeder Renntag ist ein großes Ereignis.
Wie populär in England Windhunde werden können, zeigen die folgenden beiden Beispiele, bei denen es auch um zwei berühmte Hunde geht. Gleich 1926 hat ein Hund entscheidend den Windhundrennen in England zum Erfolg verholfen, der spätere Derby-Sieger „Priceless Border", der schon im Vorlauf die 525 Yard (480 m) in 28,64 Sekunden zurücklegte. Das war englischer Rekord. Für diesen Hund wurden damals mehr als 15 000 Pfund (umgerechnet 300 000 DM!) geboten. Umsonst, da „Priceless Border" seinem Besitzer ein Vermögen errannte.
Ein zweiter ebenso erfolgreicher Hund war „Dilly". Er war der Liebling der Londoner im White-City-Stadion. „Dilly" war nicht der Schnellste, aber er besaß eine ausgeprägte Persönlichkeit. Schon äußerlich erkannte man ihn leicht, denn er war weiß wie ein Schimmel und hatte über einem Auge einen dunklen Fleck. Deshalb nannte man ihn auch den „Clown-Hund". Doch womit er sich so außergewöhnliche Zuneigung erwarb, war sein kämpferisches Herz. Er gab sich nie geschlagen, lief auch das aussichtsloseste Rennen zu Ende, immer mit letztem Einsatz. Bei einem seiner frühen Rennen nahm er die erste Hürde schlecht, die zweite glatt, überschlug sich aber bei der dritten, die er zu flach ansprang. Jeder befürchtete, daß er sich das Genick gebrochen habe. Doch „Dilly" krabbelte weiter, erhob sich wieder auf die Beine, rannte dem Felde nach, nahm die letzte Hürde glatt und kam, wenn auch als Letzter durchs Ziel. Die Zuschauer vergaßen völlig den Sieger und ihre verlorenen Wetten und bejubelten minutenlang ihren Helden „Dilly", der von nun an noch viel volkstümlicher war. Man erzählte sich, daß zu jedem Start von „Dilly" zusätzlich mindestens 3000 Besucher mehr auf die Rennbahn kamen. Andere bekannte Namen waren Bah's Choice, Ballynennan Moon, Ballyhennessy Seal, Model Dasher und Mick the Miller (s. Seite 14).

Rennsiegertitel

Landesrennsieger. Einmal jährlich wird in jeder Landesgruppe des DWZRV ein Landesrennsieger-Rennen gezogen. Termin: am ersten oder zweiten Wochenende im Oktober. Teilnahmeberechtigt sind nur die Mitglieder dieser Landesgruppe. Die Hunde müssen im Zuchtbuch des DWZRV eingeschrieben sein und eine Leistungskarte haben.
Verbandsrennsieger. Um diesen Titel wird einmal jährlich auf der Verbandssiegerveranstaltung (Zuchtschau und Rennen) gelaufen. Zugelassen sind alle Windhunde aus deutscher Abstammung und in deutschem Besitz, natürlich mit Leistungskarte.

Bundesrennsieger. Dieser Titel wird auf einem Rennen erworben, dessen Austragungsort jeweils von der Jahreshauptversammlung des DWZRV festgelegt wird. Zugelassen sind nur Hunde, deren Besitzer Deutsche sind. Es handelt sich also um eine nationale Veranstaltung. Daher müssen die Hunde auch im deutschen Zuchtbuch eingetragen sein. Ausländische Hunde müssen mindestens 6 Monate im Besitz des deutschen Mitgliedes sein, um teilnehmen zu können.
Deutscher Renn-Champion. Es handelt sich um einen Titel, der 1978 neu geschaffen wurde. Voraussetzung ist eine Leistungskarte des DWZRV. Der Hund muß in deutschem Besitz sein, der Besitzer muß auch in Deutschland wohnen. Nachzuweisen sind zwei Siegertitel als Deutscher Bundessieger, Deutscher Verbandssieger oder Derbysieger. Anstelle eines Titels können auch zwei zweite Plätze der gleichen Rennen aus den Finalläufen angerechnet werden.
UICL-Rennsieger. Dieses Rennen findet einmal jährlich statt, wobei die UICL das Austragungsland bestimmt, das immer wechselt. Teilnehmen können Hunde mit Leistungskarten, jedoch kann der Veranstalter für jedes Land eine Höchstmeldezahl festlegen.
Europa-Rennsieger. Das Rennen um diesen Titel, der der höchste im UICL-Bereich ist, wird zusammen mit dem UICL-Siegerrennen veranstaltet (UICL-Rennen am Samstag, Europa-Rennen am Sonntag) also ebenfalls jährlich einmal. Meldungen werden für dieses Rennen nicht angenommen. Von den zum UICL-Rennen gemeldeten Hunden kann jedes Land jeweils bis zu 4 Hunde je Rasse und Geschlecht „delegieren". Dazu kommen evtl. die Europa-Rennsieger der Vorjahre.

Windhundjagd

Der Windhund als Jagdhund

Seinem Ursprung nach und seinen Anlagen entsprechend ist der Windhund bestens als Gebrauchshund für die Jagd, besonders für die Hetzjagd geeignet. Leider wird er heute von vielen Besitzern oft nur noch als ein Paradetier oder als eleganter Begleiter gehalten. In dem Maß, in dem Hunde aller Rassen mehr und mehr zu Stubengenossen oder Wegbegleitern des Menschen geworden sind, hat ihr ursprünglicher Gebrauchswert an Bedeutung verloren. Das gilt besonders für die Windhunde, sie drohen immer mehr zu degenerieren und büßen so mehr und mehr von ihrem eigentlichen Gebrauchswert ein.

Das Sehvermögen des Windhundes als Hetzhund ist von Natur aus besonders gut entwickelt, ebenso wie das Hörvermögen. Beide Eigenschaften sind auch der Grund für den scheinbar stolzen aufrechten Gang der Windhunde, der manchen Menschen besser gefällt als andere, am Boden herumschnüffelnde Rassen. Doch der Windhund sollte mehr als nur ein schöner Begleiter sein; man sollte auch seinem eigentlichen Wesen als Hetzhund Rechnung tragen. Natürlich können Junghunde oder Hunde, die nur auf Rennbahndistanzen trainiert sind, in freier Jagd einen alten, schnellen und hakenschlagenden Hasen nicht einholen. Durch seine Haken bekommt der Hase immer wieder einen Vorsprung, den der Windhund, bei aller Ausdauer meist nicht mehr aufholen kann. Im Alter von neun Monaten kann man einen Windhund zur Übung bereits auf einen Feldhasen ansetzen. Nach den deutschen Jagdgesetzen ist dazu allerdings die Erlaubnis des Pächters oder Besitzers des Jagdreviers erforderlich. Ein Kaninchen wird ein Windhund schon mit etwa sechs Monaten erfolgreich jagen. Der Hund tut sich damit aber, besonders auf Sturzäckern, doch recht schwer. Wenn ein Hase mehr als 100 m entfernt ist, hat es keinen Sinn, den Hund loszulassen, denn der Vorsprung des Hasen ist auf dem für den Hund ungewohnten Boden zu groß, als daß er den Hasen erreichen könnte. Der Hund wird anders als auf der gradlinigen Rennbahn vor allem durch die Haken des Hasen zu einem Geländelauf herausgefordert, dem er schließlich physisch nicht mehr gewachsen ist und den er dann entmutigt und erschöpft aufgeben muß. So leicht ist es also nicht, einen alten und geübten Feldhasen zu fangen! Es muß schon ein sehr guter und sehr schneller Windhund sein, der in der Lage ist, einen Hasen in etwa 60 Sekunden zu fassen, und auch dabei sollte der Hase nicht mehr als 60 m Vorsprung haben. Voraussetzung ist außerdem, daß der Hund in der Ebene hetzen kann. In leicht ansteigendem Gelände ist der Hase bereits wieder im Vorteil, denn er überwindet kleinere Steigungen ohne langsamer zu werden, während der Hund sich bereits anstrengen muß, um nur den Abstand zu halten. Hasen sind in der Lage, etwa 10 Minuten in vollem Tempo zu laufen, ohne daß ihre Kräfte nachlassen; das ist wiederholt nachgewiesen worden. Ein ausgewachsener Hase kann wenigstens 15 m in der Sekunde zurücklegen. Ein guter Hund wird es unter günstigen Bedingungen auf 17 oder vielleicht 18 m bringen, d.h. einen Vorsprung von 60 m könnte der Hund theoretisch in 30 Sekunden aufholen. Deshalb ist es wie gesagt nur wenigen und guten Hunden möglich, einen Hasen, zumal wenn er Haken schlägt, einzuholen und zu fangen. Anders ist es, wenn man mit mehreren Hunden jagt. Stehen zur Jagd zwei oder drei geübte Hunde zur Verfügung, dann werden sie den Hasen mit ziemlicher Sicherheit schon nach dem ersten oder zweiten Haken fassen, vorausgesetzt, die Jagd erfolgt in völlig freiem und baumlosem Gelände ohne Hindernisse, wie Gräben und hohe Hecken. Instinktiv rennt der Hase nämlich stets auf Wasserdurchlässe und andere Röhren zu, um hier einzufah-

ren. Man sollte vor allem auch darauf achten, daß im Jagdgebiet keine Verkehrswege vorhanden sind.
Eine freie Jagd fordert dem Hund weit mehr ab als die Rennbahn, die allenfalls eine ausgezeichnete Trainingsmöglichkeit bietet. Darum ist Coursing für den Windhund auch der ideale Ersatz für die freie Jagd, die einem das Können seines Hundes erst richtig vor Augen führt.

Mittelalterliche Hetzjagd

In der Zeit als die Jagd noch nicht oder nicht nur mit der Schußwaffe durchgeführt wurde, waren die Hetzhunde neben den Parforcehunden die Jagdgefährten der Jäger. Diese Art der Jagd blieb allerdings fast ausschließlich den Edlen und Adeligen vorbehalten, sonst hielt sich ja auch niemand Windhunde. Deshalb findet man auch in fast allen Schlössern und Burgen Windhunde auf Bildern oder als Skulpturen. Man wollte damit nicht nur die Schönheit der Hunde darstellen, sondern vor allem ihren wichtigen Einsatz bei der Jagd (Abb. 29). Auch in der Jagdliteratur ist über die ehemals große Bedeutung des Windhundes bei der Hetzjagd nachzulesen. So läßt sich feststellen, daß Windhunde auf alles Wild gehetzt wurden und keineswegs nur auf Niederwild, wie Hasen. Es gab oft erbitterte Kämpfe mit Großwild, Bären, Wildschweinen, Hirschen usw., bei denen nicht immer die Hunde siegreich blieben. Man hielt sich aber nicht nur einen oder wenige Hunde, es waren immer mehrere, nicht selten sogar ganze Meuten. Den Einsatz solcher Meuten kennt man von den Parforcehunden her. Der Windhund wurde aber eigentlich immer nur zu zweit oder dritt eingesetzt, d.h. jeder Jagdteilnehmer hoch zu Roß, nahm seine Koppel an langer Leine und dann ging es los. Es muß ein eindrucksvolles Bild gewesen sein, wenn die Jäger mit den fiebernden Hunden ins Gelände ritten. Welche Energie steckte in den zur Hatz geführten Hunden! Aus dieser Zeit stammt wohl auch das heute noch gebräuchliche und wohl einzig richtige Halsband der Windhunde, das vorne am Hals auf etwa 5–6 cm verbreitert ist. Neuerdings wird es innen sogar abgepolstert, um den ziehenden Windhund vor einer Halsverletzung zu schützen.
Gegenüber der heute üblichen Jagd mit dem Gewehr hat das Wild bei der Hetzjagd noch eine reelle Chance. Gelingt es ihm zu entkommen, so hat das Wild zwar alle ihm verfügbare Kraft eingesetzt, vielleicht auch Todesangst ausgestanden, aber es ist unversehrt geblieben im Gegensatz zu angeschossenem Wild. Dennoch wurde die echte Hetzjagd in Deutschland und vielen anderen Ländern verboten. Es gibt aber noch einige Länder, in denen sie heute noch üblich ist. Davon ein Beispiel im nächsten Abschnitt.

Abb. 29. „Der Windhetzer" von Joh. El. Ridinger.

Eine Jagd mit Barsois in Rußland

Der Barsoi, der in Rußland immer noch oder wieder der Nationalhund ist, hat weder durch die Revolution noch durch die beiden Weltkriege seine Bedeutung verloren, obwohl er ursprünglich als Aristokratenhund galt. Seine Zucht hat nach wie vor einen sehr hohen Stand, wovon ich mich selbst 1967 auf der großen Moskauer Ausstellung überzeugen konnte, die anläßlich der 50-jährigen Wiederkehr der Oktoberrevolution stattfand. Damals hatte ich auch das Glück, etwa 160 km ostwärts von Moskau eine Jagd mit Barsois zu erleben. Eine solche Jagd, allerdings in viel größerem Umfang, hat übrigens auch der Windhundkenner R. Kallmeyer 1921 in einer Übersetzung anschaulich beschrieben.

Vor der Jagd werden die Hunde sorgsam zusammengestellt. In der Regel nimmt man eine Hündin zu zwei Rüden und achtet dabei sogar auf die farbliche Überein-

stimmung. Schnelligkeit ist jedoch die wichtigste Eigenschaft, die von den Hunden gefordert wird. Oft werden zusätzlich auch noch Greyhounds wegen ihrer größeren Schnelligkeit mit eingesetzt.
Vom Leiter der Kolchose wurde mir eine Kutsche mit einer Koppel Barsois zur Verfügung gestellt, die von zwei jüngeren Arbeitern geführt wurde. Die drei Barsois wurden in der Kutsche verstaut, um gut ausgeruht und frisch das Ziel zu erreichen (im Winter befördert man die Hunde im Schlitten unter Schafpelzen). Sie waren etwa 20 Monate alt, also erst im Frühjahr für die Jagd vorbereitet worden.
Dann ging es hinaus in den herbstlichen Wald und schließlich in völlig freies Gelände. Nach gut einer Stunde Fahrt stießen wir auf zwei berittene Stallknechte, die noch eine Koppel Barsois, offensichtlich ältere Tiere, bei sich hatten. Einer der Reiter übernahm unsere Koppel und dann ging es weiter. Unsere Kutsche folgte den Reitern im Abstand von etwa 200 m. Kurz danach wurden beide Koppel gelöst. Die Hunde sausten wie Pfeile seitwärts einigen Füchsen nach, die jedoch in einem Bau entkamen. Es war nicht schwer, die Hunde wieder an die Leinen zu legen, und die Fahrt wurde fortgesetzt. Nach einer guten Stunde wurde eine Pause eingelegt, es gab Speck, Brot und Wodka. Dann drehte man um. Es ging jetzt wieder südwärts, in die Richtung aus der wir gekommen waren. Jetzt nahm man die drei älteren Hunde in die Kutsche und die Koppel, die wir mitgebracht hatten, mußte neben den Reitern heimwärts traben. Die Reiter folgten uns etwa in 300 m Entfernung, jedoch vergrößerte sich der Abstand bald um das Doppelte. Begeistert von der schönen Fahrt, aber etwas enttäuscht über das Ergebnis der Jagd, streichelte ich die Hunde, die eine seltsame Unruhe zeigten. Sehr schnell erkannte ich dann den Grund: Drei Wölfe kreisten etwa 250 m entfernt um die Kutsche, ihren Kreis immer enger ziehend. Sie hatten es auf die Pferde abgesehen! Beide Hundepfleger hatten jetzt Mühe, die Hunde zu halten. Als die Wölfe sich dann auf etwa 50–60 m genähert hatten, wurden die Hunde gelöst. Alle drei stürzten sich auf das Rudel, einen Rüden mit zwei jüngeren Jährlingen. Die Hunde griffen den großen Rüden an und hatten ihn in wenigen Sekunden zu Boden gerissen. Ein Begleiter griff dann mit ein; der Wolf verblutete. Die zwei anderen Wölfe ergriffen die Flucht, jedoch wurde noch einer von ihnen von der uns nachfolgenden Koppel gefaßt.
Im Winter, wenn die jungen Wölfe voll ausgewachsen sind und die Rudel größer und kräftiger sind, werden die eigentlichen Wolfsjagden abgehalten. Dann kreist man mit 12, 15 oder noch mehr Koppeln in einer Art Treibjagd ganze Gebiete ein und jagt dann die Wölfe wie bei uns die Hasen in großer Zahl. Gleichzeitig werden aber nur höchstens zwei Koppeln eingesetzt und man hält stets noch Reservekoppeln im Hinterhalt, um die durchgebrochenen Wölfe zu erledigen (Bild Seite 149).
Die Wolfsjagd in Rußland ist immer wieder ein großes Fest. Auch unsere kleine Jagd endete mit gutem Essen und einem Umtrunk.

Der Windhund und sein Besitzer

Das Verhalten eines Hundes läßt viele Rückschlüsse auf den Besitzer zu. Windhunde stellen sich im allgemeinen sehr leicht auf ihren Herrn ein und stehen auch immer zu ihm. Aber wie sie sich zeigen, hängt auch vom Besitzer ab. Einen Windhund soll man nie züchtigen. Lob und Strafe soll der Besitzer durch den Tonfall seiner Stimme ausdrücken. Dazu gehört viel Einfühlungsvermögen. Nie sollte man mit dem Hund in gereiztem, für ihn ungewohnten Ton sprechen, denn oft begreift der Hund nicht genau, was wir von ihm erwarten und häufig ist seine Aufmerksamkeit durch etwas anderes abgelenkt.

Der Windhund ist keine Marionette, die man nach Belieben in Bewegung setzt oder einfach zur Seite legt, wenn man seine Ruhe haben möchte. Man sollte möglichst wenig kommandieren, damit der Hund sein natürliches Vertrauen nicht verliert. Wenn man aber Befehle geben muß, dann nur kurz, klar und nie zu laut. Der Ton sollte sich dann deutlich vom sonst üblichen Tonfall unterscheiden. Ein scharfer Befehl ist für den Windhund meist schon Strafe genug! Schlagen sollte man seinen Hund nie, stattdessen aber bestrafen, durch Anlegen an die Leine beim Spaziergang oder Einsperren. So lernt der Hund verstehen und beachten. Die Erziehung, Wehren und Verbieten, kann nicht früh genug einsetzen, damit der Hund sich in seine Umwelt und in die täglichen Vorgänge einordnet. Der Lernprozeß setzt aber auch eine gewisse Reife beim Hund voraus, erst dann kann man verlangen, daß der Hund seinen Herrn versteht. Vor allem sollte man am Anfang nicht mit Lob und auch kleinen Leckerbissen sparen, wenn der Hund Gehorsam zeigt. Der Hund besitzt kein Pflichtgefühl oder ethisches Empfinden, aber er ist sehr empfänglich für Lob und Aufmunterung, das gilt auch für später. Bei Ungehorsamkeit muß man versuchen, die Ursache zu ergründen, ehe man straft. Sie kann sein: Angst vor der schlagenden Hand, mangelhaftes oder sehr spätes Auffassungsvermögen, Langsamkeit oder auch Eigenwille. Eigenwille erkennt man daran, daß der Hund zu fliehen versucht, sich hinlegt oder nervöse Empfindlichkeit und Erregung zeigt. Oft erreicht man mit freundlicher Ansprache mehr!

Aufzucht

Der kleine unbeholfene Welpe, noch weltfremd und drollig, gelangt zu uns ins Haus, in eine völlig neue Umgebung, in der es auch keine Geschwister mehr gibt. Jetzt kommt es auf die richtige Behandlung entscheidend an. Der erste Trennungsschmerz ist groß. Darum sollte man ein Lager richten, das dem bisher vertrauten sehr ähnlich ist. Am besten nimmt man sogar aus dem letzten Lager etwas Heu oder Streu mit; das ist doch heimatlicher Geruch. Man sollte den Welpen nach Möglichkeit auch morgens in das neue Heim bringen, damit er am Tag Zeit hat, alles zu erkunden. Dann wird auch das Winseln und Heulen bald nachlassen.

Bald nach der Ankunft trägt man den Welpen in den Hof oder Garten, der natürlich gegen ein Entweichen abgesichert sein muß. Wenn ein Welpe das Bedürfnis hat, sich zu lösen, wird er unruhig und sucht mit dem Kopf am Boden herum. Man merkt das sehr schnell, wenn man den Welpen in den ersten Tagen genau beobachtet. Dann muß man den jungen Hund hinausführen und zwar dahin, wo er sich lösen darf bzw. lösen soll. Nach jedem längeren Schlaf oder nach dem Fressen ist dieses Bedürfnis sowieso vorhanden. Ständige Aufmerksamkeit und die konsequente Wiederholung der gleichen Übung führen sehr bald zur Stubenreinheit (s. auch Seite 166). Natürlich kann man sie erst erzwingen, wenn der Hund voll eingewöhnt ist. Ein junger Hund begreift schnell, daß es Dinge gibt, die erlaubt und die verboten sind. Löst der Hund sich, sollte man ihm immer ein bestimmtes gleiches Wort (für Lösen und Nässen verschieden!) lobend sagen. Das versteht der kleine Kerl sehr rasch. Ich wende diese Worte ständig an, und immer wieder wundern sich Besucher, daß mein Hund sich auf Kommando löst. Dies ist übrigens auch dann sehr nützlich, wenn der Hund einmal länger allein in der Wohnung bleiben soll und man ihn vorher noch hinausführt.

Ähnlich geht man auch vor, wenn man dem Hund seinen festen Platz zuweist, wobei man bedenken soll, daß vor allem mittlere und kleine Windhunde, aber auch die großen, gerne hoch liegen, etwa in Sitzhöhe. Der Hund möchte alles sehen und miterleben. An diesen Platz wird der junge Hund geführt und wieder mit bestimmten Worten (z.B.: „Platz“) zum Hinlegen bzw. Sitzen gezwungen. Reicht das Wort nicht, wird der Hund sanft niedergedrückt und dann gelobt. Dies wiederholt man, wenn er wieder aufsteht. Genügt auch ein strenges Wort nicht, unterstützt man den Befehl mit einem leichten Schlag, der aber nie mit der Hand ausgeführt werden sollte. Die Hand darf nur streichelnd loben! Man nimmt eine leichte Gerte oder noch besser eine Zeitung. Zur Hand des Besitzers muß der Hund immer Zutrauen haben, ja man muß ihm mit der Hand sogar etwas aus dem Fang nehmen können. Der Junghund lernt sehr schnell, was er darf und was er nicht tun soll. Später bleibt der Hund sehr gern an diesem Platz; es ist ja sein Platz geworden!

Die Stubenreinheit

Hier muß die zielbewußte Erziehung sehr früh einsetzen. Man darf anfangs nicht dulden, was man später verbieten will, und mag es noch so harmlos sein, wenn der Hund auf einen Stuhl oder Sessel steigt oder am Besitzer oder an einem Besucher hochspringt. Wie soll der Hund verstehen, daß er nicht naß oder schmutzig ins Zimmer darf, wenn er dazu nicht erzogen wird? Ich habe einen Windhund gekannt, der immer auf Sesseln liegen durfte, doch der Hund ging nie auf einen Sessel, wenn er von draußen kam. Selbst bei bestem Wetter blieb er zunächst an der Tür stehen, damit die Füße mit einem Tuch abgewischt werden konnten. Es genügte bereits, ihn nur schwach mit einem Tuch zu streicheln, sonst betrat er das Zimmer nicht. Ein verbotener Raum sollte auch für immer verboten sein. Nie darf man einem Hund einen alten Schuh zum Spielen geben, denn er kann ja nicht zwischen alt und neu unterscheiden. Jede noch so kleine Unart kann später zum Laster werden. Man sollte junge Hunde auch früh an den Verkehr gewöhnen. Ein junger Hund läuft vertrauensvoll hinter seinem Besitzer her, später reagiert er nervös und ist schwerer anzugewöhnen.

Um den Hund stubenrein zu machen, muß er lernen, an der Leine zu gehen. Als Halsband genügt ein weicher Riemen mit einer Schnur als Leine. Wenn der Hund sich morgens vom Lager erhebt und im Zimmer nach den Ecken sucht, muß man ihn schnell anleinen und mit einer deutlichen Aufforderung (z.B.: Hinaus!), die man stets beibehalten sollte, dorthin führen (nicht tragen), wo er sich lösen darf. Mit einem jungen Hund geht man am besten an einen Platz abseits vom Verkehr, sonst kommt er nicht zur Ruhe. Man muß auch wissen, daß der Hund sehr langsam verdaut, da er als Schlinger nur oberflächlich zerkaut und somit wenig Einspeichelung hat. Erhält der Hund mittags seine Mahlzeit, so kann er sich frühestens nach etwa 9 Stunden lösen, denn erst dann erreichen die unverdauten Reste den Mastdarm, also etwa um 22–23 Uhr. Das weniger belastende Futter verbleibt dann noch bis zum nächsten Morgen im Darm. Füttert man daher abends um 19 Uhr, so ist erst ab 7–8 Uhr morgens, oft noch später, die Verdauung beendet. Um diese Zeit ist es sehr viel angenehmer, den Hund zum Lösen zu bringen. Außerdem, je behaglicher und wärmer das Lager ist, umso später verläßt es morgens der Hund. Jungen Hunden bereitet man anfangs ein Lager, das sie nicht ohne weiteres verlassen können; sie bleiben dann lieber im Lager und warten mit dem Lösen. Vor allem aber sollte man ihnen nach 17 Uhr nichts mehr zu trinken geben.

Ist aber dennoch passiert, was vermieden werden sollte, dann führt man den Hund rasch an die ihm gewohnte Stelle und ermahnt ihn dabei: Pfui – hinaus! Ganz junge Hunde können solche Mißgeschicke nicht immer vermeiden, da sie noch öfter gefüttert werden. Je mehr man den jungen Hund überwacht, desto schneller begreift er, was man von ihm verlangt, besonders wenn er gelobt wird. Wenn die Jahreszeit es zuläßt, sollte man Türen nur anlehnen; es ist erstaunlich, wie schnell junge Hunde begreifen, daß man Türen mit der Nase öffnen kann. Wenn die Türen geschlossen sind, lernt der Hund meist sehr schnell, sich zu melden. Großen Hunde bereitet es oft keine Mühe, Türen selbst zu öffnen. Das sollte man jedoch nicht dulden. Völlig überflüssig und unappetitlich ist es, wenn man dem Hund die Nase in den Kot steckt, denn er ist sich am „Tatort" genau seiner Schuld bewußt. Es genügt vollkommen, ihn zu rügen und hinauszuführen. Ich habe schon ab der dritten Woche eine Kiste mit Sand, bei der ich eine Seitenwand entfernt habe, vor die Wurfkiste gestellt. Die Welpen versuchten bald schon, die Kiste zu benutzen, denn ein Hund beschmutzt sein Nest nicht. Wenn man nämlich die Hundekiste zudeckt und sie so niedrig ist, daß der Hund nicht in ihr stehen und auch nicht hinaus kann, dann benötigt man nur wenige Tage, und der Hund wird sein Geschäft da machen, wo er es eben soll. Abends darf er dann allerdings nur noch einen Knochen und kein Wasser mehr bekommen, damit die Nacht ihn nicht zu sehr bedrückt. Überhaupt ist richtige Fütterung auch in diesem Zusammenhang sehr wichtig (s. Seite 175). Schwarzbrot und Kartoffeln z. B. ergeben viel Kot, belasten also zu stark.

Verhalten im Hause

Um einen jungen Hund als neuen Hausgenossen sollte man wenig Aufhebens machen und ihm zunächst Zeit lassen, sich einzugewöhnen. Es genügt, nach den Mahlzeiten „Platz" oder „Hinaus" zu sagen. Nach diesen Befehlen hat sich der Hund von Anfang an zu richten und nicht erst, wenn er bereits verwöhnt ist und man ihn für sein Herumwinseln und Herumlaufen bestrafen muß. Besonders Windhunde sollte man zeitig an Ordnung gewöhnen, später ist es sehr viel schwieriger. Die richtige Eingewöhnung ist wichtig, damit der junge Hund lernt, allein und ruhig im Haus zu bleiben. Muß er allein zu Hause bleiben, so wird ihm ein bestimmter Platz zugewiesen. Am Anfang läßt man den Hund nur sehr kurz allein und dehnt diese Zeitspanne dann langsam aus. Man muß ihn loben, wenn er sich ruhig verhalten hat. Der Hund muß sich aber auch angewöhnen, daß er nichts anrühren darf, was ihm nicht gehört. Dazu muß er erzogen werden. Am eindringlichsten für den Hund ist es, wenn man den Gegenstand, den er sich angeeignet hat, noch eine Weile neben ihn legt und streng darauf achtet, daß er ihn nicht berührt. Wenn ein Hund stiehlt, kann man ihm dies damit abgewöhnen, daß man eine kleine Mausefalle (natürlich ohne Köder) neben die Dinge legt, die den Hund verlocken; wenn er nicht gehorcht, bekommt er einen warnenden Schlag auf die Schnauze.

Lautgeben und Melden

Ein Hund sollte stets im richtigen Moment oder auf Kommando Lautgeben und seinen Besitzer warnen. Am Tonfall läßt sich gut erkennen, was der Hund melden möchte. Bei den Windhunden muß man das Lautgeben erst wecken, es sei denn, sie wachsen in einer Gruppe auf und gewöhnen sich dort das Bellen an. Das Lautgeben übt man am besten vor der Fütterung, wenn der Hund seine Schüssel erwartet. Man fordert ihn auf „Gib Laut!“, und wenn er gehorcht, bekommt er sofort seinen Napf. Diese Übung wird man oft wiederholen müssen, bis der Hund dieses Wort kennt und anschlägt. Auch wenn der Hund hinaus will, fordert man von ihm den Laut. Bald wird er dann von selbst anschlagen, wenn er z. B. nach draußen möchte, um sich zu lösen. Ein Hund kann alles melden, die Türklingel, das Läuten des Telefons, Anklopfen usw., er muß aber auch auf das entsprechende Kommando sein Bellen sofort wieder einstellen. Keineswegs darf er von seinem Lager aus Lautgeben. Dabei sollte er nicht den Eindruck haben, daß man ihn für sein Bellen bestraft, sondern ihn loben wenn er folgsam wieder Ruhe gibt.

Auf der Straße

Wenn man den Hund an die Leine nimmt (s. im nächsten Abschnitt), lernt er am ehesten sich richtig zu verhalten. Man hält ihn kurz und fest an der Seite. Er muß sich angewöhnen, niemanden zu belästigen, seine Bedürfnisse nicht auf dem Bürgersteig zu verrichten und auch für die Vorgärten und Hauseingänge, die ein junger Hund stets gern erkunden möchte, gelten strenge Verbote. Dennoch werden einem Hund auch draußen schlechte Erfahrungen nicht erspart bleiben, doch um so mehr wird er daraus Vertrauen zu seinem Herrn als Freund und Beschützer gewinnen. Wenn ein Hund nur schwer gehorchen lernt, sollte man mit einem guten Freund verabreden, den Hund z. B. in einem verbotenen Hauseingang energisch zu strafen. Danach ruft man den Hund zu sich und lobt sein Kommen. Auch eine Gummischleuder kann Wunder wirken: hört der Hund nicht, so tut ihm die Gummischleuder weh! Auch dann wieder ruft und lobt man ihn, wenn er zurückkommt; bei seinem Herrn soll er sich geborgen fühlen. Kommt uns ein anderer Hund entgegen, so nimmt man den eigenen Hund mit der Leine fest an sich und führt ihn mit beruhigenden Worten an dem fremden Hund vorbei. Vor einem Laden, in den man hinein muß, läßt man seinen Hund erst dann warten, wenn er zuverlässig gelernt hat, Platz zu halten.

Leinenführigkeit

Um den 9. Monat, bei kleineren Rassen (Windspiel und Whippet) schon etwa ab dem 6. Monat, braucht der heranwachsende Hund ein Halsband, der einfache Lederriemen genügt dann nicht mehr. Dieser Zeitpunkt ist gekommen, wenn sich der Hund richtig zu bewegen weiß und sein endgültiges Gebiß besitzt. Wenn man seinem Hund gegenüber bisher noch nachgiebig gewesen ist, so muß man ihn jetzt streng an Folgsamkeit gewöhnen.

Als erstes muß er die Leinenführigkeit erlernen. Der Hund gehört an die linke Seite, möglichst dicht am Knie. Der Kopf muß sichtbar sein, d.h. die Vorderläufe sind etwa in gleicher Höhe mit dem Besitzer, ohne daß die Leine gespannt ist. Dies entspricht der Anforderung, die an Gebrauchshunde gestellt wird und es wäre gut, wenn auf diese Weise auch Windhunde lernen würden, sich im Verkehr richtig zu bewegen.

Die Leinenführigkeit übt man am besten am Ende eines Spazierganges, dort wo der Rückweg in einer möglichst ruhigen Gegend längere Zeit an Mauern, Hauswänden oder Vorgartenzäunen vorbeiführt. Vor diesem Wegteil macht man eine ganz kurze Pause, legt die Leine an, faßt sie kurz und tritt dann mit einem bestimmten Wort (etwa: „bei Fuß!“) energisch an. Der Weg führt nun langsam und so dicht an der Mauer oder am Zaun entlang, daß der Hund eng zwischen der Mauer bzw. den Beinen seines Besitzers gehen muß. Mit der Leine führt und korrigiert man. Prellt der Hund zu weit vor, so zieht man ihn mit der Leine leicht zurück und rügt ihn (etwa: „zurück!“). Genügt das nicht, dann erteilt man ihm mit einer dünnen Gerte einen leichten korrigierenden Schlag über die zu weit vorgestreckte Nase. Bleibt der Hund zu weit zurück, hilft man ebenfalls mit der Gerte leicht nach, diesmal auf die Hinterhand. Wenn der Hund richtig geht, wird er gelobt, nicht zu sehr, sonst verführt ihn das zu freudigem Springen, genauso wie ein zu harter Schlag ihn verängstigt. Allmählich wird das Marschtempo flotter, damit der Hund nicht einfach teilnahmslos nebenher trottet; er muß sich animiert fühlen. Zwischendurch sollte man immer wieder stehen bleiben, um danach von neuem mit der Lektion zu beginnen. Am Schluß wird der Hund zur Belohnung losgelassen, damit er sich frei austoben kann. Geht der Hund nach einiger Zeit dann richtig bei Fuß, sollte man die Leine unmerklich lockern; so wird bald die richtige Leinenführigkeit erreicht. Später wechselt man den Weg, geht weg von der Mauer und schließlich auch langsam zunehmend in den direkten Verkehr. Stets hilft man dem Hund durch Zuspruch, sich in der ungewohnten Situation zurechtzufinden, besonders auch dann, wenn fremde Hunde auftauchen. Ein Hund, der gut leinenführig ist, wird auch auf einer Zuchtschau vor den Richtern gut abschneiden. Auch auf den Rennplatz kann man einen leinenführigen Hund besuchsweise mitnehmen.

Begleitung zu Fahrrad und Pferd

Jeder Windhund (ausgenommen Windspiele) sollte lernen, dem Fahrrad zu folgen. Bei jungen Hunden darf das Tempo nicht zu schnell sein, weil sonst die Hinterhand verdorben wird. Ausgewachsene Hunde kann man im Trabertempo mitlaufen lassen. Es gibt kaum ein besseres Training für einen Junghund, damit er sich zu einem gesunden, kräftigen, bruststarken und gutgebauten Windhund entwickeln kann. Auch einem ausgewachsenen Hund kann man hinter dem Fahrrad die notwendige tägliche Bewegung verschaffen.
Zuerst wird man zur Eingewöhnung das Fahrrad schieben, ganz scharf auf der rechten Straßenseite, der Hund darf frei gehen. Nur ganz erfahrene Besitzer sollten ihren Hund dazu an eine längere Leine nehmen, vorausgesetzt, der Hund ist schon sicher leinenführig. Folgt der Hund dem geschobenen Fahrrad zuverlässig, hat sich die erste Bewegung verschafft und sich gelöst, dann kann man sich aufs Fahrrad setzen. Man hält sich auf einem Weg ohne Autoverkehr möglichst weit rechts und legt als Tempo den gestreckten Trab des Hundes vor. So kommt der Hund nicht in Versuchung, nach rechts oder links auszuschweifen. Natürlich darf man junge Hunde nicht überfordern. Am Anfang reichen 1000 m voll aus. Dann wird man anhalten, um dem Hund eine Pause zu gönnen, ehe es weitergeht. Ein ausgewachsener und trainierter Hund kann ohne weiteres eine Stunde laufen. Eine Stunde neben dem Fahrrad sind drei bis vier Stunden Spaziergang gleichzusetzen. In der Stadt darf der Hund nur dann neben dem Rad laufen, wenn er absolut verkehrssicher ist.
Junge Hunde sollte man noch nicht neben Pferden herlaufen lassen, es sei denn, der Hund wächst mit ihnen zusammen auf. Bei einem Hund muß man immer darauf achten, daß er nicht zu nah an die Hufe kommt. Wenn man sein Pferd ausführt, hat man die beste Übersicht, um seinen Hund zu beobachten. Ein Hund, der neben dem Fahrrad zu laufen gewohnt ist, wird auch leicht lernen, seinen Herrn zu begleiten, wenn dieser aufs Pferd steigt.

Kommen und Gehen

Kommen und Gehen sollte man mit dem Hund schon sehr früh üben, sobald er die ersten Eindrücke aufnimmt. Später wird er es nicht mehr lernen. Der Junghund besitzt jetzt noch wenig körperliches Widerstandsvermögen und kann auch noch leicht eingefangen werden. Wenn man ihn lobt, begreift der Hund sehr schnell, daß ihm Gehorsam Vorteile bringt. Auch dieser Erziehungsvorgang darf zu keiner Dressur ausarten; der Hund sollte alle Befehle seines Herrn vertrauensvoll und gern ausführen.

Es hat wenig Sinn, Kommen und Gehen zu üben, wenn der Hund kurz nach dem Fressen ruhen will, wenn er spielt oder wenn er durch Fremde oder eine unruhige Umgebung abgelenkt ist. Die Führungsleine sollte der Hund jedoch schon gewohnt sein, damit er sich nicht ungebärdig sträubt oder die Leine, die jetzt auf etwa 5 m verlängert wird, anbeißt. Man gibt nun voll nach und ruft dann den Hund zu sich („Komm!"). Wenn er nicht reagiert, zieht man ihn an der Leine zu sich, evtl. mit einem kleinen Ruck. Ist er schließlich bei uns, wird er belohnt bzw. gelobt, so als wenn er von selbst gekommen wäre. Nach ein wenig Bewegung mit kurzer Leine, läßt man die Leine wieder locker und wiederholt diese Übung. Wichtig ist, daß der Hund besonders gelobt und belohnt wird, wenn er das erste Mal von selbst kommt. Man sollte ihn sogar streicheln und mit ihm zusammen ein Stück springen, das wird er immer als Anerkennung auffassen. Dann bleibt man stehen und geht von ihm weg. Nie dem Hund entgegengehen, das empfindet er stets als Bedrohung! Der Hund muß begreifen, sich immer auf seinen Besitzer zuzubewegen.
Erst wenn der Hund dies alles begreift und ausführt, beginnen die Übungen ohne Leine. Gehorcht der Hund dann anfangs nicht, hilft eine kleine Schleuder. Der Hund soll es als unangenehm empfinden, wenn er nicht gehorcht. Manchmal beginnt man allerdings auch mit dem Versuch ohne Leine zu früh. Bleibt der Hund ohne Leine jedoch unbewegt stehen, sollte man nicht zur Schleuder greifen, sondern sich umdrehen und weggehen, dann wird er meistens folgen. Überflüssiges Pfeifen und Rufen hat keinen Sinn. Höchstens wird man mit dem Arm winken, um sich optisch bemerkbar zu machen. Meist genügt dies schon, und später braucht man nur mit dem Arm zu winken, um den Hund zu sich zu rufen. Ein Wegzeigen mit dem Arm dagegen ist für den Hund das Zeichen, daß er jetzt für sich tollen und laufen darf. Man kann den Hund auch nahe bei der Wohnung schon voraus nach Hause schicken. Wenn man das allmählich immer weiter ab vom Hause übt, lernt der Hund nach Hause zu gehen und findet notfalls auch allein den Heimweg. Es ist gut, wenn er die Umgebung genau kennen lernt, zumal wenn er ohne Leine läuft. Auch das Lautgeben vor der Tür kann man ihm beibringen, dann wird er sich melden, wenn er einmal allein zurückkommt.

Im Wasser

Die meisten Hunde gehen von selbst und sogar gern ins Wasser, besonders bei Hitze. Dennoch sollte man nie einen Hund ins Wasser werfen oder hineinstoßen. Frühestens im Alter von 6–8 Monaten führt man den Hund ans Wasser, an eine flache Uferstelle. Dort soll sich der Hund selbst umsehen und von sich aus Bekanntschaft mit dem Wasser machen. Jeder Zwang ist falsch, ansteckend wirkt jedoch das Beispiel eines älteren Hundes, der badet. Auch wenn man selbst ins Wasser geht, folgt der Hund einem um so eher. Zu berücksichtigen ist, daß der Hund sofort umkehren und sich schütteln kann. Ein Stück Holz, das man etwas weiter ins Wasser hinauswirft, möchte jeder Hund holen. Es sollte dann aber keine abschüssige Stelle unter Wasser vorhanden sein, an der der Hund plötzlich den Boden verliert. Das kann ihn nachhaltig erschrecken. Wieder aus dem Wasser, läßt man den Hund sich viel bewegen, damit er wieder trocken wird. Versucht man schließlich, den Hund an tieferes Wasser zu gewöhnen, so darf man ihn nicht tadeln oder strafen, wenn er zunächst Scheu hat oder zögert. Dann sollte man es dem Hund selbst vormachen. Ist er seinem Herrn verbunden, folgt der Hund ihm auch hier nach und merkt bald, daß das Wasser ungefährlich ist, und später paddelt er dann sogar sehr gern.

Haltung und Pflege

Oft heißt es: „Einmal Windhundfreund, immer Windhundfreund", dies schließt aber auch ein, daß der Windhundfreund seinen Hund richtig hält und pflegt. Nur dann wird er Freude an ihm haben, wird er ein erfolgreicher Aussteller oder begeistert an Rennen teilnehmen.

Lager und Zwinger

Ein Zwinger hat viele Vorteile. Haus und Wohnung bleiben sauber, besonders, wenn der Hund von einem Spaziergang naß zurückkommt und man ihn sonst erst abtrocknen müßte, ehe man ihn in die Wohnung läßt. Eine läufige Hündin kann im Zwinger sicherer verwahrt werden und auch eine Zuchthündin kann ihre Jungen im Zwinger in Ruhe großziehen. Dort lassen sich die Welpen gut füttern und können sich ungestört austoben. Ebenso wird es in einem Mietshaus mit dem Hausbesitzer weniger Schwierigkeiten geben, wenn man einen Zwinger hält.
Der Zwinger steht am besten an einer Mauer, die möglichst Schutz gegen Nordost bietet und möglichst wenig Sonne wegnimmt. Der Boden muß betoniert und undurchlässig sein, also leicht zu säubern. So vermeidet man unangenehmen Geruch. Ein Holzfußboden würde bald faulen. Der Betonboden muß von der Mauer fort leicht abfallen, damit bei Regen das Wasser abläuft. Wenn man den Zwinger im Winkel zwischen zwei Hauswände stellt, spart man sich Gitter und erreicht mehr

Schutz. Im Zwinger steht eine geräumige Hütte aus Hartholz, die sorgfältig imprägniert und gestrichen sein muß. Auch die kleinste Ritze und Fuge wird man evtl. mit Leisten abdichten. Das gleiche gilt für das Dach, das flach (kein Satteldach) und abnehmbar sein sollte. In einen zu hohen Innenraum zieht man am besten eine Zwischendecke ein. Gegenüber dem Untergrund bietet ein Doppelboden Wärmeschutz; den Zwischenraum füllt man mit Torfmull. Als Windschutz dient ein vor den Einschlupf aufgehängter Sack.
Der Hund sollte den Aufenthalt im Zwinger nie als Strafe empfinden; sobald er trocken ist, wird man ihn wieder herauslassen oder z.B. zum Füttern holen. Gelegentlich sollte man ihm das Futter aber auch in den Zwinger bringen. Wenn man den Zwinger betritt, muß man den Hund halten können, d.h. die Tür sollte stets nach innen aufgehen. So vermag der Hund die Tür auch nicht selbst zu öffnen.
Für einen Familienhund ist der Zwinger nur ein vorübergehender Aufenthaltsort. Man muß aber auch an ein Lager in der Wohnung denken. Fehlt es daran, so wird der unter dem Leib wenig behaarte Hund sich bald einen wärmenden Platz auf den Polstermöbeln suchen. Außerdem ist er ja gewohnt, alles genau zu beobachten und bevorzugt daher stets ein erhöhtes Lager, etwa in Sitzhöhe. Ein bestimmtes (altes) Möbelstück, das man mit leicht waschbaren Wolldecken abdecken sollte, ist deshalb am zweckmäßigsten. Dort kann man einen stubenreinen Hund auch leicht einmal für längere Zeit allein lassen.

Körperpflege

Gepflegt sein ist mehr als nur schön sein. Der erste Eindruck von jedem Haushund, im Gegensatz zum Straßenhund, sollte sein, daß er gepflegt ist. Auch im Vergleich mit einem Zwingerhund kann man den Haushund an seinem gepflegteren Äußeren und der Wohlerzogenheit klar unterscheiden. Eine nur gelegentliche Pflege mit Wasser und Bürste genügt deshalb nicht. Ein langhaariger Hund muß richtig und regelmäßig gebürstet werden, darüber muß sich sein Besitzer klar sein. Wer dazu nicht die Zeit hat, sollte beim Kurzhaar bleiben, bei dem man aber ebensowenig ohne jegliche Pflege auskommt. Die Erfahrung zeigt meist, daß derjenige, der seinen Hund nicht gut pflegt, sich auch sonst wenig um ihn kümmert. Dann ist es besser, sich keinen Hund zu halten. Pünktlichkeit in der Pflege ist notwendig und die beste Voraussetzung zur Regelmäßigkeit. Es ist schlecht, sich nur dann um den Hund zu kümmern, wenn man zufällig Zeit hat. Regelmäßige Pflege ist außerdem die beste Kontrollmöglichkeit.
Zunächst wird das Haar gebürstet. Je länger oder seidiger es ist, desto weicher und länger müssen die Borsten der Bürste sein. Die ganz kurzhaarigen Windhunde

(Whippet, Greyhound und Windspiel) bürstet man mit einer einfachen Haarbürste, wie wir sie selbst benutzen, und striegelt dann mit einem Lederhandschuh nach. Der Hund wird vom Kopf nach rückwärts bis zum Rutenansatz gebürstet, erst dann folgen die Keulen und Läufe. Das Bürsten ist nicht nur eine Reinigung von Staub und Schmutz, es entfernt auch Schuppen und Ungeziefer und ist zugleich eine wohltuende Hautmassage. Die Bürsten müssen nach Gebrauch kräftig ausgeklopft und mit einem Leinentuch abgerieben werden. Einen Kamm sollte man bei langhaarigen Hunden nie benutzen. Wenn sich das Haar verfilzt – übrigens eine Folge unregelmäßiger Pflege!, wird es mit den Fingern vorsichtig aufgezupft. Mit einem Kamm wäre es für den Hund eine Quälerei. Das Herausschneiden verfilzter Stellen ist zwar manchmal die letzte Möglichkeit, doch soweit darf es erst gar nicht kommen, zumal wir den Hund stets in vollem Haarschmuck zeigen möchten. Auf Flöhe, die bei einem gepflegten Hund nie vorkommen sollten, kontrolliert man mit einem engen Staubkamm. Flöhe quälen den Hund, und wenn er sich kratzt, verdirbt er damit sein Haar. Ein gesunder Hund muß immer ein glänzendes Fell haben und auch ohne Bäder auskommen. Bei den Afghanen hängen oft die langen Haare der Ohren ins Futter. Um das zu vermeiden, streift man ihnen vor dem Fressen einen abgeschnittenen Damenstrumpf über den Kopf. Dann bleiben die langen Behänge sauber.

Während des Haarwechsels muß man mehr bürsten als sonst. Junge Hunde mit Babywolle badet man am besten noch nicht. Muß ein Hund trotzdem gebadet werde, sollte man ihn an den Föhn gewöhnen, auf keinen Fall aber trocken „reiben“ sondern nur trocken „tupfen“ bzw. frottieren und darauf achten, daß er keinen Zug bekommt.

Nach dem Haar kommt das Auge an die Reihe. Mit einem reinen Tuch säubert man die Augenwinkel täglich von Sekret. Bei Hunden, die weiß um die Augen sind, sollte man diese weißen Haare leicht ein fetten, damit sie vom Sekret nicht braun werden. Dann säubert man die Ohren, vor allem innen. Dazu benutzt man ein weiches Schwämmchen. Das Ohrenschmalz entfernt man mit Wattestäbchen. Man kann unbesorgt so tief ins Ohr eindringen, wie man sehen kann.

Anschließend nimmt man die Zähne vor. Bei jungen Hunden brauchen die Zähne noch wenig Pflege. Mit 4–5 Monaten ist zu prüfen, ob die Backenzähne stehen geblieben sind und das Durchbrechen der zweiten Zähne behindern. Die ersten Zähne kann man leicht selbst ziehen – nicht brechen! (s. Seite 106). Wenn sich Speisereste zwischen den Zähnen festsetzen, riecht der Hund faulig aus dem Mund. Harte Hundekuchen und Knochen sorgen am besten dafür, daß die Zähne von selbst gereinigt werden. Trotzdem sollte man dem Hund täglich mit einer trockenen Zahnbürste energisch über die Zähne bürsten. Der Hund wird sich sehr schnell daran gewöhnen. Zahnbelag sollte man mit dem Fingernagel entfernen.

Wenn der Hund nicht genügend auf hartem Pflaster läuft, muß man auch gelegentlich die Krallen beschneiden (s. Seite 90).

Fütterung und Futter

Früher war der Hund meist ein Abfallfresser, der nur gelegentlich besseres Futter erhielt. Ein hochgezüchteter Rassehund wie der Windhund ist natürlich anspruchsvoller, wenn er den von ihm geforderten Standard halten soll. Wenn ein Hund wächst, so ist sein Nahrungsbedarf außerdem noch größer als im ausgewachsenen Alter. Ebenso wichtig ist es, die Anzahl und Folge der Rationen jeweils dem Alter anzupassen. Wer sich an diese Regeln hält, kann auch erwarten, daß die Bewertung des Hundes in den verschiedenen Lebensaltern gleichmäßig ausfällt.

Einige Grundsätze sollte man beachten. Das Futter muß immer gut vorgewärmt sein, denn sonst muß es der Hund erst selbst bis auf Blutwärme bringen. Da der Hund schlingt, erleichtert man seine Verdauung, indem alles – Gemüse und Fleisch – entsprechend zerkleinert wird. Langes Kochen verringert den Nährwert sehr stark. Ich habe darum Fleisch z.B. immer roh gefüttert. Man mag etwas dagegen haben, aber wer würde dem Hund – lebte er noch frei – das Futter kochen? Die Futterschüssel wird nur so weit gefüllt, daß der Hund sie restlos leert. Man sollte keine halbvolle Schüssel stehen lassen, auch im Winter nicht. Bleibt regelmäßig etwas übrig, so ist die Ration zu groß. Sind mehrere Hunde in der Familie, so bekommt jeder Hund seine Schüssel. Es gibt heute auf jeder Ausstellung bzw. in den Fachgeschäften die geeigneten Schüsseln, die auch gut feststehen. Daß hier stets auf äußerste Sauberkeit zu achten ist, versteht sich von selbst. Niemals verwende man zum Füttern Schüsseln oder gar Teller, die in der Küche benützt werden. Dies ist nicht nur unästhetisch, sondern öffnet auch den Weg für die Übertragung von Würmern und verleitet außerdem den Hund zum Stehlen. Der Hund muß wissen, daß er Futter nur aus seiner eigenen Schüssel nehmen darf. Auch soll frisches Wasser immer am gleichen Ort bereitstehen, einerlei ob der Hund trinkt oder nicht. Im Futter ist meistens so viel Flüssigkeit enthalten, daß der Bedarf schon damit gedeckt wird. Im Sommer wird er natürlich öfter nach Wasser verlangen.

Wie oft soll der Hund Futter bekommen? Fangen wir mit den Welpen an, denen man bis etwa zum 4. Monat viermal am Tage Futter gibt. Morgens leichtes Futter, Milchbrei, Quark mit Honig oder Ei und Hundeflocken. Zu Mittag gibt es dann rohes Fleisch mit Gemüse (Möhren, Salate, Petersilie) und Flocken bzw. mit Brühe aufgeweichtes Fertigfutter. Nachmittags genügt wieder leichte Kost, etwa wie morgens. Abends dann wieder Fleisch, Pansen (ungewaschen), Herz, Schlund usw. In der ersten Zeit wird das Fleisch feiner durch den Wolf gedreht, allmählich jedoch immer grober, weil ja die wachsenden Zähne Arbeit verrichten sollen. Dazu sollen dann mehr und mehr auch Knochen gegeben werden, am besten Kalbsknochen (Schwanz, Halswirbel) oder auch harte Hundekuchen. Und gleich einige Hinweise zu den Zähnen: (über das Gebiß s. Seite 106) Die ersten Milchzähne, die noch keine Wurzeln haben, wachsen bis etwa zur 5. Woche. Im 2.–4. Monat wechseln dann die Fang- und Milchzähne, die Eckzähne wechseln etwa im 3.–5. Monat, die Backenzähne im 4.–6. Monat. Die Prämolaren wechseln etwa im 5.–7. Monat. Am Ende dieser Zeit erscheinen auch die Molaren, die ja als Milchzähne nicht vorhanden sind. Hunde über 6 Jahre sollen keine Knochen mehr bekommen, weil sonst der Kot leicht verhärtet.

Beim Füttern ist ebenfalls zu beachten: Junghunde benötigen nach einer Hauptmahlzeit Ruhe. Man sollte deshalb nicht gleich nach dem Futter mit ihnen spazieren gehen; auch Verdauung ist Arbeit. Dazu würden sich die noch weichen Bänder und Gelenke durch die Last des Leibes zu stark dehnen oder gar lockern. Auch die Gliedmaßen könnten krumm werden und der Rücken an Festigkeit verlieren. Bei den Windhunden ist darauf besonders zu achten. So ergibt sich, daß das Futter für Windhunde möglichst nicht suppig sein soll, Grundsätzlich also: viel Gehalt in wenig Menge. Am Kot kann man gut erkennen, ob die Zusammensetzung des Futters richtig ist. Der Kot soll in der Jugend dünnflüssig, später dünn und weich sein. Zu harter Kot bedeutet zuviel Kalk, schwarzer Kot zeigt, daß der Fleischanteil zu groß ist. Kartoffeln gibt man nur in Notfällen, dann aber nicht in Stücken, es sei denn, die Junghunde fressen sie roh als Leckerbissen, was die Pigmentbildung fördert. Fisch ist immer gut. Fett sollte nur in kleinen Mengen gegeben werden, dagegen haben Fettgrieben einen hohen Eiweißgehalt. Knochen soll man erst nach dem Futter geben. Gewürze und auch Salz sind unnötig, Rohzucker in geringer Menge ist jedoch für Welpen oft sehr vorteilhaft. Später müssen alle Süßigkeiten entfallen, es sei denn ausnahmsweise als Belohnung, denn mit Süßigkeiten schafft man sich schlechte Fresser. Und in keinem Falle einen Hund bei Tisch füttern! Während der Mahlzeiten gehört der Hund auf seinen Platz. Das Füttern mit zugesteckten Brokken vom Tisch ist ein Erziehungsfehler.

Der heranwachsende Hund erhält bis etwa zum 6. Monat noch drei Mahlzeiten, die dann bis zum 8. Monat auf zwei und ab etwa dem 10. Monat auf eine Mahlzeit am Tag verringert werden, wobei man diese eine Mahlzeit am besten abends (etwa gegen 19 Uhr) gibt. Der Hund verdaut etwa 12–14 Stunden, nie kürzer, eher länger. So hat man nachts einen ruhigen Hund, der sich dann erst am nächsten Morgen gewohnheitsgemäß etwa um die gleiche Uhrzeit löst. Bei Hunden, die in der Wohnung gehalten werden, ist dies ein beträchtlicher Vorteil. Gibt man abends dann auch kein Wasser, so hat es der Hund leicht, sauber zu bleiben (Stubenreinheit s. Seite 166).

Laufzeit

Eigentlich sollte man eine Hündin nur in solche Hände geben, die mit Hundehaltung vertraut sind, und wo genügend Platz mit Sonne und Auslauf zur Verfügung steht, jedoch möglichst nicht in eine Etagenwohnung in der Großstadt. Auch das Nachlaufen der Rüden kann man vermeiden, wenn man die Hündin während der Laufzeit so ausführt, daß andere Hunde von der Läufigkeit nichts merken. Dazu fährt man z.B. mit dem Wagen in die Natur, wo keine Hunde sind und unterläßt am besten den Gang auf die Straße. Die Hündin setzt in dieser Zeit ihr Markenzeichen überall ab. Wenn dies also nicht in der Nähe der eigenen Wohnung erfolgt, erspart man sich manche Belästigung durch die Rüden.

Eine Hündin wird etwa um den 9. Monat zum erstenmal heiß. Das wiederholt sich dann in fast gleichen Abständen. Diese sind oft sehr kurz (etwa 5–6Monate), im Durchschnitt aber häufig länger. Es kommt vor, daß Hündinnen auch nur einmal im Jahr läufig werden.

Die Genitalien schwellen dann mit einer sich steigernden Blutabsonderung während der ersten 12 Tage an, die in den letzten Tagen zu hellerem Ausfluß übergeht. Die Rüden nehmen die Witterung dieses Zustandes schon einige Tage vorher wahr. Die Hündinnen weisen sie dann jedoch wie auch in den ersten Tagen noch ab. Dennoch sollte man auch in dieser Zeit eine Hündin bereits gut behüten, also nie allein hinaus lassen und sie auch stets an die Leine nehmen. Das Lösen im eigenen Garten ist dann am vorteilhaftesten. Sonst führt man die Hündin weit weg, trägt sie evtl. an einen ruhigen Ort und zwar möglichst früh morgens oder spät am Abend. Keine Spuren von oder zur eigenen Wohnung! Zuviel Vorsicht ist immer besser. Aber auch die Hündin selbst hat leidenschaftlichen Drang zum Rüden und kann einem dabei entweichen! Auch deshalb sollte man sie anbinden. Kommt es dennoch zu einer ungewollten Verbindung, dann unterlasse man jede gewaltsame Trennung.

Um diese zu vermeiden und vor allem um die richtige Verbindung zu erreichen, suche man rechtzeitig den geeigneten Rüden aus. Die Zuchtbestimmungen (s. Seite 116) geben darüber genaue Auskunft, auch über die früheste Zulassung zur Zucht. Die günstigsten Decktage liegen zwischen dem 13. und 15. Tag. Wenn man die beiden genau in dieser Zeit unbeeinflußt zusammenläßt, ist der Deckakt eigentlich immer erfolgreich.

Die Hündin wird zum Rüden gebracht, damit ihm die Herkunft der Hündin unbekannt bleibt. Damit kann man verhindern, daß er der Hündin nachstellt. Oft ist es notwendig, daß man die Hündin während des Deckaktes kurz anleint. Einmaliges Belegen genügt fast immer.

Feste Vorschriften z.B. über die Häufigkeit der Zuchtanwendung finden sich in der Zuchtordnung. Andererseits ist es kein Nachteil für einen Rüden, wenn er niemals deckt, ebensowenig wie für eine Hündin, wenn sie nie belegt wird. Doch sollte man in diesen Fällen die Tiere nicht überfüttern und für ausgiebige Bewegung sorgen. Wenn Rüden häufig Zeichen von Geschlechtserregung geben, auf anderen Hunden reiten, was übrigens auch Hündinnen tun, dann ist dies ein sicheres Zeichen von zu reichlichem Futter und zu wenig Bewegung. Einen schönen Hund mit gutem Wesen und hervorragenden Zuchtmerkmalen sollte man jedoch nicht der Zucht entziehen. Das wäre im Interesse der Zucht nicht wünschenswert. Zur fachkundigen Beratung stehen in jedem Fall die Zuchtwarte zur Verfügung.

Der kranke Windhund

Der beste Hund, auch wenn er richtig gehalten, gut gepflegt und ernährt wird, kann einmal krank werden. Wer mit seinem Hund eng verbunden ist, merkt dies sofort und versucht alles, um ihm zu helfen. Selbstverständlich verfügt jeder Hund über eigene Abwehrkräfte gegen die verschiedensten Krankheiten, doch immer reichen sie nicht aus. Wir sollten dann wissen, was zu tun ist.

Sicher gibt es viele, die ihren kranken Hund selbst behandeln können, das ist auch durchaus möglich, nicht immer jedoch die beste Lösung. Bei ernsteren Erkrankungen ist es am vernünftigsten, den Tierarzt gleich hinzuzuziehen. Er kann die Krankheit am besten erkennen und helfen. Das neue Tierschutzgesetz schreibt dies in vielen Fällen sogar vor; schmerzhafte Eingriffe oder gar Operationen sind nur unter Betäubung erlaubt. Das bedeutet, daß sie nur von approbierten Tierärzten vorgenommen werden dürfen.

Beobachtung und Behandlung

Regelmäßige tägliche Beobachtung des Hundes gibt die klarste Auskunft über seinen Gesundheitszustand. Bereits an seinem Verhalten zeigen sich Veränderungen an. Fast immer ist ein feuchter und glänzender Nasenspiegel ein gutes und sicheres Zeichen dafür, daß der Hund gesund ist. Andererseits bedeutet eine trockene oder leicht warme Nase keineswegs immer, daß eine Krankheit oder gar Fieber vorliegt. Auch im gewöhnlichen Ruhezustand kann die Nase durchaus trocken sein. Die Atembewegungen, die Pulszahl und die Temperatur ergeben ein zuverlässigeres Bild.

Die Körpertemperatur des Hundes, im Mastdarm gemessen, liegt etwa zwischen 37,9 und 38,7 °C, im Mittel also bei 38,4 °C. Das ist höher als beim Menschen. So liegt die untere Fiebergrenze beim Hund auch erst bei 39 °C.

Die Atemfrequenz des gesunden Hundes ist 10–30/Min. Windspiele, Whippet und junge Hunde atmen im allgemeinen schneller als große und ältere Hunde. Die Atmung muß aber vor allem gleichmäßig sein. Selbstverständlich vermehren sich die Atemzüge beim Laufen und besonders beim Rennen, aber auch bei überfülltem Magen, in der Hitze und während der Trächtigkeit. Wenn der Hund nach dem Rennen oder bei großer Wärme mit heraushängender Zunge hechelt, kann die Atemfrequenz bis zu 100/Min. betragen. Bei Krankheiten ist der Atem unregelmäßig und wechselnd beschleunigt. Besteht Atemnot, dann bläst der Hund die Backen auf und nimmt oft dazu noch eine sitzende Stellung ein.

Eine Kot- oder Urinprobe, die der Tierarzt verlangt, beschafft man sich aus den Exkrementen beim morgendlichen Lösen. In der Regel macht der Hund zuerst sein Wässerchen. Mit einer Schöpfkelle kann man davon etwas auffangen. Den Kot – möglichst ohne Sand! – legt man mit Holzstäbchen in eine Dose. Den Urin füllt man in eine kleine Flasche. Beides versieht man dann mit einem Etikett, das alle Angaben enthält, auch den Vermerk: „Hund“.

Es kann auch notwendig sein, daß man dem Hund den Fang öffnen muß. Wenn man das vom Welpenalter an bereits geübt hat, tut man sich jetzt leichter. Mit Lob und Leckerbissen lernt ein Hund alles. Man darf nur selbst keine Angst haben! Ist der Hund dies nicht gewohnt oder sperrt er sich, muß man ihn zwingen. Man legt die eine Hand über den Oberkiefer und die andere unter den Unterkiefer. Nun drückt man die Lefzen nach innen, so daß der Hund sich auf die Lefzen beißen würde, wenn er jetzt zubeißt; deshalb öffnet er dann lieber den Fang. In sehr schwierigen Fällen muß man zwei Bandschlingen zu Hilfe nehmen. Die Schlingen werden oben und unten hinter die Fangzähne gelegt, so zieht man dann den Fang auseinander.

Den Puls- und Herzschlag mißt man an der Schenkelarterie, die etwa in der Mitte des Hinterschenkels verläuft. Einfacher ist es die Herzschläge zu messen, wenn man die flache Hand auf den mittleren Brustabschnitt legt, fest an das Herz. Normal sind 80 Schläge in der Minute bei den großen Rassen und bis zu 120 bei Whippet und Windspielen, natürlich in Ruhestellung. Ist der Hund erregt, so schlägt das Herz auch wesentlich schneller. Bei Welpen darf die Schlagzahl bis etwa 200 reichen.

Wenn der Tierarzt bei der Untersuchung den Hund anfassen muß, ist es notwendig, dem Hund den Fang zuzubinden. In erster Linie geschieht dies zum Schutze des Tierarztes, denn der Hund kann sich sträuben oder ängstlich werden. Nicht immer kann er den Worten des Besitzers Glauben schenken, der Hund sei friedlich. Wie

oft kommt es aber auch vor, daß selbst der Besitzer den Fang nicht anfassen darf und sei es nur, um auf der Zuchtschau das Gebiß zu zeigen. Obwohl man dies nicht erwarten würde, verhält sich andererseits ein Hund oft viel ruhiger bei der Untersuchung oder Behandlung. Er weiß sehr wohl, daß er mit zugebundenem Fang nicht beißen kann! Am besten übt man auch dies vorher. Bei Rennhunden gibt es dabei kaum Probleme, sie sind ja an den Maulkorb gewöhnt. Den Fang bindet man mit einem breiten Leinenstreifen oder Riemen zu. Zunächst wird der Riemen über den Fang gelegt und so unter dem Fang gekreuzt, daß man beide Enden hinter die Ohren führen kann, um sie dann am Hals zusammenzubinden.
Schwieriger ist es meist, das Tier in die Seiten- oder Rückenlage zu bringen, wenn der Arzt dies wünscht. Viele Besitzer scheitern an dieser Aufgabe. Wenn man den Hund jedoch richtig anpackt, ist es ganz leicht. Man faßt mit beiden Armen über den Rücken und greift die beiden Läufe, die einem zugekehrt sind – also einen Vorder- und einen Hinterlauf! – und zwar oberhalb der Gelenke. Unter ruhigem Zureden und mit einem kleinen Ruck hebt man den Hund; so fällt er von selbst auf die Seite. Sofort drückt man ihn nun mit den Unterarmen auf den Untersuchungstisch nieder und hält ihn fest. Soll er auch in die Rückenlage gebracht werden, so wird er einfach leicht weitergedreht, wobei man jetzt den linken Unterarm über den Brustkorb und den rechten Unterarm über den Bauch legt. Hunde, mit denen man dies schon im Spiel geübt hat, machen dabei auch beim Arzt keine Schwierigkeiten.
Wenn der Arzt verordnet hat, Tabletten einzunehmen, wird sich der Hund meist weigern, sie zu fressen oder zu schlucken. Am besten versteckt man dann die Tablette in etwas Leberwurst. Es kommt kaum einmal vor, daß dieser Leberwursthappen nicht genommen wird. Andernfalls muß man die Tablette dem Hund auf den hinteren Zungengrund legen. Dann schließt man den Fang und drückt den Kopf leicht gegen den Hals bis die Schluckbewegung erfolgt. Wenn man ein wenig über den Kehlkopf streichelt, wird der Schluckreflex meist sofort ausgelöst. Sträubt sich der Hund jedoch nachhaltig, muß man ihm den Fang gewaltsam öffnen und nach dem Eingeben der Tablette sofort wieder schließen. Dann wird man ihm den Kehlkopf massieren bis der Hund schluckt.
Wie kann man seinem Hund Medizin einflößen? Wenn der Hund einem sehr vertraut und man es schon einmal geübt hat, ist es recht einfach. Auch das Zähnezeigen ist dazu eine gute Vorübung! Man öffnet den Fang und gießt die Medizin auf den Zungengrund, schließt den Fang und wartet bis der Hund alles hinuntergeschluckt hat. Andernfalls versucht man es damit, daß man an beiden Seiten des Fanges die losen Lefzen zur Seite zieht und in die so entstehenden Taschen die Medizin hineingießt. Damit der Hund leichter schluckt, hilft man mit ein wenig Massieren nach. Dann hat der Hund auch einen Belohnungshappen verdient.

Verletzungen

Windhunde verletzen sich eher als andere Hunde, weil sie draußen viel und lebhaft toben und sich auch beim Rennen voll ausgeben. Kleine Verletzungen an den Fußballen sind meist ungefährlich, sie heilen von selbst sehr rasch, da der Hund die Wunde sauberleckt und damit die Heilung unterstützt. Fast alle Hautverletzungen heilen schnell und gut, man sieht später fast nichts mehr. Bei größeren Wunden, die genäht werden müssen, sollte man jedoch sofort zum Tierarzt gehen. Nach der Behandlung und besonders während der Heilung, wenn die Wunde juckt, versucht der Hund den Verband oder die Fäden zu entfernen. Das darf nicht sein, der Verband muß so fest wie möglich anliegen. In ganz hartnäckigen Fällen wird man dem Hund eine Halskrause aus Pappe umlegen müssen, die ihn daran hindert mit dem Fang die Wunde zu erreichen. Bei einem Hund, zu dem man guten Kontakt hat, ist dies selten notwendig, denn er fügt sich meist schon auf gutes Zureden.

Bei Knochenbrüchen geht man in jedem Fall zum Tierarzt. Beruhigend sei festgestellt, daß selbst ein Windhund sich mit einem Gipsverband abfindet, er merkt schnell, daß ihm damit geholfen wird. Knochenbrüche heilen bei Hunden ebensogut wie bei Menschen und es bleiben so gut wie keine Folgen zurück, es sei denn, der Bruch war zu kompliziert. Ein richtig zusammengewachsener Knochen schränkt auch die frühere Leistungsfähigkeit nicht ein.

Krankheiten und ihre Erreger

Ekzeme

Als Ekzeme bezeichnet man verschiedene Hauterkrankungen mit Juckreiz, die akut auftreten oder auch chronisch verlaufen können. Ursache kann sowohl unzureichende Hautpflege als auch übertriebenes Waschen sein. Aber auch das Beißen oder Kratzen bei Parasitenbefall kann Ekzeme verursachen, ebenso wie bestimmte chemische Stoffe. Neben solchen äußeren Einwirkungen können auch Ernährungsfehler (z.B. sehr einseitiges Futter mit Hundekuchen), Verdauungsstörungen oder Nierenerkrankungen Ekzeme auslösen. Dies ist außerdem auch bei Mangelerscheinungen während der Brunst oder bei Scheinträchtigkeit der Fall.

Die Ekzeme entwickeln sich über Knötchen schnell zu großen Flächen, die wiederum nässende Bläschen oder Borken bilden. Ekzeme sind oft schmerzhaft, in jedem Fall aber mit großem Juckreiz verbunden. Man sollte schon im ersten Stadium den Tierarzt aufsuchen und befragen.

Flöhe

Die Hundeflöhe sind 2–3 mm lang, hellbraun, ihr Körper ist seitlich zusammengedrückt. Sie sitzen gerne am Hals des Hundes, ferner auf dem Rücken, der Lende und am Rutenansatz. Ihre Stiche bewirken, daß der Hund sich beißt, scheuert, kratzt. Bei starkem Flohbefall kommt es auch zu Blutarmut und Abmagerung, die zum Tode führen können. Der Hundefloh vermag auch Bandwürmer zu übertragen. Regelmäßige Pflege und gelegentliches Waschen mit antiparasitären Mitteln sind also notwendig. Wird Lagerstreu verwendet, sollte man sie in gewissen Abständen vollständig erneuern, und die alte Streu verbrennen. Feuchtigkeit vertragen die Flöhe schlecht, deshalb sollte man das Lager öfter naß säubern. Außerdem gibt es wirksames Puder gegen Flöhe.

Hepatitis

Diese Leberkrankheit kann heute durch die 3fach-Schutzimpfung vorbeugend behandelt werden. Etwa 2 Wochen nach dem Abstillen sollten die Welpen geimpft werden. Über spätere Impfungen kann nur der Tierarzt entscheiden. In jedem Fall den Tierarzt aufsuchen!

Hartballenkrankheit

Zunächst tritt ein Unwohlsein und dann Fieber auf. Dann werden die Ballen hart und rissig. Behandlung ist nur durch den Tierarzt möglich. Meist muß man mit einer längeren Behandlungszeit rechnen.

Krämpfe (Eklampsie)

Man versteht darunter einen akuten epilepsieartigen Krampfanfall bei hochtragenden oder säugenden Hündinnen. Starke Unruhe und Hecheln führen u. U. zum plötzlichen Ausbleiben der Milch. Die Krämpfe können mehrere Stunden dauern. Bei Erstgebärenden ist die Sterblichkeitsgefahr sehr groß, man sollte also schnellstens den Tierarzt zu Rate ziehen, der meist helfen kann. Vorbeugend werden Kalziumgaben verabreicht.

Läuse

Läuse sind blutsaugende Parasiten von etwa 2 mm Länge. Äußerlich sehen sie schmutzigweiß aus, der Kopf ist kurz. Wie Flöhe sitzen sie auch gerne am Kopf, hinter den Ohren, am Hals und auf dem Rücken der Hunde. Langhaarige, schlecht gepflegte Hunde werden am ehesten von Läusen befallen. Der Hund kratzt sich fortwährend, es kann aber auch zu Hautentzündungen kommen. Gute und regelmäßige Haarpflege ist daher notwendig. Gegen Ungeziefer wie Läuse gibt es auch entsprechendes Pulver zum Einstreuen.

Lederenden
Kommen sehr selten vor. Man versteht darunter den Haarausfall an den äußeren Enden der Behänge. Mittel zum Einreiben verschreibt der Tierarzt.

Leptospirose (Stuttgarter Hundeseuche)
Es handelt sich um eine Infektionskrankheit, die sogar auf den Menschen direkt übertragbar ist. Sie tritt besonders im Herbst und Winter vorwiegend bei Rüden auf, und zwar in jedem Alter. Die Übertragung erfolgt durch das gegenseitige Beschnüffeln der Genitalien oder solcher Stellen, die durch Urin verunreinigt sind. Die Leptospiroseerkrankung beginnt meistens mit einer Schwäche der Hinterhand. Danach zeigen sich Appetitlosigkeit, Müdigkeit, Erbrechen und Entzündungen am Fang. Schließlich treten auch Magen-, Darm und Nierenerkrankungen auf. Man unterscheidet zwei Arten der Krankheit, nämlich ohne Gelbsucht (Hundetyphus) und mit Gelbsucht einhergehend, deren Symptome der Weilschen Krankheit des Menschen ähneln.
Eine vorbeugende Impfung der Hunde ist bisher der einzige und sicherste Schutz vor dieser Krankheit, die auch den Menschen gefährdet. Üblich ist die zweimalige Impfung gegen Leptospirose zusätzlich in Verbindung mit einem Impfstoff gegen Staupe und ansteckender Leberentzündung. Der DWZRV überprüft die Impfung der Welpen durch seine Zuchtwarte. So schwer diese Erkrankung auch ist, die rechtzeitige und richtige Behandlung kann durchaus erfolgreich sein.

Nickhauterkrankung
Die Nickhaut ist das dritte Augenlid, eine vertikale Falte der Lidbindehaut am inneren Augenwinkel mit dem Blinkknorpel. Eine Verdickung der Nickhaut und Entzündungen führen zu ständigem Tränenfluß. Hier hilft nur eine Operation.

Nierenerkrankungen
In den meisten Fällen sind falsche Haltung und Fütterung Ursache für Nierenerkrankungen. Gewürze und Salz in zu reichlichem Maße sind besonders gefährlich. Bei akuter Erkrankung kommt es oft noch zu einer Harnvergiftung, die nur der Arzt richtig behandeln kann. Warme Umschläge bringen vorübergehende Linderung. Nierenerkrankungen in chronischer Form sind leider häufig verbreitet und verlaufen auch manchmal tödlich. Hauptursache ist meist die Leptospirose, aber auch andere Infektionen und Erkältungen lösen solche Erkrankungen aus. Leider werden sie oft zu spät erkannt. Zunächst ist das Allgemeinempfinden gestört, verbunden mit einem erheblichen Durstgefühl. Ein gekrümmter Rücken, gelegentliches Erbrechen von hellem Schleim und ein trockener Ring an den Flügeln des Na-

senspiegels (zwischen diesem und dem Haaransatz) sind weitere Anzeichen. Im Urin ist Eiweiß. Man sollte sofort den Tierarzt hinzuziehen.

Ohrräude

Sie wird durch Milben verursacht, die oft direkt von Hund zu Hund übertragen werden. Diese Ohrenentzündung äußert sich in einem Juckreiz, den man daran erkennt, daß der Hund sich kratzt und den Kopf schüttelt. Später kommt es zu einer Krustenbildung im Gehörorgan. Im weiteren Verlauf der Krankheit hält der Hund den Kopf schief, es kommt zu Sehstörungen und Krampfanfällen, und der Hund magert ab. Die Milben sind als bewegliche weiße Pünktchen an den Ohrrändern sichtbar. Wie wichtig es ist, die Ohren regelmäßig zu säubern, zeigt diese Krankheit. Geeignete Mittel zur Behandlung und Reinigung verschreibt der Tierarzt.

Rachitis

Diese Mangelkrankheit tritt in der Zeit des Wachstums auf, wenn dem Körper zu wenig Kalk, Fett, Eiweiß und Vitamine zugeführt werden. Auch an Lichtmangel kann es häufig liegen. Rachitis äußert sich in verändertem Knochenbau mit verdickten Gelenken, gebogenen Läufen und mißgestaltetem Gebiß. Rohes Fleisch, Eier, Beigaben von Kalk und Lebertran im Futter gleichen die Mängel aus. Wichtig ist außerdem Aufenthalt in frischer Luft und Sonne, evtl. auch Bestrahlung mit Höhensonne und Ultraviolettlicht. Ausgewogenes, vollwertiges Futter ist das beste Vorbeugungsmittel.

Räude

Entsteht durch eine Milbe, entsprechend der Milbe, die beim Menschen die Krätze verursacht. Die Milben graben Gänge in die Haut und lösen damit einen starken Juckreiz aus. Mit Vorliebe befällt die Milbe die geschützteren Stellen der Haut: Vorbrust, Unterbauch und Schenkelinnenseiten. Es zeigen sich zuerst Knötchen, Bläschen und Krusten. Schließlich magert der Hund stark ab und kann an Erschöpfung eingehen. Die Übertragung erfolgt von Hund zu Hund, aber auch durch sonstige Zwischenträger. Rechtzeitig einsetzende Behandlung ist meist erfolgreich. Man schert die Haare ab, reibt die wunden Stellen mit Schmierseife ein und verwendet die vom Tierarzt verordneten Präparate. Das Lager und der Zwinger müssen desinfiziert und die erkrankten Tiere 4–6 Wochen abgesondert werden, bis alles seuchenfrei ist.

Schilddrüsenvergrößerung

Eine sogar häufiger anzutreffende Krankheit. Sie kann vererbt oder angeboren sein. Aber auch äußere Einflüsse, bestimmte Wasser- und Bodenverhältnisse oder ein zu enges Halsband z.B. können die Ursache sein (für Windhunde sollte man ohnehin nur breite Halsbänder verwenden). Wenn das Allgemeinempfinden gestört ist, sollte man den Tierarzt aufsuchen.

Staupe

Eine schwere, in drei Stadien auftretende Viruskrankheit, der junge und auch alte Hunde zum Opfer fallen können. Man kann ihr heute durch wirkungsvolle Schutzimpfungen erfolgreich vorbeugen. Die Staupe äußert sich durch wechselndes Fieber, Tränenausfluß, der die Augen verklebt und Durchfall. Später treten auch Pusteln am Bauch auf. Schließlich kommt es zur sogenannten Nervenstaupe mit krampfartigen Anfällen, Bewegungsstörungen und Kauschwierigkeiten. Wenn das Nervensystem von den Staupeviren befallen ist, ist der Hund kaum noch zu retten. Eine Heilung ist sehr schwierig, einzig verläßlich ist nur die vorbeugende Schutzimpfung.

Tollwut

Die Übertragung erfolgt durch Biß und Speichel. Die Inkubationszeit liegt zwischen 20 und 60 Tagen. Tollwut ist auch auf den Menschen übertragbar. Der Erreger wird schon 3–5 Tage vor den ersten Krankheitsanzeichen mit dem Speichel ausgeschieden. Die ersten Anzeichen sind im Benehmen des Hundes zu erkennen. Ein sonst folgsamer Hund wird aufgeregt, mürrisch und mißtrauisch und verkriecht sich dann auch gern. Das gewohnte Futter wird verweigert, dafür frißt oder benagt er Holz Leder, Bindfaden, Steine, Metall, Stroh und Gras. Außerdem drängt der Hund ins Freie und strolcht bis zu 100 km am Tage durch die Gegend. Schließlich fangen die Hunde auch an zu beißen und greifen alles an, was ihnen in den Weg kommt. Der Hund magert nun ab und auch seine Stimme verändert sich. Gleichzeitig zeigt sich auch meist Schleim am Fang, der Hund kann schlecht schlucken, die Zunge hängt heraus und zuletzt kommt es noch zur Lähmung der Hinterhand, ehe die Hunde nach ca. 10 Tagen sterben.

Jeder Tollwutfall und selbst jeder Verdacht auf Tollwuterkrankung muß als anzeigepflichtige Seuche gemeldet werden. Jeder erkrankte Hund wird getötet. Die nordischen Länder schützen sich durch Quarantäne, die bis zu 6 Monate dauern kann. Für Ausstellungen in Skandinavien braucht man entsprechende Bescheinigungen. Die Impfung vermag vor der auch für den Menschen übertragbaren und gefährlichen Tollwut erfolgreich zu schützen.

Vergiftungen

Wenn plötzlich unerklärliche Krankheitserscheinungen auftreten, sind meist Vergiftungen, die Ursache, am häufigsten ausgelegtes Rattengift. Man muß zunächst mit Brechmitteln so rasch wie möglich das Gift auszutreiben versuchen. Bei Lähmungserscheinungen wird starker Kaffee oder Tee gegeben, evtl. ist ein Einlauf im Mastdarm von Vorteil. Nie sollte man jedoch fettige oder ölige Mittel verabreichen, auch warmes Wasser ist zu vermeiden. Besteht Verdacht auf eine Vergiftung, sollte man sich auf schnellstem Weg beim Tierarzt Rat holen!

Würmer

a) Bandwürmer:

Bei Hunden kennt man 7 Arten von Bandwürmern, eine Art *(Taenia echinococcus)* ist auch für den Menschen gefährlich. Die Länge der Bandwürmer schwankt zwischen 2,5 mm und mehreren Metern. Alle Bandwürmer leben im Dünndarm. Oft wird die Erkrankung erst bei starkem Befall erkannt. Wenn jedoch ein Hund stark abmagert, obgleich er gut frißt, sollte man ihn aufmerksam beobachten. Der Hund wird dann meist unruhiger und leckt sich am After. Er neigt dann auch zum sogenannten Schlittenfahren (auf dem Gesäß sitzend herumrutschen). Teile des Bandwurmes werden mit dem Kot ausgeschieden. Sie sollten vergraben werden, damit die Zwischenträger (Hundefloh, Schaf, Rind, Schwein und Kaninchen) mit ihnen nicht in Berührung kommen. Im Zwischenwirt bilden sich Finnen, die der Hund dann wieder mit der Nahrung aufnimmt, und damit erneut von Bandwürmern befallen wird. Auf keinen Fall sollte man nach eigenen Rezepten eine Bandwurmkur durchführen. Die Medikamente müssen genau nach Vorschrift dosiert werden, nur so können sie erfolgreich wirken. Zuvor ist eine Mikrountersuchung angebracht.

b) Spulwürmer:

Spulwürmer sind beim Hund die häufigsten Eingeweideparasiten. Bis zum Alter von 1–1 $^1/_2$ Jahren müssen nach Anweisung eines Tierarztes Wurmkuren durchgeführt werden. Ansteckungsgefahr für den Menschen besteht nur bei hochgradigem Wurmbefall. Dennoch darf man sich von jungen Hunden nicht belecken lassen. Die Bekämpfung der Spulwürmer ist für das Wohlbefinden und eine gesunde Entwicklung der Hunde unbedingt notwendig. Auch ältere Hunde müssen überwacht werden. Die Spulwürmer sind 3–10 cm lang, es sind runde, weiße, derbe Wesen, die im Dünndarm sitzen. Wachsender Appetit, Verdauungsstörungen, Durchfall und Erbrechen sind die äußeren Zeichen für das Vorhandensein von Spulwürmern. Bei Welpen ist meist der Bauch aufgetrieben. Starker Wurmbefall führt zu Abmagerung und Krämpfen und sogar zum Tode. Eine sichere Diagnose ist durch eine mikroskopische Untersuchung möglich. Die Eier der Spulwürmer, durch die die Ansteckung erfolgt, sind dickschalig und gegen Desinfektionsmittel sehr widerstandsfähig. Sauberkeit ist also auch hier notwendig. Die Hündin sollte vor dem Belegen, spätestens aber während der 3.–6. Trächtigkeitswoche gegen Spulwürmer behandelt werden. Welpen kann man schon in den ersten Lebenswochen bei Wurmbefall verlieren, daher ist eine ständige Kontrolle des Kotes bei ihnen erforderlich. Notfalls kann man bei den Welpen schon im Alter von knapp 3 Wochen eine erste Wurmkur durchführen. Jede Wurmkur muß nach drei Wochen – aber nicht vorher – wiederholt werden.

Zecken

In Deutschland ist für Hunde nur eine Zeckenart von Bedeutung, der Holzbock. Das Männchen ist etwa 1–2 mm lang, braunrot oder schwarz, das Weibchen wird 4 mm lang und ist gelbrot. Ist die Zecke vollgesogen, ist sie bis 12 mm lang und sieht dann bleigrau aus. Die Larven der Zecken klettern auf Grashalme, um nach Möglichkeit auf einen vorbeistreifenden Hund überzuklettern. Sie saugen sein Blut und verursachen ihm Juckreiz und auch eiternde Hautwunden. Man entfernt die Zecke durch Beträufeln mit Petroleum, Benzin oder Fett. Niemals Gewalt anwenden, denn dann reißt der Kopf der Zecke ab und es entstehen üble Entzündungen.

Der alte Hund

Mancher Besitzer versündigt sich noch im Alter an seinem treuen Hund, er kann sich nicht von ihm trennen. Das ist falsche Dankbarkeit. Wenn ein Hund sehr leidet, dann sollte man ihm helfen und ihn erlösen, besonders, wenn der Tierarzt dazu rät. Dies gilt vor allem bei einer unheilbaren Krankheit. Wenn man den Hund töten lassen muß, dann verdient er aber auch einen schmerzfreien Tod. Nur durch eine einschläfernde und rasch erlösende Spritze des Tierarztes ist dies sichergestellt. Anders wird ein wahrer Hundefreund seinen ihm liebgewordenen Begleiter auch nicht töten.

Worüber der Windhundbesitzer sonst noch Bescheid wissen sollte

Steuerfragen

Die Hundesteuer ist eine Gemeindesteuer, d.h. sie wird von der zuständigen Stadt- oder Gemeindeverwaltung erhoben. Daß Hundebesitzer diese Steuer meistens als ungerecht empfinden, versteht sich von selbst. Gerade Rassehunde wie die Windhunde werden im allgemeinen so gehalten, daß man ihnen nicht anlasten kann, daß sie die Straßen verschmutzen. Schwer verständlich ist auch, warum die Hundesteuer in den einzelnen Gemeinden so unterschiedlich hoch ist. Aber nicht nur die Besitzer von Dienst- oder Wachhunden, zu denen die Windhunde nicht zählen, sondern auch Züchter erhalten vielfach Ermäßigungen auf die Hundesteuer. Außerdem gibt es Gemeinden, in denen alten Menschen die Steuer auf Antrag ermäßigt wird. Man sollte rechtzeitig (spätestens im Vormonat des neuen Steuerjahres) einen Antrag auf Ermäßigung stellen, sonst gilt zunächst die bisherige Steuerveranlagung weiter. Fast alle Gemeinden zahlen die einmal abgeführte Hundesteuer nicht mehr zurück. Aus diesem Grunde ist es in vielen Fällen zweckmäßiger, die Steuer nicht für ein ganzes Jahr im voraus zu entrichten. Hundesteuer wird jeweils vierteljährlich berechnet. Wenn also ein Hund im Laufe des Jahres stirbt (oder verkauft wird), so läuft die Steuer nur bis zum Ende des entsprechenden Kalendervierteljahres. Hat man jedoch für das ganze Jahr vorausbezahlt, gibt es dennoch keine Rückerstattung. Ähnlich ist es bei einer Neuanmeldung. Auch hier wird die Steuer für das volle Kalendervierteljahr festgesetzt, in dem man den Hund erworben hat. Die Anmeldung zur Steuer muß immer sofort erfolgen. Es gibt also keine Probezeit oder ein Mindestalter für junge Hunde. Zweithunde werden gelegentlich auch doppelt so hoch wie ein einzelner Hund besteuert, und die Steuer verdoppelt sich noch mit jedem weiteren Hund. Man sollte sich also in jedem Fall genau beim örtlichen Steueramt erkundigen.

Der Hund im Mietrecht

Ehe man ein Mietverhältnis eingeht, empfiehlt es sich als Mieter vor Vertragsunterzeichnung vom Vermieter die Genehmigung zum Halten und evtl. zum Züchten von Hunden einzuholen. Auch wenn man noch keinen Hund besitzt und nur mit

dem Gedanken spielt, sich vielleicht später einen Hund zuzulegen, sollte man einen neu abzuschließenden Mietvertrag genauestens lesen. Im allgemeinen ist in Mietverträgen nämlich die Tierhaltung verboten. Eine mündliche Zusicherung nützt gar nichts. Wenn man die Erlaubnis zur Hundehaltung erhält, sollte man sie schriftlich erbitten. Keineswegs kann man sich nämlich darauf berufen, Hundehaltung oder gar Zucht bedürfe nicht der Zustimmung des Vermieters, da Tierhaltung zur allgemeinen Lebensführung gehöre. Die Gerichte schließen sich dieser Ansicht meist nicht an. In der Regel kommt ein Einspruch des Vermieters jedoch nicht zum Zuge, wenn ihm seit längerem bekannt ist, daß man einen Hund hält und bisher kein Einspruch erfolgt ist; dann gilt das Gewohnheitsrecht. In solchen Fällen gilt eine Erlaubnis als stillschweigend gegeben.
Ist die Frage der Hundehaltung im Mietvertrag überhaupt nicht erwähnt, so kann man allgemein davon ausgehen, daß die Erlaubnis zur Haltung *eines* Hundes gegeben ist, auch dann, wenn der Vermieter nachträglich Vorbehalte geltend macht. Bei der Haltung mehrerer Hunde ist jedoch eine Erlaubnis in jedem Fall erforderlich und unbedingt einzuholen, wenn man Streit und Anwaltkosten vermeiden will. Werden mehrere Hunde, auch in einem Einzelhaus gehalten, muß man u. U. damit rechnen, daß Nachbarn dagegen Einspruch erheben, wenn sie sich durch die Hundehaltung gestört fühlen. Falls Lärmbelästigung beanstandet wird, empfiehlt es sich die Lärmhöhe durch Phonmessung feststellen zu lassen. Damit zu argumentieren ist jedoch meist schwierig, allein z. B. in Kurorten. Deshalb ist es besser, zuvor mit den Nachbarn zu einer, möglichst schriftlichen, Vereinbarung zu kommen.

Haftung

Für Haftpflichtfälle gibt es einen wichtigen Grundsatz: Der Hundehalter haftet grundsätzlich für Personen – oder Sachschaden, den sein Hund anrichtet, selbst dann, wenn ihn keinerlei eigenes Verschulden trifft. Dient der gehaltene Hund jedoch dem Beruf oder Erwerb des Besitzers, so tritt die Haftung nur ein, wenn tatsächlich eigenes Verschulden vorliegt.
Im Zweifelsfall muß der Hundehalter beweisen, daß ihn keine Schuld trifft oder daß der Schaden auch entstanden wäre, wenn er die notwendige Sorgfalt hätte walten lassen. Hier muß zum Begriff „Hundehalter“ gesagt werden, daß immer der als Halter gilt, der dem Hund auf Dauer Unterkunft und Futter gibt. Das braucht also nicht immer der Eigentümer zu sein. Beim Kauf auf Raten z. B. ist der Halter erst dann Eigentümer, wenn der Hund bezahlt ist.
Der Schaden muß auch der typisch unberechenbaren Tiernatur entsprungen sein. Wenn man einen Hund absichtlich neckt oder reizt, hat man natürlich keinen An-

spruch auf evtl. Schadenersatz. Stößt man mit einem Hund zusammen und er springt zur Seite und ruft dadurch einen Schaden hervor, so entsteht daraus kein Haftungsanspruch. Dies ist ja keine typisch unberechenbare Handlung. Wenn jemand über einen Hund stolpert und dadurch z.B. einen bestimmten Zug nicht mehr erreicht, besteht nur Haftung, wenn der Sturz mit einer Körperverletzung oder mit einem Sachschaden verbunden ist. Steckt ein Hund sich an einem anderen kranken Hund an, kann man von dessen Besitzer keinen Schadenersatz verlangen, haftet aber auch im umgekehrten Falle nicht, sofern man kranke Hunde nicht bewußt zusammenbringt. Bei Tierärzten und auf Hundesportplätzen kann man davon ausgehen daß Haftungs- und Schadenersatzfragen bereits grundsätzlich geregelt sind. Leiht man sich einen Hund aus irgendeinem Grund aus, übernimmt man das Risiko für seine eigene Person natürlich stillschweigend selbst.

Bei Minderjährigen liegen die Verhältnisse etwas anders. Kinder unter 7 Jahren kann man niemals eine Schuld anlasten, im Alter von 7–18 Jahren kommt es darauf an, ob der Heranwachsende bereits über die Einsicht verfügt, eine Gefahr zu erkennen. In einfachen Fällen kann man dies bereits frühzeitig voraussetzen, sonst meist erst sehr viel später. Jedes Kind dürfte wissen, daß man Hunde nicht ärgern soll, dagegen wird ihm nicht unbedingt klar sein, daß es nicht jeden Hund streicheln oder füttern darf. Haftungsausschluß bedarf der Zustimmung des gesetzlichen Vertreters. Man sollte also nie Kinder mit Hunden ohne die Zustimmung der Eltern spazieren gehen lassen.

Durch Schadenshaftung ist mancher Tierhalter schon erheblich wirtschaftlich in Anspruch genommen worden. Dagegen sollte man sich in jedem Fall durch den Abschluß einer Hundehalter-Haftpflichtversicherung schützen. Die Prämien sind im Verhältnis zum Risiko sehr gering.

Kauf und Verkauf

Zwischen dem Käufer und Verkäufer eines Hundes sollte immer ein schriftlich abgefaßter Vertrag geschlossen werden. Nur wenn beide Partner ihre faire, sportliche Einstellung einander bereits unter Beweis gestellt haben, können sie davon absehen. Mit dem Kauf und der Bezahlung des Hundes geht die Ahnentafel an den neuen Eigentümer über. Der Besitzerwechsel des Hundes muß in die Ahnentafel eingetragen werden. Hier etwas über die preisliche Bewertung eines Hundes zu sagen, ist unmöglich; jeder Preis muß zwischen Käufer und Verkäufer einzeln ausgehandelt werden.

Der Verkäufer soll aber den Käufer über alles genau unterrichten, was den Hund betrifft, z.B. über Futterfragen, Lebensgewohnheiten usw. Auch Mängel dürfen

nicht unerwähnt bleiben. Wird der Hund beim Kauf besichtigt und bezahlt, so können später keine Mängel mehr geltend gemacht werden, es sei denn, der Käufer wäre arglistig getäuscht worden. Alle übrigen Mängelfälle müssen innerhalb 6 Monaten gerügt werden; in Fällen arglistiger Täuschung entfällt diese Frist. Der Käufer kann bei einem Mangel Wandlung oder Minderung verlangen. Erkennt der Verkäufer diesen Mangel nicht an, so muß innerhalb der Rügefrist Klage erhoben werden. In erster Linie kommt es darauf an, ob der Mangel bereits beim Kauf bestanden hat, wobei unwichtig ist, ob er damals erkannt werden konnte. Es kann der Fall sein, daß weder Käufer noch Verkäufer in der Lage sind, den Mangel überhaupt zu erkennen, oft ist dazu nur der Tierarzt imstande. Nach Ablauf von 6 Monaten ist die allgemeine Rügefrist verstrichen. Schließt man aber einen Vertrag, so kann man die Rügefrist ausschließen, verkürzen oder auch verlängern. Diese Möglichkeiten sollten beim Kauf von Zuchthunden oder -Welpen unbedingt erwogen werden, da Zuchttauglichkeitsfehler gravierend für die geplante Zucht sein können (Einhodigkeit oder Rückbeißer z. B. sind von der Zucht ausgeschlossen).
Wichtig ist auch, wann Mängel beim Hund entstanden sind. Der Verkäufer haftet grundsätzlich nur für beim Kauf vorhandene Zuchtmängel, nicht für später entstandene. Man sollte also auf keinen Fall zu früh kaufen, und sich möglichst noch von einem Tierarzt, vielleicht auch von einem Windhundfachmann, einem Richter oder Zuchtwart beraten lassen. In ganz jungem Alter sind Zuchtfehler oft noch nicht zu erkennen. Die Festlegung eines Gerichtsstandes ist immer zu empfehlen, besonders bei Kauf im Ausland. Schon die Rücksendung eines Hundes kann erhebliche Schwierigkeiten verursachen. Liegt ein Vertrag vor, erspart man sich manchen Ärger und Umstände. Kaufvertragsformulare sind vom VDH zu beziehen.
Bei Wandlung ist der Hund zurückzugeben. Der Kaufpreis wird dann zurückbezahlt. Wird jedoch ein anderer Hund als Ersatz vereinbart, z. B. ein anderer Welpe aus dem gleichen Wurf, sollte man darüber einen neuen Vertrag schließen. Man wird davon ausgehen, daß die Wandlung vollzogen wurde und ein anderer Hund neu gekauft worden ist. Bei Minderung wird nur der Preis herabgesetzt. Entsteht hier ein Streit über die Höhe der Minderung, sollte man sich dem Gutachten eines Fachmannes der speziellen Rasse unterwerfen. Die Kosten für den Transport hat der Käufer zu tragen, deshalb sollte man auch den Sitz des Zwingers als Erfüllungsort festlegen.
Wird Ratenzahlung vereinbart, so gelten die gesetzlichen Bestimmungen für Ratenzahlungen. Die Ahnentafel bleibt dann bis zur vollständigen Bezahlung beim Verkäufer, der bis dahin auch als Eigentümer gilt. Bis zur vollen Bezahlung ist der Käufer nur Halter. Vom Verkäufer (Züchter) dürfen keine Bedingungen über einen evtl. Weiterverkauf oder Zuchtverpflichtungen gestellt werden. Ist der Hund verkauft und bezahlt, hat der neue Besitzer auch alle Rechte an seinem Hund.

Windhundverbände

In diesem Abschnitt sollen alle Einrichtungen des DWZRV (Deutscher Windhundzucht- und Rennverband), seine Gliederungen und Anschlüsse an internationale Verbände aufgeführt werden. Es wird darauf verzichtet, Personennamen und genaue Anschriften anzugeben, da diese sich turnusgemäß meist ändern. Aber auch ohne diese Angaben wird es ohne weiteres möglich sein, die richtige Stelle zu finden, von der man Unterstützung oder Rat erwartet.
Der DWZRV gibt außerdem ein Anschriftenverzeichnis („Wer – Wo – Was") heraus, das jeweils diese aktuellen Hinweise enthält.

VDH – Verband für das Deutsche Hundewesen.
Dieser Verband umfaßt das gesamte Rassehundwesen aller Rassen und gibt für die Zucht und für das Ausstellungswesen feste Richtlinien, denen auch der DWZRV sich anpaßt. Ebenso vertritt der VDH das Deutsche Hundewesen international, besonders in der FCI (Fédération Cynologique Internationale). Er beschäftigt sich auch mit Rechtsfragen und wissenschaftlichen Problemen und betreut das Richterwesen. Die Sparten Schutzhundwesen und Jagdgebrauchshunde im VDH sind für den DWZRV jedoch kaum von Bedeutung. Der Sitz des VDH ist in Dortmund.

DWZRV – Deutscher Windhundzucht- und Rennverband.
Die Aufgaben sind in der Satzung verankert. Neben einem 6köpfigen Vorstand werden für besondere Aufgaben (Zuchtschauwesen, Kassenwesen, Richterangelegenheiten) noch Beauftragte ernannt. Für die speziellen Fragen der Zucht steht dem Vorstand außerdem die Zuchtkommission zur Seite. Ebenso besteht für das Rennwesen eine Rennkommission. Der Ehrenrat behandelt Streitigkeiten u. dgl. Die amtierenden Richter, die zugleich für die Rassen, die sie richten dürfen, auch Körmeister sind, sind in einer Richterliste verzeichnet, jeder Richter mit den für ihn zuständigen Rassen.
Der DWZRV ist wiederum in Landesgruppen aufgeteilt, die auf regionaler Ebene die Aufgaben des Bundesverbandes übernehmen. Der Vorstand einer Landesgruppe besteht aus den Vorsitzenden, dem Landeszuchtwart und einem Kassenwart. Hinzu kommen noch die örtlichen Zuchtwarte, die die Zwinger besuchen, beraten und die Würfe abnehmen. Das Rennwesen liegt in den Landesgruppen in Händen der speziellen Rennvereine, die gerichtlich selbstständig eingetragen sind.

Die Mitgliedschaft in diesen Vereinen setzt die Mitgliedschaft im DWZRV voraus. Die Rennvereine unterstehen der jeweiligen Landesgruppe und werden von ihr betreut. In der folgenden Übersicht erscheinen die vom DWZRV zugelassenen Rennvereine jeweils innerhalb ihrer Landesgruppe.

Landesgruppe Baden-Kurpfalz
- Windhund-Rennverein Kurpfalz
- Pforzheimer Windhund-Rennverein
- Windhund-Rennverein Niefern e.V.

Landesgruppe Nordbayern
- Windhund-Rennverein Nürnberg 1973 e.V.

Landesgruppe Südbayern
- Windhund-Rennverein Bayern e.V.
- Windhund-Rennverein Ingolstadt 1975 e.V.

Landesgruppe Berlin
- Berliner Windhund-Rennverein e.V.
- Windhund-Rennclub Berliner Bär e.V.

Landesgruppe Nord
- Norddeutscher Windhund-Rennverein, gegr. 1946, Sitz Hamburg
- Hoisdorfer Windhundrennclub e.V.

Landesgruppe Weser-Ems
- Windhundrennverein Weser-Ems

Landesgruppe Niedersachsen
- Windhund-Rennclub Niedersachsen e.V.
- Windhund-Rennverein Hannover e.V.

Landesgruppe Nordrhein-Westfalen
- Windhund-Rennverein Duisburg e.V.
- Windhund-Rennverein Westfalen-Ruhr e.V.
- Düsseldorfer-Windhund-Rennverein
- Windhund-Rennverein Ost-Westfalen e.V.

Landesgruppe Rheinland
- Solinger Windhund-Rennverein e.V.
- Kölner Windhund-Rennverein e.V.

Landesgruppe Hessen
- Club der Windhundfreunde Darmstadt
- Club für Windhundrennen e.V. Frankfurt/M.

Landesgruppe Württemberg
- Windhund-Rennsportverein Solitude e.V.
- Windhund-Rennverein Breisgau-Schwarzwald
- Windhundrennclub Bodenseekreis e.V.

Das Windhundwesen hat sich darüberhinaus noch international besonders zusammengeschlossen, um vor allem das Rennwesen international zu vereinheitlichen. So werden Windhundrennen in den meisten Ländern unter den gleichen Bedingungen abgehalten.

UICL – Union Internationale des Clubs des Lévriers (Windhunde).
Folgende Länder mit ihren nationalen Windhundorganisationen gehören im Augenblick der UICL an:

Belgien	Niederlande
Bundesrepublik Deutschland	Österreich
Finnland	Schweden
Frankreich	Schweiz
Israel	Spanien
Italien	Ungarn

In manchen Ländern ist nicht, wie z. B. in Deutschland, nur ein Verband für Windhunde zuständig.

CSSR:
Cesky Svaz Chovateu Drobneho Zvirectva Cschdz, Praha (CSSR-Kynologenverband)
Cschz Zakladni Specieni Kynoligicka Organisace Chovateln Chrtu (Zskochch) (CSSR – Windhundzucht- und Rennverband).

Holland:
Raad van Beheer o Kynologisch Gebied in Nederland, Amsterdam
Commessie voor de Windhondenrensport in Nederland
Niederländische Windhund-Zuchtvereine (Nederlandse Clubs) umfaßt:
- Nederlandse Whippet Club
- Nederlandse Vereniging voor Oostersche Windhonden (Afghanen, Saluki, Sloughi)
- Nederlandse Saluki Club
- Nederlandse Vereniging voor de lerse Wolfshond en Deerhound (Ierdee)
- Nederlandse Barsoi Club
- Nederlandse Greyhound Club

dazu dann noch die niederländischen Rennvereine.

Österreich:
Österreichischer Kynologenverband, Wien
Österreichischer Klub für Windhunde-Zucht- und Rennsport
dazu Renngemeinschaften

Schweiz:
Schweizerische Kynologische Gesellschaft (SKG), Bern
Schweizerischer Windhund-Club (SWC) als Sektion der SKG
Interessengemeinschaft für das Windhundrennwesen in der Schweiz (IGWR) und außerdem die Schweizer Windhundrennvereine
Ungarn:
Meoe, Windhundclub
Besondere Sektionen für Greyhounds, Afghanen und Magyar Agar

Weitere ausländische Windhund-Organisationen

Dänemark:
Dansk Kennelklub
Afghaner Clubben
Mynde Clubben
England:
The Kennel Club, London
National Coursing Club
The Deerhound Club
Finnland:
Finska Vinthundklubben, Helsinki
Irland:
The Irish Kennelclub, Dublin
Irish Coursing Club
Norwegen:
Norsk Kennel Club
Schweden:
Svenska Vinthund Clubben
USA:
The American Kennel Club, New York
The Scottish Deerhound Club of America

Anhang

Körpergewichte von Welpen (Whippet) von der Geburt bis zur 8. Woche

		Geburt	1	2	3	4	5	6	7	8
	4 Welpen									
R	A	450	810	1175	1620	1875	2250	2860	3175	3450
H	B	425	750	1100	1425	1700	1975	2450	2700	3000
H	C	425	760	1100	1500	1850	2240	2685	3200	3350
H	D	425	800	1125	1550	1725	2000	2400	2670	2850
	5 Welpen									
R	A	375	650	1000	1300	1625	2075	2470	2860	3420
R	B	400	690	1010	1340	1705	2080	2380	2775	3240
R	C	325	740	1030	1310	1680	2050	2360	2680	3150
R	D	300	570	830	1120	1480	1930	2300	2670	3120
H	E	350	660	940	1220	1520	1860	2160	2530	3030
	6 Welpen									
R	A	245	520	725	1050	1275	1675	2075	2400	2625
R	B	265	520	770	1060	1350	1775	2175	2500	2825
R	C	285	650	900	1265	1625	2250	2675	3150	3310
R	D	275	600	785	1050	1340	1825	2150	2475	2825
H	E	280	610	860	1110	1425	1750	2200	2625	2975
H	F	285	600	865	1125	1390	1760	2025	2400	2750

Namensvorschläge für Welpen

Es sollen hier keine Namensvorschläge für Zwingernamen gegeben werden, die ohnehin zuvor vom Zuchtbuchamt geschützt werden müssen.
Die folgende Namenszusammenstellung ist für den Zuwachs im Zwinger als Rufname gedacht. Oft steht man vor der Frage, wie man die Welpen eines Wurfes nun alle nennen soll, denn alle Namen müssen mit dem gleichen Anfangsbuchstaben beginnen. Außerdem darf jeder Rufname im Zwinger nur einmal vorkommen und soll dazu noch das Geschlecht erkennen lassen. So spricht der Züchter später von seinem A-Wurf, B-Wurf usw. Diese Auswahl von mehr als 1000 Namen soll die Namenswahl erleichtern. Die Namen sind u.a. mit Rücksicht für Ansagen bei Rennen möglichst kurzsilbig gewählt.

A

Rüden

Aar	Abdul	Abi	Acer	Achat	Achill
Achim	Achmed	Acel	Adju	Adler	Admiral
Ado	Adoni	Adonis	Adu	Adulor	Aegir
Aeneas	Agbar	Agir	Agnat	Agon	Ahn
Ajax	Akbar	Aladin	Alarich	Alex	Alexi
Alf	Ali	Alk	Amigo	Amor	Apoll
Arbo	Arco	Argus	Arion	Armin	Arnim
Arno	Artist	Artus	Ass	Asso	Asto
Astor	Astus	Athu	Attila	Axel	

Hündinnen

Acris	Adda	Adria	Afra	Aga	Agna
Aida	Aischa	Aja	Akka	Alba	Alcis
Alfa	Alga	Alix	Alkmene	Ally	Alraune
Alrun	Amica	Amsel	Andra	Andrea	Anja
Anka	Anni	Antje	Apis	Ara	Ardard
Area	Argi	Asia	Aspe	Assi	Asta
Astrid	Atla				

B

Rüden

Baas	Bajazzo	Baldur	Bandit	Bär	Barkas
Baron	Barry	Basko	Bekas	Bela	Bello
Belly	Ben	Beppo	Bert	Bill	Birko
Black	Blanko	Blitz	Blücher	Bob	Bodo
Bojar	Bojax	Bojur	Bolko	Bonzo	Boris
Boy	Bravo	Brito	Brun	Brutus	Buffo
Bursch	Bürschl	Buschi			

Hündinnen

Bajadere	Banan	Barbara	Bärbel	Barka	Beate
Bella	Bercha	Berchta	Bessie	Bessy	Beste
Bianka	Biche	Biena	Binsa	Bistia	Blanka
Bona	Bora	Borgia	Braune	Brave	Brenta
Brunhild	Bussi				

C

Rüden

Caesar	Cajus	Caro	Carus	Casco	Cass
Casso	Castor	Castro	Cato	Cento	Cerbus
Ceres	Certus	Chasseur	Chick	Chief	Cid
Cido	Cisco	Cito	Claus	Clown	Cronjo
Como	Comte	Comus	Congo	Corwo	Cuno
Cyklo	Cyrus				

Hündinnen

Cadne	Caly	Camena	Candia	Cara	Carla
Carmen	Carpe	Cassia	Casta	Catja	Cella
Cerva	Cetta	Christa	Cilla	Circe	Cita
Clia	Clithia	Clotha	Comtesse	Cora	

D

Rüden

Dämon	Dandy	Daniel	Danko	Daus	Derb
Despot	Detlef	Deut	Diamant	Diazo	Diego
Dieter	Dingo	Dodo	Don	Donar	Dorno
Drall	Drauf	Droll	Duke	Duncan	Duro
Dux					

Hündinnen

Daisy	Daphne	Dassi	Dea	Delia	Delila
Diana	Dida	Digna	Dina	Dirndl	Dissa
Distel	Diva	Dodi	Dolly	Donna	Doris
Draga	Drossi	Dulci	Dura	Dika	Doda

E

Rüden

Earl	Ebro	Ebur	Edel	Eddi	Edi
Edler	Egon	Eiko	Ekko	Elch	Emin
Emir	Emmo	Enno	Erwo	Etzel	Evan

Hündinnen

Edda	Eika	Eike	Elfe	Elis	Elka
Ella	Elsi	Elster	Enna	Eosi	Erda
Eris	Erosi	Erra	Eschi	Esther	Euli
Eva					

F

Rüden

Falk	Famos	Fant	Faust	Fax	Feldo
Fellow	Fels	Ferox	Ferro	Fink	Fix
Flink	Flint	Flipo	Flips	Flock	Flott
Föhn	Frank	Fratz	Fred	Fredo	Freier
Frithjof	Froh	Funk	Fürst		

Hündinnen

Fabel	Famula	Fanfare	Fanny	Fee	Felis
Felisa	Ferula	Festa	Festala	Fetis	Fidela
Fidis	Filia	Flagga	Flamme	Fliege	Flora
Franka	Freya	Friedel	Frigga	Fritta	Fulvia

G

Rüden

Galan	Gallus	Gardist	Gaucho	Gauner	Geck
Gepard	Gepo	Gernot	Gero	Gert	Gesell
Gigant	Gimpel	Gino	Glaucus	Goetz	Gordon
Graf	Gregor	Greif	Grimm	Grizzly	Groll
Groom	Guido	Gunther			

Hündinnen

Galva	Gavotte	Gaza	Gazelle	Geisha	Gemse
Gerda	Gilka	Gitta	Gonda	Grana	Grazie
Grille	Grisa	Grisette	Gudrun	Gunda	Gundel
Gusta	Gutta				

H

Rüden

Hadrian	Hadro	Hagen	Hallo	Harald	Harras
Harro	Harry	Hassan	Hasso	Hatto	Hatz
Heido	Heiduck	Heiko	Hektor	Held	Hermes
Herold	Heros	Hetman	Hirsch	Horst	Hussa

Hündinnen

Hanni	Hansa	Harpa	Hedda	Heidi	Heka
Hela	Hella	Hera	Hertha	Heye	Hexe
Hilda	Holde	Holla	Horka	Hummel	Hussa

Rüden **I**

Idol	Igel	Ikarus	Illo	Iltis	Immo
Infant	Irco	Irmin	Irus	Isago	Isko
Ispan	Ivo	Iwan			

Hündinnen

Ibis	Ida	Idona	Ilexa	Ilja	Ilka
Imme	Ina	India	Indra	Inge	Inka
Iris	Irma	Isa	Ischla	Isis	Isolde
Issa					

Rüden **J**

Jack	Jago	Jako	Janko	Jano	Janus
Jason	Job	Jochen	Jockel	Joel	John
Jonas	Jonny	Jost	Jumbo	Junge	Junker
Juppi	Juro	Jusso			

Hündinnen

Jalta	Jane	Janka	Jaspis	Jennis	Jenny
Jubi	Judi	Judith	Jule	Juna	Jungfer
Junis	Juno	Jura	Jutta	Juwel	

Rüden **K**

Kadi	Kado	Kalchas	Kalif	Kammo	Kanut
Kapitän	Karneol	Karno	Karo	Karst	Kartu
Kasper	Kastor	Kautz	Keck	Kerli	Klaus
Kobold	Konsul	Kosack	Kraft	Krümo	Kuno
Kunz	Kruzi				

Hündinnen

Kabale	Kalli	Kalliope	Kalypso	Kandia	Kapsel
Kara	Karassi	Karausche	Karin	Karpa	Kascha
Kathi	Katja	Katze	Kirra	Kitty	Klio
Kora	Koralle	Korvette	Krabba	Kriemhild	

Rüden **L**

Laps	Larpo	Laurin	Leander	Lenz	Leo
Leon	Lepar	Linus	Loisl	Loki	Lorbas
Lord	Lucifer	Lukas	Lukull	Lümmel	Lump
Lumpi	Lupus	Lysander			

Hündinnen

Lady	Lana	Lausa	Lea	Leda	Lena
Lerche	Leta	Libella	Lilly	Linda	Lissy
Livia	Lola	Lona	Lonny	Lore	Lotte
Lucia	Luna	Lurla	Lydia		

M

Rüden

Mac	Mado	Magnet	Major	Männe	Marcell
Mark	Marko	Mars	Marschall	Master	Max
Meister	Mentor	Meteor	Michel	Mikado	Mikosch
Milo	Mohr	Monarch	Moritz	Morro	Muck(i)
Murro					

Hündinnen

Madame	Madel	Madi	Mahna	Maja	Maldi
Malta	Malve	Mamsell	Mara	Marga	Marielle
Maus(i)	Medea	Medina	Meisa	Melani	Meti
Mimose	Mine	Minerva	Minka	Mira	Mita
Mispel	Miß	Modesta	Motte	Möwe	Mücke
Muliton	Muschi				

N

Rüden

Narses	Nauke	Neander	Necho	Nicki	Niko
Negus	Nelson	Neptun	Nero	Neros	Nesso
Nicko	Nimmo	Ninus	Normus	Norno	Numa
Nuntio					

Hündinnen

Nadja	Naja	Najade	Narza	Natti	Nea
Nelka	Nelly	Nessa	Nike	Nina	Niobe
Nixe	Nonna	Nora	Norma	Nova	Nymphe

O

Rüden

Odin	Odua	Oedi	Ohm	Olaf	Olfa
Olifa	Omar	Opal	Ophir	Orest	Orion
Orkan	Orkus	Orlo	Orloff	Orpheus	Ortwin
Osman					

Hündinnen

Oda	Okra	Oktava	Olga	Olinda	Oliva
Opsi	Ora	Orchi	Orissa	Orla	Ortra
Ossa	Ossi	Ostra	Otta		

P

Rüden

Pack	Page	Pamto	Pan	Paris	Pascha
Patron	Perso	Pesso	Peter(le)	Phoenix	Pirat
Pito	Planis	Plato	Pleck	Pluto	Pollus
Poly	Primus	Prinz	Prios	Puck	Puma
Purzel					

Hündinnen

Padra	Pallas	Palma	Panda	Pandora	Patta
Pepi	Perla	Perle	Pia	Pilla	Polly
Poma	Prima	Puppe	Pussel		

Q

Rüden

Quäko	Quartus	Quarz	Quästor	Querus	Quick
Quintus	Quirl	Quiso			

Hündinnen

Qualla	Quappi	Quasta	Quecki	Queen	Querina
Quiesa	Quinte	Quitta			

R

Rüden

Rabe	Racker	Radscha	Radschi	Ralf	Ramso
Rank	Rapid	Rapp	Ratz	Räuber	Raudi
Reck	Red	Regent	Remo	Remus	Rex
Rieso	Rigo	Rio	Rivo	Rob	Rodo
Rohar	Roland	Rolf	Roll	Romo	Rox
Rubo	Rudo	Rufus	Rustan		

Hündinnen

Raata	Rahel	Ralle	Randa	Range	Raute
Rauty	Rea	Recka	Rega	Regis	Renke
Resi	Rieke	Rispe	Rita	Robbe	Rosel
Runka	Ruta	Ruth			

S

Rüden

Sadon	Sahib	Salem	Saltus	Sam	Santo
Satan	Satrap	Satur	Saulo	Scent	Schah
Schalk	Scheich	Schelch	Schelm	Scherif	Scherz
Schill	Schlumps	Schnapp	Schneid	Schnurz	Schock
Sedus	Señor	Sepp	Sergius	Signor	Simbo
Solo	Stolzo	Strolch	Stropp	Strupp	Sturm
Sultan	Sylvan				

Hündinnen

Sacca	Salva	Santa	Sarah	Sascha	Schatz
Schnecke	Senta	Serapis	Serva	Sifa	Sirene
Sissi	Sitta	Skylla	Sonja	Sphinx	Spinne
Stara	Stella	Suse	Sylvia		

T

Rüden

Tanko	Taps	Tarno	Tassar	Tasso	Tarto
Tarzan	Teja	Tell	Tempo	Terz	Tesco
Teuton	Theo	Thesus	Tiger	Till	Tilly
Timur	Tipp	Tiro	Titan	Titus	Tom
Toro	Totus	Trabant	Treff	Treu	Trick
Tristan	Triton	Troll	Trottel	Trumpf	Türko
Tyras					

Hündinnen

Tanna	Tanni	Taube	Terra	Tertia	Tessa
Testa	Thalia	Thea	Themis	Thetis	Thisba
Toni	Toska	Traute	Tuja	Tyra	

U

Rüden

Udo	Uhl	Ulan	Ulk	Unkas	Uro
Uran	Urban	Urius	Uros	Ursos	Ursus

Hündinnen

Ulla	Unda	Undine	Unke	Ursa	Ursel
Ute	Utta	Uxa			

V

Rüden

Vagabund	Vali	Vampos	Varos	Veith	Velox
Venetor	Ventor	Vero	Verus	Vesso	Vicomte
Viktor	Virtus	Vogt	Volker	Voran	Voss
Vulko	Vulpes				

Hündinnen

Vache	Vega	Vena	Venia	Venus	Vera
Vespa	Vesta	Vicia	Vilja	Viola	Virga
Vita					

W

Rüden

Wach	Wacker	Waldi	Waldo	Warto	Wastl
Watz	Welf	Whist	Wicking	Widu	Windo
Wink	Winno	Wittus	Witz	Wolf	Wotan

Hündinnen

Wachtel	Walda	Wally	Wanda	Welle	Werra
Wespe	Wiesel	Woge	Wolgi	Wonne	Wurza

X

Rüden

Xanthos	Xanto	Xaver	Xenius	Xeno	Xenon
Xerus	Xerxes	Xingo	Xiphos		

Hündinnen

Xante	Xantha	Xanthippe	Xavá	Xenakis	Xenia
Xenie	Xeres	Xipha	Xime		

Y

Rüden

Yabku	Yacatos	Yako	Yalu	Yango	Yankas
Yaos	Yardo	Yaupon	Yeat	Yoldo	York
Youngo	Yukon				

Hündinnen

Yais	Yaki	Yale	Yasuda	Yawata	Yeda
Yeoma	Yerba	Yoni	Yonne	Yoris	Yorta
Yoza					

Z

Rüden

Zampa	Zanker	Zar	Zeno	Zensor	Zepp
Zerb	Zeus	Zietho	Zippo	Zollis	Zonno
Zorro	Zuban	Zulu			

Hündinnen

Zama	Zea	Zecki	Zensi	Zenta	Ziesel
Zilia	Zinna	Zippe	Zirbe	Ziria	Zita
Zweta	Zwinga				

DWZRV

DEUTSCHER WINDHUNDZUCHT- UND RENNVERBAND E. V.

gegr. 1892

Landesgruppe:

Meldeschein

für die am:

in:

stattfindende Windhund-Zuchtschau

(Datum des Poststempels)

Meldeschluß: ______________________

Bitte alle Angaben sorgfältig eintragen!

Meldegeld:

		Bitte die Beträge hier einsetzen DM
Klassengeld		
Offene Klasse	ab 15 Monate	
Leistungsklasse	ab Bestätigung	
Siegerklasse	mit anerkanntem Titel . . .	
Jüngstenklasse	6–9 Monate	
Jugendklasse	9–18 Monate	
Ehrenklasse	mit anerkanntem Titel . . .	
Außer Konkurrenz		
Zuchtgruppe		
Katalog für jeden Aussteller 1 Exemplar Pflicht		
Zuchtschaubeitrag einschl. Versicherung		

Für die Windhund-Zuchtschau melde ich verbindlich für die Klasse:

- ☐ Jüngstenklasse
- ☐ Jugendklasse
- ☐ Ehrenklasse
- ☐ Außer Konkurrenz
- *☐ Offene Klasse
- *☐ Leistungsklasse
- ☐ Siegerklasse

* (nur in diesen beiden Klassen wird das CAC vergeben).

Ich melde meinen Windhund: ☐ Rüde ☐ Hündin

Rasse ....ZB Nr. .... geworfen am: ....

Name ....

Titelangaben: ....

....

Name:

Vater: ....

Mutter:

Züchter: ....

Eigentümer: Name: ....

Genaue Anschrift: ....

....

Das umseitig genannte Meldegeld werde ich bis zum Meldeschluß überweisen. Die Zuchtschauordnung sowie die sonstigen Bestimmungen erkenne ich an. (Verhinderung an der Teilnahme entbindet nicht von der Zahlungspflicht).

.............................., den ....

Ort Datum Eigenhändige Unterschrift

Am ausgeschriebenen Zuchtgruppen-Wettbewerb nehme ich mit 3-6-9 Hunden meiner Zucht teil.

Zwingername: ....

....

Unterschrift

Zur **Ankörung** möchte ich ☐ Hund(e) anmelden

Fachausdrücke

Aalstrich	Ein schmaler, sehr dunkler Haarstrich vom Hinterhauptbein an über den ganzen Rücken.
abhaaren	der Hund verliert sein dickeres Winterfell
Abzeichen	Farbmarkierungen (Flecken) im Fell. Auch Masken und Aalstrich sind Abzeichen
Afterkralle	bei der Geburt haben die Hunde an den Hinterläufen eine fünfte Kralle, die später beim Rennen stören würde und auch auf Zuchtschauen nicht gerne gesehen wird. Sie soll möglichst bis zum dritten Tage nach der Geburt vom Tierarzt entfernt werden.
Afterzehe	s. Afterkralle, jedoch an der Innenseite des Vorderlaufes
Aktion	Bewegungsabläufe des Hundes
Albino	Fehlen des Farbstoffes, pigmentlose Haut, rötliche Augen
Alopsie	Ausfallen der Haare durch Ernährungsstörungen
Anorchismus	Fehlen beider Hoden (s. auch Monorchismus)
Apfelkopf	aufgetriebener Kopf mit starker Stirnwölbung, erinnert an die Form eines Apfels, kommt bei Windspielen vor
aufgezogen	ist der Hund, wenn die Bauchlinie von der tiefen Brust zur Nierenpartie wie ein S verläuft (d.h. wenig Bauch)
Ausdruck	Reflexe des Seelenlebens, die die Persönlichkeit des Hundes zeigen (Ruten-, Ohrenhaltung usw.)
Bau	Körperbau (Gestalt und Form)
Behang	Hängeohren (Afghane)
black and tan	schwarz und lohfarben
Blesse	weißer Längsstreifen von der Nasenkuppe zum Schädel
Brand	helle Abzeichen auf dunklem Fell, über den Augen, auf der Unterseite der Ohren und am Fang
Brusttiefe	ist gut, wenn die Brustlinie von der Seite gesehen etwa in der Höhe des Ellbogens die Vorhand erreicht
Fang	Schnauze des Hundes
Fahne	langes Haar an der Unterseite der Rute (Saluki)
faßbeinig	s. Abb. 11 b
Federn	langes Haar an den Hinterseiten der Läufe

Fransen	längere Behaarung an den Ohren
französischer Stand	s. Abb. 11 e
Gebäude	harmonische Beschaffenheit des gesamten Körpers
getigert	unregelmäßige helle und dunkle Flecken auf dunklem Grund
Glasauge	helles durchsichtiges Auge, pigmentlose Regenbogenhaut
Glatthaar	ist nicht gleich Kurzhaar, es ist 3–4 cm lang und liegt glatt am Körper an
hackeneng	engstehende Hinterhand, schon aus der Hüfte heraus
Hängeohr	s. Behang
Hartballen	eine Krankheit, anfangs Fieber und Unwohlsein, die Ballen werden hart und rissig, Tierarztbehandlung!
Hasenpfote	ovale, längliche Form der Pfote (wie beim Hasen), im Gegensatz zur Katzenpfote
Hetzen	Verfolgen des Wildes auf Sicht
Hirschhals	der Hals wird im unteren Drittel gewölbt getragen, so entsteht eine hohe Kopfhaltung (wie der Hals des Hirsches)
Hitze	der Geschlechtstrieb erwacht (s. Seite 177), läufig
hochangesetzt	ist die Rute, wenn sie zu hoch aus der Kruppe strebt
hochläufig	langbeinig
Hosen	die langen Haare an der Rückseite der Oberschenkel
Hüfthöcker	wenn die Hüftknochen sichtbar sind
Inzest	Paarung blutverwandter Tiere
Inzestzucht	Paarung der Geschwister, Elternteile und Kinder, kann mit Genehmigung der Zuchtleitung stattfinden
Inzucht	Paarung stammverwandter Hunde um die Erbanlagen zu verbessern
Karpfenrücken	in der Mitte zu hochgezogener Rücken, fehlerhaft!
Katzenpfote	runde, geschlossene und gewölbte Pfote
Kippohr	Stehohr, das obere Drittel kippt nach vorn um
Kondition	zeigt an, wie der Hund im Futterzustand, in der Pflege und Leistung ist

Konstitution	Gesamteindruck
Kopf	der gesamte länglich-schmale Schädel des Windhundes
Körung	Auswahl der Hunde zur Zucht
Kruppe	Hinterteil des Hunderückens vom letzten Lendenwirbel bis zum Rutenansatz
Kryptorchismus	Zurückbleiben der Hoden in der Bauchhöhle
kuhhessig	s. Abb. 12 b
Kurzhaar	kurzes dichtes Fell ohne Unterwolle
Kynologie	Lehre vom Hund (griechisch: *kynos* = Hund, *logos* = Lehre)
Langhaar	mäßige Länge, wellige oder dicht abstehende Haare
Läufe	Beine des Hundes
Läufigkeit	s. Hitze
Lederenden	Haarausfall an den Enden der Ohren
Lefzen	Lippen des Hundes
Leptospirose	Stuttgarter Hundeseuche (s. Seite 183)
Linienzucht	Paarung von Hunden aus einer Herkunftslinie
lose Haut	zu weite Haut, nicht ausgefüllt
Mantel	bei zwei- oder mehrfarbigen Hunden eine ausgedehnte dunklere Platte, die wie ein Mantel auf dem Rücken liegt
Maske	dunkles oder helles Farbfeld im Gesicht des Hundes
Monorchid	Rüde, der nur einen Hoden hat
Nickhaut	drittes Augenlid
niedergestellt	Kurzbeinigkeit
Oberkopf	Schädelteil, der die Schädel- und Stirnteile umfaßt
Ohrenformen	Behang, Kippohr, Klappohr, Rosenohr, Tulpenohr, Schmetterlingsohr, Stehohr
Ohrenzwang	Entzündung der inneren Gehörgänge, Tierarzt!
Paßgang	beide Läufe einer Seite werden gleichzeitig gesetzt (Kamel)
Phänotyp	äußeres Erscheinungsbild

Pigment	Farbstoff in der Haut
Platten	größere, unregelmäßige Farbfelder (wie Schecken)
Posthornrute	über den Rücken erhobene und gekrümmte Rute (wie altes Posthorn), nicht mit Ringelrute verwechseln!
Profil	von der Seite gesehen
Pupille	rundes Sehloch im Auge
Quarantäne	mehrmonatige Unterbringung in einer Station, um bei der Einfuhr den Gesundheitszustand zu überwachen
Ramsnase	Linie des Nasenrückens (von Stirn bis Nasenkuppe), die mit leichter Rundung nach oben verläuft
Rattenschwanz	dünne, zu wenig behaarte und zu lange Rute
Rauhaar	wasserabstoßend und wärmehaltend (Rauhhaarwhippet)
Ringelrute	bei Spitzen und Laikahunden, gemeint ist die aufgeringelte Rute über dem Rücken, die zudem einseitig liegt
Risthöhe	Größe (= Höhe) des Hundes, vom Fußballen zum höchsten Punkt des oberen Randes des Schulterblattes
Rosenohr	oberer Ohrrand ist rückwärts gebogen, die Innenseite nach innen gebogen, damit wird die Ohrmuschel (wie ein Rosenblatt) sichtbar
Rückbeißer	Hund beißt mit dem Unterkiefer, die unteren Schneidezähne stehen hinter den oberen so weit zurück, daß sie diese nicht mehr berühren (s. Abb. 24 c)
Rückenhöhe	s. Risthöhe
Säbelbeine	s. Abb. 12 c
Säbelrute	Rute säbelförmig getragen
Sattel	wie Mantel, jedoch kleiner
Sattelnase	nach unten gebogener Nasenrücken
Schecken	kleine, inselartig abgegrenzte andersfarbige Farbflecke im Haarkleid
Scheitel	höchste Erhebung des Schädeldaches
Scherengebiß	die Schneidezähne berühren sich wie bei einer Schere, d. h. die oberen Schneidezähne gehen ein wenig über die unteren hinaus, aber nur so weit, daß die unteren mit ihren Spitzen die oberen Schneidezähne von hinten her (aus dem Maul) noch berühren (s. Abb. 24 a)

Schleppe	eine künstlich gelegte Schweißfährte (Windhunde reagieren darauf im allgemeinen nicht)
Schlittenfahren	Hunde mit starkem Wurmbefall rutschen mit dem Gesäß herum, um dem Jucken im After zu begegnen
Schmetterlingsnase	gefleckte Nasenkuppe
Schwanenhals	zu langer, dünner und gebogener Hundehals, der an einen Schwan erinnert (s. auch Hirschhals)
Schweineschnauze	ein Fang mit sehr stark verkürztem Unterkiefer bei längerem Oberkiefer (bei Windhunden selten)
Senkrücken	fehlerhaft eingesenkter Rücken (oft bei Hündinnen, die zu früh oder zu oft werfen)
Sichelrute	vom Rutenansatz an sichelförmig gebogene Rute
Spaltnase	gespaltene Doppelnasenkuppe
Stehohr	straff aufgerichtetes, ungeknicktes Ohr
Steilheit	ungenügende Winkelung der Läufe (s. Abb. 10)
Stop	Stirnabsatz zwischen Schädeldach und Stirnansatz
trocken	ist ein Hudn, wenn die Haut eng anliegt und Muskeln, Sehnen und Adern gut sichtbar sind
überbaut	ist ein Hund, dessen obere Kruppenlinie über dem höchsten Punkt des Widerristes liegt
Vorbiß	die unteren Schneidezähne ragen über die oberen hinaus (s. Abb. 24 d)
Vorbrust	vom Schultergelenk über die Brustbeinspitze verlaufende Wölbung
Vorderhand	sämtliche Vordergliedmaßen
Wamme	lockere Halshaut
Widerrist	höchster Punkt der Rückenlinie, also die Oberkante der Schulterblätter
Widerristhöhe	Maß für die Größe des Hundes
Winkelung	Stellung der Knochen der Vorder- und Hinterläufe (s. Seite 83 und 84)
Wolfskralle	falsche Bezeichnung für Afterkralle
Zangengebiß	die oberen Schneidezähne stehen genau auf den unteren, so wie eine Kneifzange schließt

Gebräuchliche Abkürzungen

DWZRV	Deutscher Windhundzucht- und Rennverband
VDH	Verband für das Deutsche Hundewesen
UICL	Union Internationale des Clubs des Lévriers
FCI	Fédération Cynologique Internationale
CACIB	Certificat d'aptitude au Championat International de Beauté (Anwartschaftbescheinigung für Schönheitstitel)
CAC	Certificat d'aptitude au Championat (Bescheinigung für deutsche Championatsanwartschaft)
BSA	Bundessiegerausstellung
BSR	Bundessiegerrennen
RO	Rennordnung
IRO	Internationale Rennordnung
LGR	Landesgruppe
DWZB	Deutsches Windhundzuchtbuch

Ausstellungswesen:

Jüngstkl.	Jüngstenklasse
JK	Jugendklasse
OK	Offene Klasse
SK	Siegerklasse
ZK	Zuchtklasse
RK	Registerklasse
LK	Leistungsklasse (Gebrauchsklasse)
V	Vorzüglich
SG	Sehr gut
G	Gut
Befr.	Befriedigend
Mang.	Mangelhaft

Zuchteintragungen:

V	Vater
M	Mutter
Dt	Decktag
Wt	Wurftag
W	Wurf in Verbindung mit Wurfstärke (etwa 2,4 = 2 Rüden, 4 Hündinnen, 1,3 = 1 Rüde, 3 Hündinnen)
bel.	zur Aufzucht belassen
eingetr.	im Zuchtbuch eingetragen
eingeg.	eingegangen (verstorben)
R	Rüde
H	Hündin
ZB-Nr.	Zuchtbuchnummer

Literaturverzeichnis

Bandel, R.: Der Hundeaussteller und sein Richter. Otto Meissners Verlag, Schloß Bleckede/Elbe 1975.

Daglish, E.F.: Hundezucht auf Grund der Vererbungslehre. Albert Müller Verlag, Rüschlikon – Zürich 1958.

Daub, R.: Windhunde. Albrecht Philler Verlag, Minden 1972.

v. Fehringer, O.: Unser Hund. Verlag Dietrich Reimer/Andrews & Steiner, Berlin 1940.

Hauck, E.: Die Windhunde. Im Selbstverlag, Wien 1962.

Hauck, E.: Die Beurteilung des Hundes. Im Selbstverlag, Wien 1954.

Incontri, M.L.: Der kleine italienische Windhund. Verlag G.C. Sansoni, Firenze 1962.

Kallmeyer, R.: Die Perchinojagd. Berlin 1921.

Klever, U.: Edle und seltene Hunde. Umschau-Verlag, Frankfurt/M. 1965.

v. Otto, E.: Jedermanns Hundebuch. Verlag Paul Parey, Berlin 1934.

Räber, H.: Brevier neuzeitlicher Hundezucht. Verlag Paul Haupt, Bern und Stuttgart 1968.

Schneider-Leyer, E.: Mein Freund der Dachshund. Verlag Eugen Ulmer, Stuttgart 1977, 5. Aufl.

Seiferle, E.: Vom anatomischen Bau des Windhundes. Schweizer Hundestammbuch, Zürich 1962.

Umlauff, G.M.: Windhunde. Otto Meissners Verlag, Schloß Bleckede/Elbe 1968.

Voss, H.: Die große Jagd. Feder-Verlag, München 1975.

Wilhelm, P.: Das Jagdbuch des Gaston Phoebus. Verlag Paul Parey, Hamburg und Berlin 1965.

Zuchtbücher I-XXVII: Deutscher Windhundzucht- und Rennverband, Duisburg 1975.

Zukowsky, L.: Tiere um große Männer. Verlag Moritz Diesterweg, Frankfurt/M. 1938.

div. Autoren: Edle Rassen. WESTERMANNS Monatshefte. 1959 (4).

Bildquellen

Farbfotos:
E. v. Beynen, Dreieich, Seite 145
G. Fuchs-Pappeport, Holzhausen, Seite 66
Mediafoto G. Gustke, Wiehl, Seite 29, 34, 37, 40, 51, 58, 63, 73
W. Nebgen, Düsseldorf-Mettmann, Seite 55
W. Opitz, Oldenburg, Seite 43, 70, 149
Prenzel/Mauritius, Umschlagbild
E. Schritt, Bechtheim, Seite 77
W. Sühr, Bassum, Seite 80

Abbildungen:
G. Brose, Oldenburg, Nr. 4
DWZRV-Archiv / A. Brendel, Homburg, Nr. 29
S. Hagemeier, Hannover, Nr. 26
W. Opitz, Oldenburg, Nr. 1, 2, 3, 6–17, 19, 21, 23, 24, 25, 27, 28
Prof. Dr. E. Seiferle, Zürich, Nr. 5, 18, 20, 22

Sachregister

Mein Freund der Dachshund
Eine Rassenmonographie des Teckels
Von E. Schneider-Leyer. Ergänzte und verbesserte 5. Aufl. 184 Seiten mit 36 Abbildungen auf Tafeln und 24 Abbildungen im Text
Kst. DM 28,-

Der deutsche Schäferhund
mit seinen belgischen und niederländischen Verwandten
Von E. Schneider-Leyer. Verbesserte 2. Auflage. 183 Seiten mit 69 Abb.
Hln. DM 28,-

Pudel
Zum Lobe und zum Besten eines guten Freundes und Gefährten
Von E. Schneider-Leyer, unter Mitarbeit von Dr. Th. Schmidt.
159 Seiten mit 28 Abbildungen
Kst. DM 22,-

Das große Buch der Stubenvögel
Fremdländische und einheimische Vögel für Käfig und Voliere
Von C. H. Rogers. Deutsch von H. Bielfeld. 200 Seiten mit 150 Farbfotos auf Tafeln, 45 Schwarzweißfotos und 30 Zeichnungen
Kst. mit Schutzumschlag DM 42,-

Das große Aquarienbuch
Die schönsten tropischen Süßwasserfische
Von J. Gilbert/R. Legge. Deutsch von G. Schubert. 3. Aufl. 251 Seiten mit 430 Farbfotos und Zeichn. Kst. mit Schutzumschlag DM 68,-

Gartenarbeiten
Ein Gartenpraxis-Buch
Von F. Köhlein. 2. Aufl. 374 Seiten mit 148 Farbfotos, 104 Schwarzweißfotos und 275 Zeichnungen
Kst. mit Schutzumschlag DM 42,-

Gartenblumen
Ein Gartenpraxis-Buch
Von R. Hay/P. M. Synge. Deutsch von A. Herklotz und P. Menzel.
357 Seiten mit 1152 Farbfotos
Kst. mit Schutzumschlag DM 42,-

Gartenrosen
Ein Gartenpraxis-Buch
Von D. Woessner. 211 Seiten mit 64 Farb-, 87 s/w-Fotos u. Zeichn.
Kst. mit Schutzumschlag DM 38,-

Zu beziehen durch Ihre Buchhandlung. Prospekte kostenlos

Verlag Eugen Ulmer
Postf. 1032 · 7 Stuttgart 1